特高压输电工程关键技术

培训教材

国家电网有限公司特高压建设分公司 编

中国电力出版社
CHINA ELECTRIC POWER PRESS

内 容 提 要

本书在总结特高压输电工程施工技术和建设管理实践经验的基础上，全面介绍特高压输电工程建设管理过程中的关键技术，主要包括：特高压输电工程概述、主要施工机具、施工运输、基础施工、组塔施工、架线施工、接地及附属设施施工等七章内容。

本书可供从事特高压输电工程建设的技术人员学习使用，也可以为相关技术及管理人员提供借鉴和参考。

图书在版编目（CIP）数据

特高压输电工程关键技术培训教材 / 国家电网有限公司特高压建设分公司编. —北京：中国电力出版社，2022.12
ISBN 978-7-5198-7154-3

Ⅰ. ①特… Ⅱ. ①国… Ⅲ. ①特高压输电–输电技术–技术培训–教材 Ⅳ. ①TM723

中国国家版本馆 CIP 数据核字（2023）第 014155 号

出版发行：中国电力出版社
地　　址：北京市东城区北京站西街 19 号（邮政编码 100005）
网　　址：http://www.cepp.sgcc.com.cn
责任编辑：雍志娟
责任校对：黄　蓓　郝军燕
装帧设计：郝晓燕
责任印制：石　雷

印　　刷：三河市万龙印装有限公司
版　　次：2022 年 12 月第一版
印　　次：2022 年 12 月北京第一次印刷
开　　本：710 毫米×1000 毫米　16 开本
印　　张：18
字　　数：340 千字
印　　数：0001—1000 册
定　　价：88.00 元

前 言

PREFACE

　　特高压输电是当今世界上电压等级和技术水平最高的输电技术，具有输电容量大、输送距离长、输电损耗低、占用土地少等突出优势。国家电网有限公司特高压建设分公司作为特高压输变电工程建设管理的专业公司，既负责直接建设管理特高压输变电工程，又负责组织开展特高压输变电工程现场建设管理的技术统筹和管理支撑工作，多年来始终立足于工程现场，抓管理、强技术，持续推动特高压输变电工程施工技术进步和工艺提升。

　　为全面总结特高压输电工程关键技术，持续加强特高压输电工程技术人员能力培养，国家电网有限公司特高压建设分公司组织编写了《特高压输电工程关键技术培训教材》。全书分为特高压输电工程概述、主要施工机具、施工运输、基础施工、组塔施工、架线施工、接地及附属设施施工等七章内容，具有较强的系统性、知识性和适用性，可以作为特高压输电工程技术人员的工作手册，也可以作为特高压知识的科普读本。

　　由于时间仓促，书中难免存有不足和疏漏之处，恳请广大读者批评指正。

编者

2022 年 12 月

目 录
CONTENTS

1 特高压输电工程概述

电 网 发 展 历 程

一、国际电网发展历程

1875年，法国巴黎建成世界上第一座火力发电厂，标志着电力时代的到来。

电网发展的不同时期具有不同的技术经济特征，其中电压等级、电网规模、发电机组单机容量和运行技术是最突出的几个特征，根据这几个特征可以划分电网的发展阶段。

（1）初级阶段——19世纪末～20世纪中期。

19世纪末～20世纪中期，电力工业经过数十年的发展，形成了以交流发电和输配电技术为主导的电网，然而直到第二次世界大战结束，都属于初级阶段。该阶段电网单机容量不超过200MW；交流输电占主导，输电电压较低，最高为287kV；电网规模以城市电网、孤立电网和小型电网为主，规模不大；运行技术还属于起步阶段，电网故障并导致停电属常规性事件。该阶段国际电网发展有如下标志性事件。

1891年，德国建成第一条13.8kV输电线路，将电力输送到远方用电地区，从而开始了高压输电时代。

1899年，美国建成第一条40kV输电线路。

1908年，美国建成第一条110kV输电线路。

1916年，美国建成第一条132 kV输电线路。

1923年，美国建成第一条220kV输电线路。

1937年，美国建成第一条287kV输电线路。

（2）快速发展阶段——20世纪中期至今。

从20世纪中期至今，电网规模不断扩大，形成了大型互联电网；发电机组单机容量达到300～1000MW；建立了330kV及以上的超高压交直流输电系统。

欧洲、北美电网联网在20世纪50年代开始快速发展，80～90年代，覆盖广、交换规模大的跨国、跨区大型互联电网基本形成。该阶段国际电网的发展有如下标志性事件。

1952年，瑞典建成第一条380kV超高压输电线路。

1954年，瑞典建成±100kV海底电缆的直流工程，这是世界上第一个工业性的高压直流输电工程。

1956年，苏联建成第一条400kV输电线路，并于1959年升压至500kV，为世界上首条500kV输电线路。

1965年，加拿大建成第一条735kV输电线路。

1967年，苏联建成第一条750kV输电线路。

1969年，美国建成第一条765kV输电线路。

1985年，苏联建成世界上第一条1150kV特高压输电线路。

随着社会的发展和技术的进步，电源与用户之间的距离越来越远，为实现更远距离、更大容量和更高效率的电力输送，输电网电压等级越来越高，电网规模也越来越大。回顾100多年来电网发展的历史，就是一部电压等级不断提升、电网规模不断扩大的历史。

二、我国电网发展历程

我国有电的历史几乎与国际同步。1879年，上海公共租界点亮了我国第一盏电灯，随后1882年在上海创办了我国第一家公用电业公司——上海电气公司，从此我国翻开了电力工业的第一页。

1908年建成石龙坝水电站—昆明22kV输电线路。

1921年建成石景山电厂—北京城区33kV输电线路。

1933年建成抚顺电厂44kV出线。

1934年建成镜泊湖水电厂—延边110kV输电线路，1952年逐渐形成了京津唐110kV输电网。

1954年建成丰满—李石寨220kV输电线路，之后逐渐形成东北电网220kV骨干网架。

1972年建成刘家峡—天水—关中330kV输电线路，以后逐渐形成西北电网330kV骨干网架。

1981年建成姚孟—双河—武昌凤凰山500kV输电线路，以后逐渐形成华中、华北、华东、东北、南方500kV骨干网架。

　　1989 年建成葛洲坝—上海±500kV 直流线路，实现了华中—华东两大区的直流联网。

　　2005 年 9 月，我国第一个 750kV 输变电示范工程（兰州东—青海官亭）正式建成，并逐步形成西北地区 750kV 骨干网架。

　　2009 年 1 月，我国首个特高压工程 1000kV 晋东南—南阳—荆门特高压交流试验示范工程运行，实现了华北与华中特高压跨区联网。

　　2010 年建成向家坝—上海±800kV 特高压直流输电示范工程、云南—广东±800kV 特高压直流输电工程，标志着我国特高压输电技术已经成熟，为今后大规模应用奠定了基础。

　　2019 年，昌吉—古泉±1100kV 特高压直流输电工程建成投运，直流电压提升至 1100kV，容量提升到 1200 万 kW，电压等级和输送容量均创世界纪录。

特高压输电工程的特点

一、特高压输电工程的特点

　　特高压输电包括特高压交流输电和特高压直流输电。特高压交流输电主要用于构建坚强的输电网络并作为电网互联的联络通道，中间可以落点，具有电网功能大、输电容量大、覆盖范围广、节省输电线路走廊、有功功率损耗与输电功率的比值小、电力接入、传输消纳灵活等特点，是电网安全运行的基础。特高压直流输电中间没有落点，可将大量电力直送大负荷中心，更适用于大容量、远距离点对点输电。多馈入、大容量直流输电系统必须有稳定的交流电压才能正常运行，需要依托坚强的交流电网才能发挥作用，保证电网安全稳定运行。根据特高压交流和直流输电特点，特高压交流输电定位于主网架建设和跨大区联网输电，同时为直流输电提供重要的支撑；特高压直流输电定位于大型能源基地的远距离、大容量外送。

　　特高压输电与 500kV 输电线路工程相比，具有输电容量大、输电距离远、输电损耗低、走廊占地少等特点。图 1-1 给出了 1000kV 输电线路相对 500kV 输电线路的特点。

二、特高压输电工程的创新与实践

　　我国能源资源与负荷中心呈逆向分布的国情，决定了特高压输电技术在我国具有广阔的应用空间。2004 年以来，我国立足自主创新，联合各方力量，组织开展了特高压电网研究论证、科技攻关、规划设计、设备研制和建设运行等工作，实现了特高压输电从交流到直流、从理论到实践的全面突破，验证了特

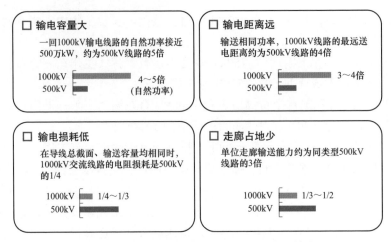

图1-1　特高压输电相对 **500kV** 输电的特点

高压电网的安全性、经济性和环境友好性。2009 年 1 月，1000kV 晋东南—南阳—荆门特高压交流试验示范工程运行；2010 年建成向家坝—上海±800kV 特高压直流输电示范工程、云南—广东±800kV 特高压直流输电工程。至此，我国迈入特高压交、直流工程全面建设阶段，带动我国电力科技和输变电设备制造产业实现了跨越式发展，在国际高压输电领域实现了"中国创造"和"中国引领"。截至 2021 年底，国家电网有限公司（简称"国家电网公司"）累计建成"15 交 13 直"特高压工程，在运在建工程线路长度达到 4.6 万 km，变电（换流）容量超过 4.8 亿 kVA（kW），累计送电超过 2 万亿 kWh。

（1）我国特高压交流输电技术的发展。

我国自 1986 年起就开展了"特高压交流输电前期研究"项目，开始对特高压交流输变电项目进行研究；1990 年～1995 年开展了"远距离输电方式和电压等级论证"；1990 年～1999 年就"特高压输电前期论证"和"采用交流百万伏特高压输电的可行性"等专题进行了研究，对特高压的输电有了初步认识。

2004 年，国家电网公司启动了特高压输电工程关键技术研究和可行性研究，组织相关科研机构和设备制造厂家进行相关关键技术的研究。到 2006 年，我国特高压交流输电研究项目取得了大量的第一手研究成果，解决了建设特高压试验示范工程的全部关键问题，基本掌握了特高压交流输变电的技术特点和特高压电网的基本特性。

特高压输电是一项繁杂的系统工程，必须先以试验示范工程的方式开展。2005 年，我国完成了试验示范工程的优选和可行性研究工作，明确了我国特高压输电试验示范工程方案。

2009 年初，我国首个特高压交流输电工程——1000kV 晋东南—南阳—荆门特高压交流试验示范工程正式投运。

2013 年，我国自主设计、制造和建设的世界上首个同塔双回特高压交流输电工程——皖电东送淮南—上海特高压交流输电示范工程正式投入商业运行。

2014 年～2017 年，浙北—福州、淮南—南京—上海、锡盟—山东、蒙西—天津南、榆横—潍坊等 5 项特高压交流工程先后建成投运，特高压进入高速发展时期。

2019 年，世界上首个在重要输电通道采用特高压 GIL 输电技术的工程—苏通 1000kV 交流特高压 GIL 管廊工程建成投运。

2020 年～2021 年，山东—河北环网、蒙西—晋中、驻马店—南阳、张北—雄安、南昌—长沙等 5 项特高压交流工程相继建成投产，完善了特高压输电主网架。

（2）我国特高压直流输电技术的发展。

特高压直流输电技术的发展伴随着一系列电力技术和设备的研发、创新。我国从 2004 年开始对 ±800kV 特高压直流输电工程技术进行全面深入的研究，并将研究成果直接应用于 ±800kV 工程建设，取得了圆满成功。

2010 年，云南—广东 ±800kV 特高压直流输电示范工程、向家坝—上海 ±800kV 特高压直流输电示范工程相继建成投运。

2012 年～2014 年，锦屏—苏南、哈密南—郑州、溪洛渡左岸—浙江金华 ±800kV 特高压直流输电工程建成投运。

2015 年～2019 年，糯扎渡—广东、灵州—绍兴、晋北—南京、酒泉—湖南、锡盟—泰州、扎鲁特—青州、滇西北—广东、上海庙—山东等 8 项 ±800kV 特高压直流输电工程相继建成投运，极大促进了我国特高压事业的进步和特高压技术的前进，特高压设备国产化率不断攀升。

2019 年，昌吉—古泉 ±1100kV 特高压直流输电工程建成投运，推动直流事业再上巅峰。

2020 年～2021 年，青海—河南、雅中—南昌、陕北—武汉 ±800kV 特高压直流输电工程相继建成投运，为国家重要清洁能源送出、"新基建"战略落地实施提供了保障。

特高压输电关键材料简介

输电线路的任务是输送电能，连接各发电厂、变电站并使之并列运行，实现电力系统联网。根据结构形式，输电线路可分为架空输电线路、GIL 输电线路和电缆线路，特高压工程一般使用架空输电线路，个别地方使用 GIL 线路。

一、架空输电线路

架空输电线路关键材料包括导线、地线（含 OPGW）、绝缘子、金具、铁塔、接地装置、地脚螺栓等。架空输电线路如图 1-2 所示。

图 1-2　架空输电线路

（1）导线是传导电流、输送电能的金属导体，通过金具和绝缘子串悬挂在线路铁塔上。导线长期受风、冰雪和温度变化影响，同时受到空气中污染物的侵蚀。因此，导线通常采用铝、铜或钢等材料绞合而成，具有导电率高、机械强度高，耐热、耐振、耐腐蚀性能好，重量轻等特点。特高压交流线路工程一般采用八分裂设计，导线采用标称截面为 500mm² 和 630mm² 的钢芯铝绞线、钢芯铝合金绞线、铝合金芯铝绞线，大跨越工程一般采用特强钢芯铝合金绞线，跳线一般采用扩径导线；特高压直流线路工程一般采用六分裂设计，导线采用标称截面为 900、1000mm² 和 1250mm² 级的大截面钢芯铝绞线、钢芯铝合金绞线，大跨越工程一般采用特强钢芯铝合金绞线。

（2）地线（含 OPGW）由镀锌钢绞线或铝包钢绞线制成，通过金具和绝缘子悬挂在线路铁塔顶部，位于导线上方，起到防止雷电直接击于导线，并把雷电流引入大地的作用。为同时满足通信的需要，可在避雷线中增加光纤（OPGW）。特高压输电工程地线一般采用铝包钢绞线和 OPGW 复合光缆，铝包钢截面为 150～240mm²。

（3）绝缘子是线路绝缘的主要元件，用于支撑或悬挂导线，使之与线路铁塔绝缘，避免导线与铁塔间发生闪络。绝缘子由硬质陶瓷、玻璃或橡胶制成。绝缘子长期暴露在自然环境中，经受风雨冰霜及气温突变等恶劣天气的影响。

因此绝缘子应有足够的电气绝缘强度和机械强度，并应定期进行检测。特高压线路工程绝缘子按材质可分为复合绝缘子、玻璃绝缘子和瓷绝缘子，按吨位分可分为120、160、210、300、320、420、550kN等。

（4）金具是输电线路所用金属部件的总称，主要用于支撑、固定、接续导线或地线，是连接导线与绝缘子、绝缘子与铁塔以及避雷线与铁塔的重要元件。常用金具包括接续金具、连接金具、固定金具、保护金具及拉线金具等。金具应有足够的机械强度。与导线相连的金具，还应有良好的电气性能。

（5）铁塔用于支持导线、地线和其他附件，使导线与导线、导线与地线、导线与地面（或交叉跨越物）之间保持一定的安全距离。铁塔通常采用角钢、钢管或其他材料拼装而成。铁塔按用途可分为直线塔、耐张塔、终端塔、换位塔等。

（6）接地装置埋设在基础土壤中，并与线路铁塔或避雷线直接相连。当雷电击中铁塔或避雷线时，接地装置能将雷电流引入大地，防止发生雷电击穿绝缘子串事故。根据土壤电阻率的大小，接地装置可采用铁塔自然接地或人工设置接地体，通常采用圆钢、扁钢、角钢、钢管等材料；山区采用接地模块、铜包钢等材料。

（7）地脚螺栓用于连接铁塔与基础，起着将铁塔荷载传递至基础混凝土的重要作用。特高压线路工程一般采用 M36～M72 型地脚螺栓，性能等级为 8.8级，材质为 42CrMo；接地极线路等配套工程可采用 5.6 级地脚螺栓，材质为35 号钢。

二、GIL 输电线路

GIL（Gas–Insulated Transmission Line），指气体绝缘金属封闭输电线路，是将高压载流导体封闭于金属壳体内，注入数倍大气压力的绝缘气体，成为替代架空输电线路的紧凑型输电解决方案。

苏通 1000kV 交流特高压 GIL 管廊工程是淮南—南京—上海工程的组成部分之一，是世界上首次在重要输电通道采用特高压 GIL 技术，也是目前世界上电压等级最高、输送容量最大、输电距离最长、技术水平最先进的 GIL工程。

GIL 管道母线输电回路，基本上由三相独立的管道母线组成，输电导体与外壳为同心结构。输电回路的每一相均由接地合金铝外壳和内置管状合金铝导体组成，导体支架为实心绝缘子，管壳内充填 SF_6 气体，保持导体与外壳的电气绝缘。GIL 输电线路如图 1–3 所示。

 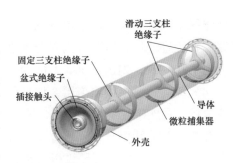

图1-3 GIL输电线路

我国特高压直流工程一览表，见表1-1。

表1-1 我国特高压直流工程一览表

序号	工程名称	输送容量（MW）	输送距离（km）	投运时间
1	云南—广东±800kV特高压直流输电示范工程	5000	1438	2010.06
2	向家坝—上海±800kV特高压直流输电示范工程	6400	1907	2010.07
3	锦屏—苏南±800kV直流特高压直流输电工程	7200	2097	2012.12
4	哈密南—郑州±800kV特高压直流输电工程	8000	2210	2014.01
5	溪洛渡左岸—金华±800kV特高压直流输电工程	8000	1669	2014.07
6	糯扎渡送电广东±800kV直流输电工程	5000	1413	2015.05
7	灵州—绍兴±800kV特高压直流输电工程	8000	1720	2016.08
8	山西晋北—江苏南京±800kV特高压直流输电工程	8000	1119	2017.06
9	酒泉—湖南±800kV特高压直流输电工程	8000	2283	2017.06
10	锡盟—泰州±800kV特高压直流输电工程	10 000	1620	2017.10
11	扎鲁特—青州±800kV特高压直流输电工程	10 000	1228	2017.12
12	滇西北—广东±800kV特高压直流工程	5000	1959	2018.05
13	上海庙—山东±800kV特高压直流输电工程	10 000	1230	2019.01
14	昌吉—古泉±1100kV特高压直流输电工程	12 000	3319	2019.09
15	青海—河南±800kV特高压直流输电工程	8000	1587	2020.12
16	乌东德电站送电广东广西特高压多端直流输电工程	8000	1452	2020.12
17	雅中—江西±800kV特高压直流输电工程	8000	1711	2021.06
18	陕北—武汉±800kV特高压直流输电工程	8000	1136	2021.09
19	白鹤滩—江苏±800kV特高压直流输电工程	8000	2172	2022.07
20	白鹤滩—浙江±800kV特高压直流输电工程	8000	2193	2023.06（预计）

我国特高压交流工程一览表，见表1-2。

表1-2 我国特高压交流工程一览表

序号	工程名称	输送容量（MVA）	输送距离（km）	投运时间
1	1000kV 晋东南—南阳—荆门特高压交流试验示范工程	18 000	640	2009.01
2	皖电东送淮南至上海特高压交流输电示范工程	21 000	1302	2013.09
3	浙北—福州特高压交流输变电工程	18 000	1206	2014.12
4	锡盟—山东 1000kV 特高压交流输变电工程	15 000	1460	2016.07
5	安徽淮南平圩电厂三期 1000kV 送出工程	—	5	2015.04
6	淮南—南京—上海 1000kV 交流特高压输变电工程	12 000	1518	2016.09
7	蒙西—天津南 1000kV 特高压交流输变电工程	24 000	1254	2016.11
8	锡盟—胜利 1000kV 交流输变电工程	6000	480	2017.07
9	榆横—潍坊 1000kV 特高压交流输变电工程	15 000	2118	2017.08
10	青州换流站配套 1000kV 交流工程	3000	148	2017.09
11	山东临沂换流站—临沂变电站 1000kV 交流输变电工程	6000	116	2017.12
12	淮东—华东（皖南）特高压直流配套 1000kV 工程	—	12	2018.09
13	榆能横山电厂、陕能赵石畔电厂 1000kV 送出工程	—	61.5	2018.06
14	内蒙古北方胜利、神华胜利、大唐锡林浩特电厂送出工程	—	55	2018.12
15	北京西—石家庄 1000kV 交流特高压输变电工程	—	440	2019.06
16	淮南—南京—上海 1000kV 交流特高压输变电工程苏通 GIL 管廊工程	—	11.6	2019.09
17	潍坊—临沂—枣庄—菏泽—石家庄特高压交流工程	15 000	1652	2020.01
18	蒙西—晋中特高压交流工程	—	608	2020.09
19	驻马店—南阳 1000kV 交流特高压输变电工程	6000	380	2020.12
20	张北—雄安 1000kV 特高压交流输变电工程	6000	640	2020.08
21	长治站配套电厂 1000kV 送出工程	—	105	2020.11
22	南昌—长沙特高压交流工程	12 000	690	2021.12
23	南阳—荆门—长沙特高压交流工程	—	979	2022.10
24	荆门—武汉 1000kV 特高压交流输变电工程	6000	476	2022.12
25	汇能长滩电厂 1000kV 送出工程	—	26	2022.12
26	红墩界电厂 1000kV 送出工程	—	32	2023.05（预计）
27	驻马店—武汉特高压交流工程	—	573	2023.11（预计）
28	福建北电南送特高压交流输变电工程	6000	484	2023.12（预计）
29	内蒙古京泰酸刺沟电厂二期送出工程	—	33.5	2023.12（预计）
30	武汉—南昌特高压交流工程	—	903.49	2024.06（预计）
31	川渝特高压交流工程	24 000	1315.2	2024.06（预计）

2 特高压输电工程主要施工机具

近年来，国家电网公司持续加强输电线路施工技术和装备创新，大力推进全过程机械化施工研究应用，越来越多的施工机械机具投入使用，施工机具在特高压输电工程建设中发挥了越来越重要的作用。本章主要介绍特高压输电工程建设过程应用的主要施工机具，按照物料运输、基础施工、组塔施工、架线施工等主要施工工序和分类，重点介绍 34 种施工机械及工器具，其中物料运输机具 5 种、基础施工机具 11 种、组塔施工机具 9 种、架线施工机具 9 种。

物 料 运 输 机 具

特高压输电工程物料运输机具一般包括轻型卡车、履带式运输车、炮车、装配式钢桥、轻型轨道旱船、货运索道、直升机、运输船舶等。在较平整的公路及乡村道路一般采取轻型卡车运输；乡村小路及山区丘陵路幅窄、坡度陡、弯径小的硬基面沙石等可靠道路可使用炮车；一般山地、丘陵、泥沼等施工环境下不适用炮车时，可采用履带式运输车运输；对于高山、深谷、河流等更恶劣地形条件，无法修建临时道路时，可采用货运索道或直升机进行物料运输；在稻田、滩涂地质条件下，为减少修路对环境的破坏，可使用轻型轨道进行运输；河网地区水田、沟渠、沼泽等软弱地形可使用旱船运输；当运输车辆需要越过江河、断桥、沟谷等障碍时，一般采用装配式钢桥作为临时性桥梁使用。常见的物料运输机具见表 2-1。

表2-1　　　　　　　　　　　　物 料 运 输 机 具

施工工序	施工装备	适用范围或条件
物料运输	轻型卡车	平地
	履带式运输车	平地、丘陵、山地
	炮车	
	装配式钢桥	河网、沟谷
	轻型轨道	泥沼
	旱船	泥沼、河网
	架空输电线路施工专用货运索道	高山、峻岭、河网
	直升机物料吊运工具	
	运输船舶	湖泊、河网

主要地形的定义：

平地：指地形比较平坦广阔，地面较干燥的地带。

丘陵：指陆地上起伏和缓，连绵不断的矮岗、土丘，水平距离1km以内、地形起伏在50m以下的地带。

山地：指一般山岭或沟谷等，水平距离250m以内、地形起伏50～150m的地带。

高山：指人力、牲畜攀登困难，水平距离250m以内、地形起伏150～250m的地带。

峻岭：指地势十分险峻，水平距离250m以内、地形起伏250m以上的地带。

泥沼：指经常积水的田地及泥水淤积的地带。

河网：指河流频繁，河道纵横交叉成网，影响正常陆上交通的地带。

轻型卡车、货运索道、履带式运输车、炮车、轻型轨道、旱船、直升机等主要物料运输机具将在第3章详细介绍，这里不进行展开。

基 础 施 工 机 具

基础施工包含基础开挖、混凝土施工、钢筋笼制作等工序，基础开挖机具根据适用的地形、地质条件一般会使用挖掘机、旋挖钻机、冲孔打桩机、回转钻机、螺旋锚钻机、岩石锚杆钻机、深基坑作业一体机等机具；

混凝土施工根据施工流程和适用条件一般使用混凝土搅拌站、混凝土泵车、罐式运输车、混凝土输送泵、自落式搅拌机、强制式搅拌机、振捣装置等；钢筋笼制作一般使用电焊机、镦粗绞丝机等机具。详见表2-2。下文将从技术参数、选用原则、注意事项等方面重点介绍常用的、专业性较强的11种基础施工机具。

表2-2 常用基础施工机具

施工工序	施工装备	适用范围或条件
基础开挖	挖掘机	大开挖基础
	旋挖钻机	掏挖基础、桩基础、灌注桩基础
	冲孔打桩机	
	回转钻机	
	螺旋锚钻机	螺旋锚基础
	岩石锚杆钻机	岩石锚杆基础
	深基坑作业一体机	人工挖孔基础
混凝土施工	混凝土搅拌站	具有运输道路
	混凝土泵车	
	罐式运输车	
	混凝土输送泵	运输困难
	自落式搅拌机	
	强制式搅拌机	适用高标号混凝土
	振捣装置	全范围
钢筋笼制作	电焊机	全范围
	镦粗绞丝机	

一、挖掘机

挖掘机，是用铲斗挖掘高于或低于承机面的物料，并装入运输车辆或卸至堆料场的土方机械，使用挖掘机可用于开挖式基础土石方的开挖，亦可用于临时道路修建以及接地埋设。根据挖掘机行走装置的不同，可将挖掘机分为履带式、轮胎式两种，如图2-1、图2-2所示。

图 2-1 履带式挖掘机   图 2-2 轮胎式挖掘机

1. 技术参数

（1）履带式挖掘机技术参数见表 2-3。

表 2-3 履带式挖掘机技术参数

项目	65 系列	135 系列	215 系列	365 系列
整机重量（kg）	6700	13 500	20 900	34 100
标准斗容（m³）	0.25	0.53	0.93	1.6
额定功率（kW）	40.9	69.6	129	190.5
额定转速（r/min）	2100	2200	2150	2000
回转速度（rpm）	11.5	12	12.5	9.5
爬坡能力（%）	70	70	70	70
斗杆挖掘力（kN）	35	66.13	100	180
行走速度（高速/低速，km/h）	5.2/2.7	5.5/3.5	5.6/3.3	5.5/3.5
铲斗挖掘力（kN）	51	92.7	138	220
最大挖掘半径（mm）	6235	8290	9885	10 615
最大挖掘深度（mm）	4065	5500	6630	7040
最大卸载高度（mm）	5110	6170	6475	7140
最大挖掘高度（mm）	7010	8645	9305	9810
最大垂直挖掘深度（mm）	3335	4850	5980	6280

续表

项目	65 系列	135 系列	215 系列	365 系列
挖掘机履带长度（mm）	2700	3665	4250	5050
挖掘机尺寸（长×宽×高，mm×mm×mm）	6095×2120×2580	7700×2550×2815	9400×2980×2960	11 015×3190×3315
最小离地间隙（mm）	370	420	440	550
尾部旋转半径（mm）	1800	2205	2750	3300
履带轨距（mm）	1600	1990	2380	2590
标准履带板宽（mm）	400	500	600	700

（2）轮胎式挖掘机技术参数见表 2-11。

表 2-4　　　　　　　轮胎式挖掘机技术参数表

项目	JT60	JT136	JT200	JT210W
整机重量（kg）	6000	13 600	20 000	21 140
斗容（m³）	0.3	0.6	0.8	0.86
发动机功率（kW）	50	70	194	129
爬坡度（%）	58	40	40	35
最大挖掘力（kN）	45	75.86	92	115
最大行走速度（km/h）	36	31.38	50	31
挖掘机尺寸（长×宽×高，mm×mm×mm）	5500×2100×2830	7595×2750×3850	6770×2760×3780	9135×2552×3370
最大挖掘距离（mm）	6020	7300	9100	9613
最大卸载高度（mm）	3900	4700	6600	7530
最大挖掘深度（mm）	3380	3700	5300	5755
最大挖掘高度（mm）	6000	6400	9250	10 528
最小回转半径（mm）	1725	2440	2820	2820
最小离地间隙（mm）	300	275	275	340

2. 选用原则

施工对象和环境决定了挖掘机作业效率的高低，因此要依据施工对象和环境的不同选用不同型号、不同配置的挖掘机，避免出现浪费现象。

（1）疏松、低密度的土壤、沙石，大作业量。可选用型号较大的大功率、大斗容的挖掘机进行挖掘、装载作业，最大限度发挥挖掘机的作业效率。如34t级 1.6m³ 的挖掘机。

（2）疏松、低密度的土壤、沙石，间隙性施工。可选用中小型的挖掘机，大大节省施工成本。如20t级 0.8m³、0.93m³ 的挖掘机。

（3）坚硬的土壤、风化石、沙（土）夹石、冻土、爆炸/粉碎的山石，要选用挖掘力大，加强型工作装置，斗容略小（岩石斗）的挖掘机。坚硬的土壤、风化石、沙（土）夹石以及山石，可配备破碎锤使用，克服恶劣环境对挖掘机的影响，增加工作效率，节约施工成本。

3. 注意事项

（1）挖掘机工作时，应停放在坚实、平坦的地面上，若地面泥泞、松软和有沉陷危险时，应使用枕木或木板垫妥。

（2）铲斗未离开地面前，不得做回转、行走等动作。

（3）挖掘机作业或行走时，都不得靠近输电线路。如必须在输电线路附近工作或通过时，必须满足架空线路的安全距离。

（4）若必须在挖掘机回转半径内工作时，挖掘机必须停止回转，并将回转机构刹住后，才可进行工作。

二、旋挖钻机

旋挖钻机是以回转斗、短螺旋钻头或其他作用装置进行干、湿钻进，并采用旋挖逐次取土、反复循环作业而成孔为基本功能的钻机，具备下车移动行驶功能，一般分为履带式和轮胎式两种。其具体型式如图2-3所示。

图2-3 旋挖钻机

1. 技术参数

针对输电线路基础施工的特殊配置需求，目前已经研发了 XRL100、XR150L、XR180L、XR200L 四款专用旋挖钻机，产品型号以动力头的最大输出扭矩来划分。根据动力头最大输出扭矩及施工能力的不同，把这四款旋挖钻机分为小、中、综合型三类，见表 2-5。

表 2-5　　　　　　　输电线路施工专用旋挖钻机技术参数表

项别		产品型号		
钻机类型		小型	中型	综合型
产品型号		XRL100	XR150L	XR180L/XR200L
动力头扭矩（kN·m）		100	150	180/200
钻孔直径（mm）		1400	1500	2000
钻孔深度（m）		25	25	20/25
底盘型式		轮胎式	履带式	履带式
整机工作质量（t）		33	37	48/50
整机运输质量（t）		31	32	41/41
底盘	最大行走速度（km/h）	78	3	2
	最大爬坡度（%）	30	40	60
	履带板宽（mm）	—	600	600
	履带最大展宽（mm）	—	2600～3700	2600～3800
	接近角（°）	19	—	—
	离去角（°）	15	—	—
外形尺寸	工作状态（mm×mm×mm）	9900×4250×14 640	6630×3700×12 980	7450×3800×14 300
	运输状态（mm×mm×mm）	10 738×2500×4365	11 870×2600×3430	11 120×2600×3500

2. 选用原则

（1）旋挖钻机适用于黏性土、砂、碎石土、岩石等地层，掏挖、盘桩、灌注桩等基础坑开挖成孔施工。

（2）在平原地区施工，现场道路情况较好，施工场地比较狭小时，可选用小型轮胎式旋挖钻机，行走能力强，可大大节约运输成本，但其只能针对土层及软岩施工，不具有入岩能力，如 XRL100 旋挖钻机。

（3）现场道路情况较差，汽车底盘钻机行进困难，通过性较差时，可选用中型履带式旋挖钻机，该钻机具有一定的爬坡能力，具有一定入岩能力，如 XR150L 旋挖钻机。

（4）在复杂地区施工，可选用综合型履带式旋挖钻机，具有极强的爬坡能力，爬坡度达 60%（30°），配置无线远程遥控，可满足危险地区行走安全性要求。如果在山区施工，整机可进行模块化拆解，单件运输质量小于 5t，且具有较强的入岩能力。如 XR180L/XR200L 旋挖钻机。

3．注意事项

（1）钻机操作人员需持证上岗。

（2）钻机工作时，需保证地面压实、平整，否则有倾翻的危险，回转半径内严禁站人。

（3）当遇风速大于 13.8m/s 或雷雨天气时，停止作业，将钻桅收回。

（4）临近带电线路作业时，应接地良好，应保证足够的安全距离，并设专人监护。

三、冲孔打桩机

冲孔打桩机，利用冲击桩锤自由下落产生的冲击动力，进行灌注桩基础冲击打桩作业，具备提锤、下笼、捞砂、灌浆等功能，也可用于垂直提升、水平或倾斜牵引、拖拽重物等，适合于不同孔径灌注桩的施工。冲孔打桩机克服了一些钻孔机不能实现的复杂地质情况，具有冲孔直径大、深度深、孔的垂直度高，施工成本低，消耗功率小等特点。冲孔打桩机施工作业如图 2-4 所示。

图 2-4　冲孔打桩机施工作业

1．技术参数

目前冲孔打桩机已有成熟产品，常用型号技术参数见表 2-6。

表2-6　　　　　　　　　　冲孔打桩机主要技术参数

项目	参数					
冲孔直径（mm）	600～900	900～1500	1200～1800	1500～2000	2000～2200	2200～2500
冲孔深度（m）	80	80	80	80	80	80
冲锤最大重量（t）	2	4	4.8	6	8	10
总功率（kW）	30	50	60	66.5	88	169
冲撞频率（次/min）	11～12	10～11	9～10	7～8.5	6～7	5～6
重量（kg）	5500	6500	6700	9500	9800	13 500
外形规格（mm×mm×mm）	6000×2000×6300	7000×2000×7000	7000×2000×7000	7200×2000×7200	7200×2000×7200	7500×2200×7500

2．选用原则

冲孔打桩机主要用于深基础的钻孔灌注桩成孔施工，适用于以下土层条件：

（1）填土层、黄土层、黏土层、粉土层、淤泥层、砂土层和碎石土层；

（2）砾卵石层、岩溶发育岩层和裂隙发育的地层；

（3）流砂层、有孤石的砂砾石层、飘石层、坚硬土层、岩层地基。

3．注意事项

（1）严禁使用损坏或有故障的用电设备，严禁电源线直接挂接在熔丝上，严禁用铜线、铝线代替熔丝。

（2）作业前，应检查卷扬机及机架各部位连接是否牢固，有无松动或磨损、变形，离合器刹车是否灵敏，钢丝绳是否有断丝、磨损、扭结，变形是否达到报废标准。

（3）作业时如遇大雨、大雾或六级以上大风时，必须切断电源停止作业。台风暴雨时必须加设缆风绳稳固桩架或拆除桩架，暴风雨后必须全面检查桩机。

（4）检修桩机用电设备时，必须断开电源，验明无电后锁好电箱，挂上"有人工作，禁止合闸"标志牌，并接好接地保护线。

（5）作业后必须拉闸断电、锁好电箱。

四、回转钻机

回转钻机能够将传动皮带动能通过机械传动和机械操纵装置转换为回转钻盘的旋转动能，进而带动钻杆和钻头进行灌注桩成孔，适用于除流动淤泥层以外的一切土层。回转钻机具有成孔速度快、安装操作方便、占地面积小等特点。回转钻机施工作业如图2-5所示。

图2-5　回转钻机施工作业

1. 技术参数

常用回转钻机技术参数见表2-7。

表2-7　　　　　　　　常用回转钻机技术参数表

项目	参数			
钻孔深度（m）	200	200	300	300
钻孔直径（mm）	800～1000	1000～1200	1000～1200	1200～1500
转盘通孔直径（mm）	250	250	340	340
钻杆直径（mm）	130	130	130	130
钻杆长度（mm）	6000/3650	6000/3650	6400/3850	6400/3850
起吊钢丝绳直径（mm）	15	15	15	15
转盘转速（正反）(r/min)	45/65	45/65	36/52	36/52
转盘额定输出扭矩（kN•m）	7	7	10	10
卷扬单绳提升能力（kN）	22	22	30	30
龙门架承载能力（kN）	150	150	150	150
主机配套动力（kW）	22	22	22	22
离合方式	平皮带离合	机械离合	平皮带离合	机械离合
整机结构尺寸（mm×mm×mm）	4400×3900×9200	4400×3900×9200	4400×3900×9200	4400×3900×9200
整机重量（kg）	2450	2450	2680	2680
备注	钻杆长度数据依次为主钻杆长、辅助接杆长			

2. 选用原则

（1）适用填土层、淤泥层、黏土层、粉土层、砂土层等土层。

（2）适用卵砾石含量不大于 15%、粒径小于 10mm 砂卵砾石层、软质基岩等地质。

（3）适用桩长在 200m 以内，桩径在 0.8～1.2m 之间的灌注桩成孔。

3. 注意事项

（1）电源电线必须架空搭设，移动机架时严禁接触高低压电线。

（2）在电力管线、通信管线、燃气管线附近钻孔施工时，必须设专人监护。

（3）钻机皮带及其传动轮必须设置防护罩。

（4）钻进中遇异常情况，应停机检查，查出原因，进行处理后方可继续钻进。

（5）钻进作业时，必须安排专人负责收放电缆线和进浆胶管。

（6）起吊钢筋笼时，严禁钻机有明显的偏心，钻机前方严禁站人。

（7）作业后必须拉闸断电，锁好电箱。

五、螺旋锚钻机

螺旋锚钻机（见图 2-6）是输电线路螺旋锚基础施工设备，适用于松软土层及地下水位较高的地区，有效提高输电线路基础施工的机械化水平，解决复杂地质基础施工等难题，锚桩作业效率高。

图 2-6　螺旋锚钻机施工作业

1. 技术参数

常用螺旋锚钻机技术参数如表 2-8 所示。

表 2-8　　　　　　　　　　螺旋锚钻机技术参数

项目	参数
额定有效扭矩（N·m）	30 000
最大钻进螺旋锚叶片直径（mm）	1000

续表

项目	参数
行驶速度（km/h）	5
最大爬坡度（°）	30
接地比压（MPa）	0.022
最小离地间隙（mm）	350
整机质量（kg）	8000
整机外形尺寸（mm×mm×mm）	6700×2200×2400
轴距（mm）	4108
轨距（mm）	1700
承重轮数量（个）	2×9

2. 选用原则

适用于软土地层和水位较浅地区输电线路螺旋锚基础施工。

3. 注意事项

（1）禁止仅使用单边履带进行转向操作。

（2）钻进前，确定设备已稳固完毕，动力头下无异物，操作动力头下降手柄，降下动力头，然后安装螺旋锚，安装后必须检验传扭销是否牢固。

（3）钻进过程中同时操作钻进手柄和下降手柄，操作手密切注视钻机的整体情况。应特别注意钻机支腿，如有滑动同时扳回两手柄，防止意外发生。

（4）钻进前，操作升起手柄，缓慢地升起螺旋锚，除设备操作人员外，其他人应远离钻机。当螺旋锚锚尖离开地面一定距离后，停止操作升起手柄，使螺旋锚下垂，对准钻进点中心，降下螺旋锚。

六、岩石锚杆钻机

岩石锚杆钻机是以压缩空气为动力的一种风动冲击装备，通过冲击器压缩空气产生的冲击功，配合钻机带动钻杆的回转驱动切削，完成对岩石的脉动破碎，适用于山区、丘陵或无道路运输条件等地形条件下的输电线路锚杆基础的成孔施工，可钻进硬度范围为普氏硬度系数 f6～f18 的岩石地质，具有工作效率高、操作便利、故障率低等特点，如图 2-7 所示。

1. 技术参数

目前输电线路岩石锚杆钻机已形成通用技术要求，具体技术参数见表 2-9。

图 2-7　岩石锚杆钻机

表 2-9　　　　　　　　　　　螺旋锚钻机技术参数

项目	参数
结构型式	组合式
钻孔方式	气动潜孔冲击
额定扭矩（N·m）	≥1200
钻孔深度（m）	0~10
提升力（kN）	≥15
给进力（kN）	≥8
钻机最大重量（kg）	≤2000
钻机单件最大重量（kg）	≤200
工作效率	在满足中风化的岩层条件下，破碎整块的岩石，专用岩石锚杆钻机效率可达 7~8m/h
作业环境温度（℃）	−20~40

2. 选用原则

岩石锚杆钻机的技术性能应符合锚杆基础孔径、深度、岩石硬度等需求。钻机适应岩石硬度范围为普氏硬度系数 f6~f18。

3. 注意事项

（1）在出气口前方不得有人工作或站立。

（2）在拆除钻杆时，应将钻杆卡牢，防止下一段钻杆掉入孔内；钻孔打好后要盖好，防止杂物掉入孔内。

（3）在支钻孔架时，应将支架支平锚固牢靠，拉线应打成 45° 角，在没有合理地形的情况下，可以将角度适当放大。

七、混凝土泵车

混凝土泵车通过汽车底盘上装配的液压设备，将混凝土沿泵送管道连续输送至施工现场，实现混凝土的全部输送过程。混凝土泵车能够自行式移动，结构紧凑，灵巧，操纵方便，安全可靠，易于实现过载保护，能实现远距离操纵。

混凝土泵车作业如图 2-8 所示。

图 2-8　混凝土泵车作业

1. 技术参数

常用混凝土泵车主要技术参数见表 2-10。

表 2-10　　　　　　　　　混凝土泵车主要技术参数

项目	参数			
发动机输出功率（kW）	103	265	300	405
理论输送量（m³/h）	65	138	120/170	180
泵送混凝土压力（MPa）	6.5	8.7	12/8	8
理论泵送次数（次/min）	21~24	27	18/27	21~23
输送缸尺寸（内径×行程，mm×mm）	200×1400	230×2100	260×2000	260×2200
上料高度（mm）	1580	1450	1480	1400
布料杆可达高度/深度/半径（m）	22.5/12.3/19.1	37/24.2/32.6	48/33.71/42.5	74.2/55.3/69.7
布料杆回转角度（°）	365	370	±270	370

2. 选用原则

（1）混凝土泵车选型必须考虑输电线路基础混凝土工程要求的最大输送距离、混凝土方量、混凝土性能、基础的类型和结构、施工技术要求以及现场交通条件等因素。

（2）输电线路基础施工时宜选用高臂架混凝土泵车，浇注高度和布料半径大，施工适应性强。

3. 注意事项

（1）严禁混凝土泵车进行起重等危险作业。

（2）混凝土泵车臂架泵送混凝土的高度和距离必须经过严格计算和试验确认，严禁末端软管续接管道或加长末端软管超过 3m。

（3）支承地面必须坚实水平，严禁支承在空穴上。

（4）展开或收拢支腿时人员必须站在支腿旋转的范围外。

（5）支腿未按要求支撑好，严禁操作臂架。臂架收拢之前，严禁回收支腿。

（6）8 级以上大风、雷雨或恶劣天气情况下严禁使用臂架。

（7）输电线路附近作业时必须保证臂架与带电体的安全距离。

（8）泵送作业时臂架下方严禁有人。

八、混凝土输送泵

混凝土输送泵（见图 2-9），利用压力将预拌混凝土沿输送管道连续输送至混凝土浇注现场。泵送装置主要分为闸板阀混凝土输送泵和 S 阀混凝土输送泵。

图 2-9　混凝土输送泵

1. 技术参数

常用混凝土输送泵技术参数见表 2-11。

表2-11　　　　　　　　　　混凝土输送泵技术参数

项目	JBCHB-25S	JBCHB-35S	JBCHB-40S	JBCHB-60S
最大理论输送量（m³/h）	25	35	40	60
最大压力（MPa）	9	11	12	13
电机功率（kW）	37	45	45	90
外形尺寸（长×宽×高，mm×mm×mm）	3950×1560×1580	4600×1600×1560	5000×1650×1700	6800×2100×2200
最大水平输送距离（m）	100～150	200～250	250～300	600
最大垂直输送距离（m）	60	90	130	130

2. 选用原则

（1）平原、丘陵、一般山地中混凝土原材料运输无法到位的输电线路塔位基础混凝土浇制时，优先考虑采用混凝土输送泵。

（2）泵送压力是输送距离和高度的保证，输送距离越远，泵送高度越高，则混凝土泵送压力越高。因此，需要根据现场输送距离和高度选择输送泵的型号。

3. 注意事项

（1）为满足混凝土可泵性要求，使用混凝土输送泵前，首先应确定粗骨料的最大粒径与输送管径之比。泵送高度在 50m 以下时，对于碎石不宜大于 1:3，对于卵石不宜大于 1:2.5；泵送高度在 50～100m 时，宜在 1:3～1:4 范围；泵送高度在 100m 以上时，宜在 1:4～1:5 之间。针片状颗粒含量不宜大于 10%。

（2）为防止泵送装置倾覆，使用前必须支起四个支脚使行走轮胎脱离地面，同时检查泵送装置上部的料斗及溜槽的支撑情况，保证泵送装置的稳定可靠。

（3）泵送施工现场应设安全和预防事故警示牌、栅栏或金属挡板。

（4）严禁作业人员攀登或骑在混凝土输送泵输送管道上。

（5）泵送作业时，泵送装置料斗中的混凝土必须高于搅拌轴，避免吸入空气造成混凝土喷溅。

（6）泵送作业结束转移泵送装置时，先收后支腿，放下支地轮，再收前支腿。

九、自落式搅拌机

自落式搅拌机可将水泥、砂石骨料和水混合并拌制成混凝土混合料，适用于搅拌塑性和半干硬性混凝土。自落式混凝土搅拌机如图 2-10 所示。

图 2-10 自落式混凝土搅拌机

1—搅拌系统；2—机架和支承装置；3—传动机构；4—原动机；5—控制箱；6—加料装置

1. 技术参数

常用自落式搅拌机技术参数见表 2-12。

表 2-12 自落式搅拌机技术参数

类别	项目	参数		
工作性能	出料容量（L）	250	350	500
	进料容量（L）	320	560	800
	生产率（m³/h）	6～8	10～14	18～20
	搅拌筒转速（r/min）	17	14	13
	骨料最大粒径（mm）	60	60	60～80
	供水精度	误差≤2%	误差≤2%	误差≤2%
电机功率	搅拌电机（kW）	4	5.5	11
	提升电机（kW）	4	5.5	5.5
	水泵电机（kW）	0.55	0.55	0.75
最大拖行速度（km/h）		20	20	20
外形尺寸（长×宽×高，mm×mm×mm）		2260×1990×2750	2766×2140×3000	5226×2200×5460
整机重量（kg）		1300	1950	3100

2. 选用原则

（1）自落式搅拌机适用于输电线路山区、河网等交通运输条件困难塔位基础混凝土的现场拌制。

（2）根据混凝土方量、施工工期等综合因素选择合适型号的自落式搅拌机。

3．注意事项

（1）搅拌机必须设置在平坦地面上，用方木垫起前后轮轴，使轮胎搁高架空，以防开动时发生走动。

（2）拌筒的旋转方向必须符合箭头指示方向，如不符合应更正电机接线。

（3）提升料斗时，严禁在料斗下方工作或穿行。

（4）必须将料斗双保险钩挂牢后方可清理料斗坑。

（5）搅拌机运转作业时严禁用工具伸入搅拌筒内扒料。

十、强制式搅拌机

强制式搅拌机，利用搅拌鼓内旋转轴上均置的叶片强制搅拌混凝土混合料，适用于输电线路基础高标号混凝土的拌制。搅拌时搅拌鼓不动，动力消耗较大，叶片磨损较快，拌制干硬性混凝土效果好，通常包括卧式和立式强制式搅拌机，如图 2-11 和图 2-12 所示。

图 2-11　卧式强制式搅拌机

图 2-12　立式强制式搅拌机

1．技术参数

常用卧式强制式搅拌机主要参数见表 2-13，常用立式强制式搅拌机技术参数见表 2-14。

表 2-13　　　　　　　　卧式强制式搅拌机主要技术参数

项目	参数		
进料容量（L）	800	1200	1600
出料容量（L）	500	750	1000
生产率（m³/h）	25～30	≥35	≥40
搅拌叶片转速（r/min）	35	27	27

续表

项目	参数		
搅拌叶片数量	2×7	2×8	2×8
料斗提升速度（m/min）	18	19.2	21.9
搅拌电机功率（kW）	18.5	30	37
卷扬电机功率（kW）	4.5～5.5	7.5	11
水泵电机功率（kW）	0.75	1.1	3
骨料最大粒径（mm）	60～80	60～80	60～80
外形尺寸（长×宽×高，mm×mm×mm）	2850×2700×5246	5138×4814×6388	5338×3300×6510
重量（kg）	4200	7156	8000

表2-14　　　　　　　　　立式强制式搅拌机主要技术参数

项目	参数			
进料容量（L）	400	560	800	1200
出料容量（L）	250	350	500	750
搅拌电机功率（kW）	4	5.5	7.5	12
主轴转速（r/min）	19	21	40	40
骨料最大粒径（mm）	40	40	60	80
配用功率（kW）	5.5	5.5	7.5	15
外形尺寸（直径×高，mm×mm）	1100×1100	1200×1400	1300×1400	1500×1400

2. 选用原则

（1）适用于输电线路大开挖基础高标号混凝土的拌制。

（2）适用于干硬性混凝土的拌制。

3. 注意事项

（1）搅拌机的支撑地基须为平整的混凝土地面，搅拌机搬运时应用绳索系在机架上，严禁套系在搅拌轴上。

（2）搅拌机启动前应首先检查旋转部分与料筒之间是否刮碰，如有应及时调整。

（3）搅拌机启动前必须将筒体限位方可启动，搅拌轴旋转方向应按筒体端面标记所示。

十一、深基坑作业一体机

深基坑作业一体机（见图2-13）是针对输电线路基础深基坑等有限空间内

作业遇到的一系列问题而专门设计的，该设备集成了：电动提料、实时气体检测、智能送风、自动声光报警、应急救援、差速器挂点、软梯挂点、照明电源等多个实用功能，旨在保障施工人员的生命安全，提高施工的安全可靠性，提升施工效率，是一种运输、安装、操作便捷化，功能多元化、集成化，控制智能化的设备。

图 2-13　深基坑作业一体机结构示意图

1. 技术参数

常用深基坑作业一体机主要参数见表 2-15。

表 2-15　　　　　　　　　深基坑作业一体机主要参数

项目	参数
整体尺寸（mm）	2780×2790×1730
整装重量（kg）	266
起吊高度（m）	20
额定吊重（kg）	50
起吊速度（m/s）	0.2
气体检测对象	有毒有害可燃气体、氧气
气体含量显示方式	LED 数字显示
报警方式	声光报警
报警音量（dB）	≥80
送风量（L/s）	80
送风风压（Pa）	1350
送风深度（m）	20
设备总功率（kW）	2.35
适用基坑口直径（mm）	1500～2500

2. 选用原则

深基坑作业一体机适用于输电线路基础深基坑等有限空间作业，可根据需要检测的气体种类和基坑坑口直径等参数选用。可检测气体种类一般包括有毒、有害、可燃、氧气等气体；适用坑口直径一般在 1500～2500mm。

组 塔 施 工 机 具

为提高组塔施工的安全性，提升机械化施工率，目前特高压工程的组塔施工机具主要以落地抱杆、汽车起重机、履带式起重机为主，常用组塔施工机具见表 2-16。在高陡边坡、河网密布的环境下，落地抱杆运输、组装存在困难，汽车起重机和履带式起重机无法进场，可考虑使用悬浮抱杆，并加装受力监测装置保证安全。特殊地形或有特殊要求的情况下，可采用直升机组塔。另外，组塔施工采用力矩扳手紧固铁塔螺栓，机动绞磨用于配套摇臂抱杆吊装或地面辅助吊装。

表 2-16　　　　　　　　常用组塔施工机具

施工工序	施工机具	适用范围或条件
组塔施工	悬浮抱杆	全范围
	双平臂落地抱杆	具备进场条件
	双摇臂落地抱杆	
	四摇臂落地抱杆	
	流动式起重机（履带式、轮胎式、汽车式）	具备进场道路条件
	单动臂落地抱杆	具备进场条件、单件重量重
	直升机	特殊地形或特殊要求
	机动绞磨	全范围
	力矩扳手	全范围

一、悬浮抱杆

悬浮抱杆用于分解组立自立式角钢塔、钢管塔，是一种较为常用的组塔施工工具，按拉线使用方法可分为悬浮外拉线抱杆、悬浮内拉线抱杆，如图 2-14 所示。悬浮内拉线抱杆一般是在地形条件较差、无法打外拉线的情况下使用。

图 2-14　悬浮抱杆组立酒杯塔

1. 技术参数

常用悬浮抱杆主要技术参数如表 2-17 所示。

表 2-17　　　　　　　悬浮抱杆主要技术参数表

项目	技术参数									
型号	ZBXW-22.5×500×2.5		ZBXW-26×600×3.5		ZBXW-34×750×6.5		ZBXW-36×800×7.5		ZBXW-42×900×9	
抱杆断面尺寸(mm×mm)	500×500		600×600		750×750		800×800		900×900	
抱杆长度(m)	22.5		26		34		36		42	
抱杆主材	铝合金/角钢		铝合金/角钢		钢铝混合/无缝钢管		钢铝混合/无缝钢管		钢铝混合/无缝钢管	
额定起升载荷(t)	5°	10°	5°	10°	5°	10°	5°	10°	5°	10°
	2.5	2	3.5	3.2	6.5	6	7.5	6.9	9	7.9
安全系数	2.5		2.5		2.5		2.5		2.5	

2. 选用原则

（1）对于特高压工程，部分位于高陡边坡、河网密布地形的塔位，可采取内悬浮外拉线抱杆组立铁塔，并采用受力监测装置提高组塔过程安全性。

（2）在无法设置抱杆外拉线的特殊地形，可选用内悬浮内拉线抱杆组立自立式角钢塔或钢管塔，并采用受力监测装置提高组塔过程安全性。

（3）使用内悬浮内拉线抱杆吊装塔头部分，特别是酒杯塔横担时，塔身断面小，拉线受力大，抱杆稳定性差，在地形条件允许时应增设外拉线。

3．注意事项

（1）使用前应对抱杆进行外观检查，严禁使用存在变形、焊缝开裂、严重锈蚀、弯曲等缺陷的部件。

（2）抱杆拉线、承托绳、起吊滑车组等应根据最大吊装重量选用。外拉线地锚应根据拉线受力大小和土质条件选用。

（3）外拉线地锚应位于基础中心线夹角为45°的延长线上，对地夹角不宜大于45°。两根内拉线平面与抱杆的夹角应不小于15°。

（4）塔材吊装时，抱杆应适度向吊件侧倾斜，但倾斜角度不宜超过10°，以使抱杆、拉线、控制系统及牵引系统的受力更为合理。

（5）抱杆使用过程必须使用受力监测装置。

二、双平臂落地抱杆

双平臂落地抱杆一般用于高塔组立施工，如图2-15所示，考虑输电线路铁塔组立施工特点，吸收借鉴了建筑塔机安全可靠的成熟设计，安全装置齐全。具有可折叠双水平起重臂，可实现单侧起吊或双侧平衡起吊。采用液压下顶升或上顶升方式实现抱杆自提升，抱杆与塔身间采用柔性连接，安装简单高效，长度调节范围大，重复利用率高。

图2-15 双平臂落地抱杆组立特高压铁塔

1．技术参数

目前双平臂落地抱杆已经形成系列化，特高压工程中使用的抱杆主要型号技术参数见表 2-18。

表 2-18 双平臂落地抱杆主要技术参数

技术参数	T2T60X	T2T80	T2T100	T2T120	T2T480	T2T800	T2T1260	T2T1500
额定起重载荷（kN）	2×50	2×50	2×80	2×80	2×160	2×200	2×300	2×300
额定起重力矩（kN·m）	2×600	2×800	2×1000	2×1200	2×4800	2×8000	2×12 600	2×15 000
额定不平衡力矩（kN·m）	300	400	400	600	1440	3200	4200	4500
独立高度（m）	15	21	21	24	28	36	60	36
工作幅度（m）	1.5～20	2～21	2～21	2～24	2～30	4～40	5～42	5～50
收口尺寸（m×m）	1.9×1.9	3.2×3.2	3.2×3.2	3.4×3.4	5.1×5.1	6.5×6.5	9.2×9.2	8.5×8.5
抱杆最大起升高度（m×m）	120	150	150	210	300	440	400	410
自由高度（m）	15	21	21	21	28	36	36/32	36
腰环间距（m）	15	21	21	21	28	36	36/32	36
起升钢丝绳（mm）	13	13	14	14	20	20	26	26
变幅钢丝绳（mm）	7.7	7.7	7.7	7.7	11	10	18	18
标准节长度（m）	1.99	3	3	3	6	6.1	6	6
标准节断面尺寸（mm×mm）	1000×1000	1090×1090	1090×1090	1400×1400	2000×2000	3000×3000	4400×4400	4400×4400

2. 选用原则

（1）双平臂落地抱杆适用于横担较长、铁塔高度 70m 及以上、塔位两侧具备组装场地的铁塔组立施工。

（2）在具备抱杆使用条件时，从安全性考虑，优先选用落地抱杆。落地抱杆选配前，要收集塔位地形、运输条件、周围环境等资料，结合工程实际，依据落地抱杆的主要性能确定种类。

（3）在落地抱杆种类确定的基础上，根据吊装塔材的重量、吊装距离、起重性能、收口尺寸等因素，考虑运输与安装的便利性、经济性，优选落地抱杆型号。

3. 注意事项

（1）抱杆操作必须有专人指挥，司机必须在得到指挥信号后，方可进行操作。

（2）司机必须严格按抱杆性能表中规定的幅度和起重量进行工作，不允许超载使用。

（3）抱杆不得斜拉或斜吊物品，并禁止用于拔桩等类似的作业。

（4）双平臂落地抱杆变幅时，必须在变幅小车碰到吊臂上碰块前人工停止。

（5）铁塔顶部开口尺寸应在合理范围内，保证足够的空间用于落地抱杆的拆卸。

（6）塔腿及塔身应根据落地抱杆各拉线要求设计必要的预留孔用于打设各类拉线。

三、双摇臂落地抱杆

双摇臂落地抱杆利用设置于抱杆杆体上端的两根摇臂，可用于铁塔根开、塔头尺寸较大的酒杯塔、大跨越塔等塔型的组立施工，如图 2-16 所示。抱杆利用腰环与塔身连接，减少了抱杆长细比。利用两根摇臂端部悬挂的滑车组吊装塔材，具有起吊重量大、吊装范围广，工作效率高，适应性强等优点。

图 2-16 双摇臂落地抱杆组立特高压直流角钢塔

1. 技术参数

目前双摇臂落地抱杆已经形成系列化，特高压工程中使用的主要型号抱杆技术参数如表 2−19 所示。

表 2−19 双摇臂落地抱杆主要技术参数

抱杆型号	600 截面	700 截面	750 截面	800 截面	800 截面	900 截面
抱杆主截面尺寸（mm×mm）	600×600	700×700	750×750	800×800	800×800	900×900
最大起吊幅度（m）	11	12	14	14	16	16
额定起重量（kN）	2×30	2×40	2×40	2×50	2×40	2×60
变幅钢丝绳直径（mm）（6 倍率）	12	12	12	14	12	14
起吊钢丝绳直径（mm）（4 倍率）	12	12	12	14	12	14
起重力矩（kN·m）	330	480	560	700	640	960
不平衡力矩（kN·m）	82	120	140	175	160	240
吊钩作业半径范围（m）	1.5～11	1.6～12	1.6～14	1.6～14	1.6～16	1.6～16
抱杆独立高度（m）	15	12	12	15	15	15
抱杆最大起升高度（m）	90	141	143	143	145	145
收臂后抱杆头部尺寸（m）	≤1.8	≤2.03	≤2.08	≤2.13	≤2.13	≤2.23
标准节长度（m）	2.0	2.0	2.0	2.0	2.0	2.0
腰环间距（m）	≤16					

2. 选用原则

（1）在具备抱杆使用条件时，从安全性考虑，优先选用落地抱杆。落地抱杆选配前，要收集塔位地形、运输条件、周围环境等资料，结合工程实际，依据落地抱杆的主要性能确定种类。

（2）在落地抱杆种类确定的基础上，根据吊装塔材的重量、吊装距离、起重性能、收口尺寸等因素，考虑运输与安装的便利性、经济性，优选落地抱杆型号。

3. 注意事项

（1）抱杆操作必须有专人指挥，司机必须在得到指挥信号后，方可进行操作。

（2）司机必须严格按抱杆性能表中规定的幅度和起重量进行工作，不允许超载使用。

（3）抱杆不得斜拉或斜吊物品，并禁止用于拔桩等类似的作业。

（4）铁塔顶部开口尺寸应在合理范围内，保证足够的空间用于落地抱杆的拆卸。

（5）塔腿及塔身应根据落地抱杆各拉线要求设计必要的预留孔用于打设各类拉线。

（6）抱杆在夜间或不工作等相似情况下，双侧大臂应处于 3°位置，双侧吊钩置于地面，并将双臂回转拉绳牢固绑扎于地面锚点，确保回转处于静止状态。

四、四摇臂落地抱杆

四摇臂落地抱杆利用设置于抱杆杆体上端的四根摇臂，可进行铁塔根开、塔头尺寸较大的酒杯塔、大跨越塔等塔型的组立施工，如图 2-17 所示。抱杆利用腰环与塔身连接，不需搭设外拉线。四根摇臂既可用于吊装塔材，又可兼作平衡拉线，保证了施工安全，提高了组塔施工质量，工作效率高，适应性强。

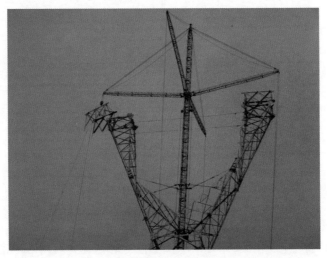

图 2-17　四摇臂落地抱杆组立特高压酒杯塔

1. 技术参数

常用四摇臂落地抱杆技术参数见表 2-20。

表 2-20　　　　　　　　　四摇臂落地抱杆主要技术参数

项目	技术参数		
抱杆断面尺寸（mm×mm）	600×600	700×700	1000×1000
塔身高度（m）	60	70	120
摇臂断面尺寸（mm×mm）	350×350	350×350	600×600
摇臂长度（m）	3.5	3.5	16

项目	技术参数			
自由段高度（m）	18	20	17	22
额定起升载荷（t）	3	3	5.2	4
重量（kg）	6800	7700	36 000	

2. 选用原则

（1）四摇臂落地抱杆由于利用了摇臂作为平衡稳定之用，施工时无须外拉线，因此能适用于平原、丘陵及山地等各种地形条件。

（2）四摇臂落地抱杆适用于特高压各种类型铁塔，特别是酒杯型、猫头型塔横担的安装，更显现其优越性。

（3）根据吊装塔材的重量、吊装距离、起重性能、收口尺寸等因素，考虑运输与安装的便利性、经济性，优选落地抱杆型号。

3. 注意事项

（1）抱杆操作必须有专人指挥，司机必须在得到指挥信号后，方可进行操作。

（2）司机必须严格按抱杆性能表中规定的幅度和起重量进行工作，不允许超载使用。

（3）抱杆不得斜拉或斜吊物品，并禁止用于拔桩等类似的作业。

（4）铁塔顶部开口尺寸应在合理范围内，保证足够的空间用于落地抱杆的拆卸。

（5）塔腿及塔身应根据落地抱杆各拉线要求设计必要的预留孔用于打设各类拉线。

（6）起吊时吊重不允许倾斜。

五、流动式起重机

流动式起重机主要有履带式起重机、汽车起重机、轮胎起重机、全地面起重机、随车起重机。特高压线路组塔施工一般采用履带式起重机、汽车起重机两种。

履带式起重机是利用履带行走的动臂旋转起重机，见图2-18。履带式起重机履带接地面积大，通过性好，适应性强，可带载行走。利用起重机的主杆、副杆可进行不同高度、不同重量的塔材吊装。

汽车起重机是把起重机构安装在特制底盘上的一种全回转式起重机，能直接在公路上行驶，当支腿支撑后能起吊重物见图2-19。

图 2-18 履带式起重机组立特高压直流塔

图 2-19 汽车起重机组塔

1. 技术参数

常用履带式起重机技术参数见表 2-21。

表 2-21 履带式起重机技术参数

项目	ZQUY55	ZQUY80	ZQUY150	ZQUY220	ZQUY280
主臂最大起重量（t）	55	80	150	220	280
副臂最大起重量（t）	5	7	15	35	37
主臂长度（m）	13～52	13～58	19～82	18～87	18～87
固定副臂长度（m）	9～15	9～18	12～30	12～36	12～36

续表

项目	ZQUY55	ZQUY80	ZQUY150	ZQUY220	ZQUY280
最高回转速度（r/min）	1.5	2	1.5	1.22	1.3
最高行驶速度（km/h）	1.3	1.2	1	1	1.1
爬坡度（%）	30	30	30	30	30
最大单件运输重量（t）	31	38	46	55	58
长×宽×高（m×m×m）	11.50×3.45×3.40	13.50×3.40×3.20	11.50×3.30×3.30	12.02×3.40×3.40	12.53×3.47×3.46
整机质量（t）	51	78	150	230	252

　　根据塔高和最大吊重，特高压工程组塔选用的汽车起重机一般有 25、50、70、100、130、240t 等，表 2−22、表 2−23 列举见 50、100t 汽车起重机作业状态主要技术参数，其余型号汽车起重机可参考相关厂家说明书。

表 2−22　　　　　　　50t 起重机作业状态主要技术参数

类别	项目			单位	参数
性能参数	最大额定总起重量			t	50
	最小额定工作幅度			m	3
	转台尾部回转半径			m	≤3.485
	最大起重力矩	基本臂		kN·m	1764
		最长主臂		kN·m	823
		最长主臂+副臂		kN·m	492.8
	支腿距离	纵向		m	5.65
		横向		m	6.6
	起升高度	基本臂		m	10.75
		最长主臂		m	40
		最长主臂+副臂		m	55.8
工作速度	起重臂起臂时间			s	88
	起重臂全伸时间			s	180
	最大回转速度			r/min	2.0
	起升速度（单绳、第三层）	主起升机构	满载	m/min	≥85
			空载	m/min	≥110
		副起升机构	满载	m/min	≥80
			空载	m/min	≥110

表 2-23   100t 汽车起重机作业状态主要技术参数

类别	项目		单位	参数
主要性能参数	最大额定总起重量		t	100
	最小额定幅度		m	3
	转台尾部回转半径	平衡重处	mm	4200
		副卷处	mm	4590
	基本臂最大起重力矩		kN·m	3450
	支腿跨距（全伸）	纵向	m	7.56
		横向	m	7.6
	起升高度	基本臂	m	12.8
		最长主臂	m	48.8
		最长主臂 + 副臂	m	66.8
	起重臂长度	基本臂	m	12.8
		最长主臂	m	49
		最长主臂 + 副臂	m	49 + 18.1
工作速度参数	起重臂起臂时间		s	75
	起重臂伸缩时间	全伸/全缩	s	160
	最大回转速度		m/min	2
	起升速度（单绳，第四层）	主起升机构	m/min	105
		副起升机构	m/min	104

2. 选用原则

（1）流动式起重机适用于输电线路沿线交通条件较好塔位。履带式起重机行走速度缓慢，转场需要其他车辆搬运，起吊塔材后短距离行走；轮胎式起重机行驶速度较快，可自行转场。

（2）流动式起重机用于施工的材料装卸的选用原则：满足材料装卸的最大重量要求；满足相应装卸半径的要求；如遇特殊施工场地应满足施工场地要求。

（3）流动式起重机用于组塔施工的选用原则一般综合考虑起重机距塔中心距离、塔全高、吊臂距塔顶的距离、顶段塔重等方面因素。

（4）由于大吨位起重机使用成本较高，故此在实际施工中常采用组合的方式安排起重机。如：塔身底段使用 50t 或 70t 汽车起重机，中段和高度较低的塔采用 130t 汽车起重机，较高的塔顶段采用 200t 以上的汽车起重机。

3. 注意事项

（1）塔材起吊前，应根据现场地形条件，提前确定起重机就位位置。

（2）行驶和工作的场地应保持平坦坚实，并应与沟渠、基坑保持安全距离。

（3）必须按规定的起重性能作业。不得起吊重量不明的物体，不得超载起吊，严禁斜吊。

（4）应根据所吊重物的重量和提升高度，调整起重臂长度和仰角，并应估计吊索和重物身的高度，留出适当空间。

（5）行走或作业时不得靠近输电线路，如必须在输电线路附近工作或通过时，必须符合架空线路的安全距离。

（6）履带式起重机负载行走时，载荷不得超过允许起重量的 70%，行走道路应坚实平整，重物应在起重机正前方向。

（7）履带式起重机在行走时，其两侧的履带不能一边高一边低，同时也不能停留在斜坡上作业。

（8）汽车起重机作业时应全部伸出支腿，并在撑脚板下垫方木。

六、单动臂落地抱杆

单动臂落地抱杆（见图2-20）是在建筑塔式起重机基础上，针对输电线路铁塔组立施工特点和要求研发设计，用于铁塔组立的大型组塔施工装备。单动臂落地抱杆立于铁塔中心，与铁塔进行软附着，单侧吊臂起吊。利用平衡臂平衡吊重力矩，通过单吊臂俯仰及回转实现塔材就位。

图2-20　单动臂落地抱杆组塔

1. 技术参数

单动臂落地抱杆主要技术参数见表 2-24。

表 2-24 单动臂落地抱杆主要技术参数

额定起重力矩（t•m）			160	
使用高度（m）	附着式	塔身高度	150	
		最大起升高度（仰角 15°/87°）	155/172	
	独立式	塔身高度	25	
		最大起升高度（仰角 15°/87°）	29/46	
附着时最大悬臂高度（m）（至吊臂臂根铰点）			21	
最大起重量（t）			8t	
最大起重量时幅度（m）			2.5~20	
最大幅度（m）			24m	
最大幅度时起重量（t）			6.67（独立高度）	6.5（独立高度以上）
工作仰角、对应幅度（m）		最小仰角对应最大幅度	15°/24	
		最大仰角对应最大幅度	87°/2.5	
总功率（kW）			68（不含顶升机构功率）	
平衡重（t）			6	

2. 选用原则

（1）单动臂落地抱杆起重力矩大、工作高度高，适用于特高压线路及高跨线路大型铁塔的组立施工。

（2）在塔位四周场地只有单侧可用于组装塔时，无法使用双平臂或双摇臂落地抱杆，可选择单动臂落地抱杆组塔。

3. 注意事项

（1）抱杆操作必须有专人指挥，司机必须在得到指挥信号后，方可进行操作。

（2）司机必须严格按抱杆性能表中规定的幅度和起重量进行工作，不允许超载使用。

（3）抱杆不得斜拉或斜吊物品，并禁止用于拔桩等类似的作业。

（4）单动臂落地抱杆变幅时，必须在吊臂碰到缓冲装置前人工停止。

（5）铁塔顶部开口尺寸应在合理范围内，保证足够的空间用于落地抱杆的拆卸。

（6）塔腿及塔身应根据落地抱杆各拉线要求设计必要的预留孔用于打设各类拉线。

七、直升机

直升机参与特高压工程建设，将是破解电网建设难题的现代化高效手段之一，可在线路初设阶段航拍辅助设计选线，施工阶段直接参与吊挂运输、吊装组塔、展放导引绳等作业，并可通过空中监察巡视辅助监管线路施工，在电网建设全周期应用场景中实现技术革新。在特殊地形或有特殊要求时，可选择该方式组立铁塔，如图 2-21 所示。

图 2-21　直升机组立输电线路铁塔

1. 技术参数

现有主力作业直升机型号及能力如下。

（1）S-64F 直升机。

由美国埃里克森公司制造，最大外挂重量为 11.34t；配备有吊装专用的抗扭转装置，能有效固定外挂载荷，保证塔段的对接精度（误差仅 25.4mm）；该机具有后视驾驶舱，飞行员能够完全掌握吊装过程，以确保其操作的精确性。该机型为吊装铁塔最佳选择。在消防、应急、抢险救灾等作业任务中也可发挥重大作用。

（2）Ka-32 直升机。

由苏联卡莫夫设计局设计，装有两台涡轮发动机，功率为 4450hp。总体布局两副全铰接式共轴反转三片桨叶旋翼。最大有效载荷舱内 4t、外挂 5.3t；最大平飞速度 265km/h，最大巡航速度 220km/h。适用于展放导引绳、吊运物资等作业及护林、应急等任务。

（3）H-215/H-225 直升机。

H-215 和 H-225 中型双发直升机，均属于空中客车公司超级美洲豹家族，具有全天候、长行程飞行能力和不俗的外吊挂运输作业能力。在国内广泛应用于人员运送、森林消防、应急救援等任务中。

H-225 最大外载荷 4.75t，舱内最多可乘坐 19 人。H-215 高原型直升机尺寸比 H-225 稍小，最大外挂载荷 4.5t，海拔 3000m 处外载荷可达 3t，有更好的灵敏性和高海拔作业性能，适用于地形环境复杂条件下的物资运输作业。

（4）K-MAX 直升机。

由美国卡曼宇航公司研制的 K-MAX 中型起重直升机，其高原性能极佳、机动性好。可以完成如伐木、灭火、架线、设备吊装等多种任务。最大外载荷 2.7t。高原作业无明显效能衰减，15℃下海拔 3000m 处外载荷可达 2.3t，在海拔 15 000ft（4572m）高空作业外载荷达 1.7t。

2. 选用原则

（1）选用直升机组塔需要综合考虑外吊挂能力、吊装精确性、作业效率等因素。

（2）直升机组塔对接辅助系统、被吊塔段及其他附件重量之和不得超过直升机允许挂载能力。

（3）根据被组塔段主材形式、连接方式采用对接辅助系统。

3. 注意事项

（1）应在额定载荷下使用，严禁超载吊运。

（2）对现场指挥、直升机驾驶员、地面辅助人员进行模拟演练，熟悉施工过程和注意事项。

（3）施工前应针对每项作业，均制定特殊状况下的应对方案和安全注意事项。施工策划中应确定飞行路线，应急处置方案中要考虑预留应急抛扔区域。

（4）吊装用的对接导轨、辅助设施是否适合塔段顺利就位，决定着吊装成功与否的关键，施工前须做真型模拟试验，且经作业飞行师的认可。

（5）应加强人员培训，适应直升机地面效应影响下的作业条件，提高吊挂速度、就位作业能力和熟练程度，尽量缩短直升机悬停就位时间。

八、机动绞磨

机动绞磨（见图2-22）是输电线路常用施工机具，能在各种复杂条件下顺利、方便地进行组立铁塔、架设导（地）线等起重、牵引。机动绞磨应提供稳定出力，能随时停磨，磨绳在磨芯上不滑动、不跳股。电力施工目前使用的绞磨主要分为单磨筒和双磨筒机动绞磨。

图2-22 机动绞磨

1. 技术参数

常用机动绞磨主要技术参数见表2-25、表2-26。

表2-25 单磨筒机动绞磨主要技术参数

项 目			3t	5t	8t
牵引力（kN）/牵引速度（m/min）	正挡	Ⅰ	≥30/4.5	≥50/4.6	≥80/5
		Ⅱ	≥12/9.0	≥30/5.7	≥55/7.3
		Ⅲ	≥7/18.0	≥15/13.8	≥29/13.8
		Ⅳ	—	—	≥20/20
	倒挡	Ⅰ	≥—/4.8	≥—/4.7	≥—/3.8
		Ⅱ		≥—/16	≥—/11
动力源	功率（kW）		≥5.5	≥7.5	≥14.7
	转速（r/min）		≥1800	≥2600	≥3000
磨芯	底径（mm）		≥160	≥160	≥240
	长度（mm）		≥143	≥170	≥280
适用最大钢丝绳公称直径（mm）			≤16	≤16	≤16

表 2-26　　　　　　双磨筒机动绞磨主要技术参数

项　目			3t	5t	8t
牵引力（kN）/ 牵引速度（m/min）	正挡	Ⅰ	≥30/5.7	≥50/6.2	≥80/15
		Ⅱ	≥18.9/9.1	≥25/16.3	≥35/37
		Ⅲ	≥7.6/22.7	≥10/31	≥25/50
		Ⅳ	—	—	≥12/120
	倒挡	Ⅰ	≥—/6.5	≥—/6.2	≥12/100
		Ⅱ	—	≥—/31	≥40/30
动力源	功率（kW）		≥7.5	≥10	≥30
	转速（r/min）		≥2600	≥2600	≥2600
磨芯	底径（mm）		≥240	≥300	≥326
	槽数		≥5	≥5	≥6
适用最大钢丝绳公称直径（mm）			≤12	≤15	≤16

2．选用原则

机动绞磨规格一般分为 3、5、8t，根据现场实际最大吊装重量选择相应的绞磨。

3．注意事项

（1）绞磨不得超负荷运行。

（2）机座的锚固以卷筒两侧的轴承支座（有两个孔）为锚固点，不能以其他位置作为锚固点。绞磨轴心方向与钢丝绳受力方向垂直。

九、电动扭矩扳手

电动扭矩扳手，是架空输电线路立塔施工用工具，用于铁塔组立工序中定扭矩紧固高强度塔材螺栓、螺帽。一般分为数控充电式定扭矩扳手（见图 2-23）、数控交流定扭矩扳手（见图 2-24）。

图 2-23　数控充电式定扭矩扳手

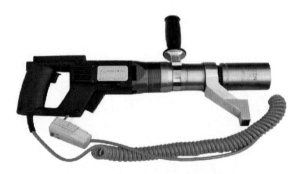

图2-24　数控交流定扭矩扳手

1. 技术参数

常用数控充电式定扭矩扳手技术参数如表2-27所示、数控交流定扭矩扳手技术参数如表2-28所示。

表2-27　　　　　　　数控充电式定扭矩扳手主要技术参数

项目	技术参数				
扭矩范围（N·m）	20～90	60～250	110～450	300～1200	700～3000
方榫（mm×mm）	13×13	13×13	19×19	25×25	25×25
外形尺寸（mm×mm）	≤270×65	≤300×70	≤330×80	≤390×88	≤430×88
空载转速（r/min）	≥150	≥80	≥45	≥20	≥5
重量（kg）	≤2.8	≤3.8	≤4.7	≤7	≤7.8
电压（V）	28	28	28	28	28
功率（W）	560	560	560	560	560

表2-28　　　　　　　数控交流定扭矩扳手主要技术参数

项目	参数				
扭矩范围（N·m）	30～100	70～220	170～550	500～2500	800～4500	1000～6000
方榫（mm×mm）	13×13	13×13	19×19	25×15	38×38	38×38
外形尺寸（mm×mm）	350×65	350×60	420×75	510×100	580×140	650×160
空载转速（r/min）	60	30	21	12	6	4
重量（kg）	2.5	2.8	4.8	8.9	11.5	16.5
电压（V）	220	220	220	220	220	220
功率（W）	90	150	300	800	1000	1000

2. 选用原则

根据所需要紧固的螺栓规格机械性能及等级，确定所需扭矩大小，再选择适当扭矩范围的数控充电式定扭矩扳手或数控交流定扭矩扳手。

3. 注意事项

（1）数控充电式定扭矩扳手使用前应检查充电器、连接电缆、电池组、延长电缆和插头是否损坏或老化。检查各活动部件是否可正常运行、是否存在卡阻。

（2）数控交流定扭矩扳手变换旋转方向时，必须待电机停止转动后进行，严禁运转中拨动正反开关。

（3）数控交流定扭矩扳手拆卸螺栓时，其扭矩不得大于额定扭矩值。一般情况下，非本扳手拧紧的或锈蚀严重的螺栓，不宜用本扳手拆卸，以免造成工具损坏。

架 线 施 工 机 具

特高压输电工程架线施工使用的机具较多，主要包括导引绳展放设备、牵张设备、放线滑车、接续设备、跨越设施等，如表2-29所示。

表2-29　　　　　　　常用架线施工机具

施工工序	施工机具	适用范围或条件
架线施工	多旋翼无人机	特殊困难地形条件下导引绳展放
	牵引机	全范围
	张力机	
	放线滑车	
	压接机	
	牵引板	专用连接工具
	卡线器	专用夹持工具
	牵引绳和导引绳	专用牵引工具
	跨越架	专用跨越装置
	接续管保护装置、液压钳、剥线器、网套连接器、抗弯连接器、旋转连接器、放线架、提线器、接续管保护装置、装配式牵引头、飞车	配套施工工器具

下文将从技术参数、选用原则、注意事项等方面重点介绍常用的、专业性较强的几种架线施工机具。

一、多旋翼无人机

输电线路使用的多旋翼无人机是无人机的一种，适用于不同地形、地貌引绳展放施工，如跨越江河、公路、铁路、电力线、经济作物区、山区、泥沼、河网地带等复杂地形条件的引绳展放。多旋翼无人机一般分为四、六、八旋翼，如图 2-25～图 2-27 所示。

图 2-25　四旋翼无人机结构组成

图 2-26　六旋翼无人机结构组成

图 2-27　八旋翼无人机结构组成

1. 技术参数

多旋翼无人机主要技术参加如表 2-30 所示。

表 2-30　　　　　　　多旋翼无人机主要技术参数

项目	四旋翼	六旋翼	八旋翼
旋翼数	4	6	8
机体材质	碳纤维	碳纤维	碳纤维
自身重量（kg）	7	3	4.6
起飞重量（含电池）(kg)	11	7	7
拉力（kg）	24.5	18	17
最大负载（单电源）(kg)	13.5	9	10
最大抗风（m/s）	15	13	13

项目	四旋翼	六旋翼	八旋翼
适应海拔（m）	4800	4500	4500
最大飞行高度（m）	500	200	200
飞行速度（m/s）	18m/s	16	16
标准放线飞行时间（min）	20～35	20～30	20～30
极限载重飞行时间（min）	15～20	10	10
单跨档距（m）	2500	1700	1500

2. 选用原则

（1）在跨越公路、铁路、电力线等特殊跨越展放引绳时，可选择多旋翼无人机。

（2）具备使用条件，经济效益优于其他引绳展放形式。

（3）多旋翼无人机选用应从续航能力、抗风能力、负载能力等综合考虑。四、六旋翼适合丘陵，或者平原地带，作业环境相对稳定；八旋翼适合峡谷落差大，并且风向不稳定的地方。

3. 注意事项

（1）无资格操作人员禁止操作飞行。

（2）飞行时需与飞行器保持安全距离。各旋翼转速相当高，运转时需避免任何障碍物与旋翼接触。

（3）禁止在人群、车辆或任何其他障碍物上飞行操作，避免意外发生。

（4）禁止在下雨或是强风的环境下操控飞行器。

（5）飞行前的安全确认工作包括：确认接收机、发射机及动力电池均已确实充电完成；确认所有操控界面运作顺畅；确认无其他无线电波干扰；确认遥控器与接收机工作正常。

二、牵引机

牵引机是在张力放线施工中提供牵引功能的机械。牵引机在满足放线所需牵引力和牵引速度的同时，还能够随时、无级、迅速调整牵引力和牵引速度，具有过载保护。牵引机能满载启动、正反方向转动和快速制动，具备牵引钢丝绳的卷绕机构，能在使用地区自然环境下连续工作时间，如图 2－28 所示。

1. 技术参数

常用牵引机技术参数如表 2－31 所示。

图 2-28　牵引机

表 2-31　　　　　　　　　常用牵引机技术参数

项目	规格（kN）				
	60	90	180	280	380
最大间断牵引力（kN）	60	90	180	280	380
最大持续牵引力（kN）	50	80	150	250	350
相应速度（km/h）	2.5	2.5	2.5	2.5	2.5
最大持续牵引速度（km/h）	5	5	5	5	5
相应牵引力（kN）	25	40	75	120	170
牵引轮直径（mm）	426	540	750	960	960
轮槽数	7	8	10	11	12
最大适用钢丝绳直径（mm）	17	21	30	38	38
最大使用绳盘直径（mm）	1400	1400	1600	1600	1800

2. 选用原则

依据《±800kV 架空输电线路张力架线施工工艺导则》（DL/T 5287）、《1000kV 架空输电线路张力架线施工工艺导则》（DL/T 5290）选择牵引机，校验轮槽直径是否满足钢丝绳要求。

（1）牵引机额定牵引力选择：额定牵引力不小于同时牵放子导线的根数、主牵引机额定牵引力的系数、被牵放导线的保证计算拉断力三者乘积。

（2）牵引卷筒直径校验：牵引卷筒直径不小于牵引绳直径 25 倍。

3. 注意事项

（1）牵引机操作人员上岗前必须经过专业培训，并经考核后，持有主管部门签发的操作证方能上机操作，严禁无证上岗。

（2）牵引机操作人员在施工前必须对该区段线路情况做详细了解，尤其是对施工段有关放线的各设计参数，必须认真掌握。

（3）牵引机的布置应尽量和线路保持在一直线上，牵引机操作人员将支腿支稳后，将其与地锚连紧，保持两侧拉力相等，然后用手轮紧手刹。

（4）牵引机操作人员开机前应将各操作手柄处于非工作状态，变量泵控制杆扳到中位，油门扳置怠速，然后检查各仪表、各种油料、润滑情况及各紧固件，确定无异后方可开机。

（5）牵引机操作人员将发动机发动后观察各仪表情况，观察发动机运转情况，如不满足说明书要求或有异常应停机进行检查。

（6）牵引前牵引机操作人员必须检查通信是否畅通，操作语言要规范简练。

（7）在牵引和升降尾卷车支架时，牵引机操作人员应观察周围工作人员是否对张力放线有妨碍，确保操作安全。

（8）先开张力机，后开牵引机；先停牵引机，后停张力机。

（9）牵引机操作人员应严格依照使用说明书要求进行各项功能操作，避免误操作。

三、张力机

张力机是在输电线路张力架线施工中通过双卷筒提供阻力矩，使导线（地线、光缆）通过双卷筒在保持一定张力下被展放的一种机械设备。张力机用于张紧一根或多根导线（地线、光缆），使其获得良好的张紧状态。目前特高压工程中，常用二线张力机和四线张力机如图 2-29、图 2-30 所示。

图 2-29　二线张力机

图 2-30　四线张力机

1. 技术参数

常用张力机技术参数如表 2-32、表 2-33 所示。

表 2-32 单线、二线张力机主要技术参数

型号	45kN	2×45kN	2×70kN	2×80kN
性能参数	一张一	一张二	一张二	一张二
最大间断张力（kN）	45	2×45	2×70	2×100
最大持续张力（kN）	40	2×40	2×60	2×80
相应速度（km/h）	2.5	2.5	2.5	2.5
最大持续放线速度（km/h）	5	5	5	5
最大反牵力（kN）	40	2×40	2×60	2×60
最大反牵速度（km/h）	5	5	5	4
牵引轮直径（mm）	1500	1500	1700	1850
最大适用导线直径（mm）	40	40	45	48.75

表 2-33 四线主要技术参数

型号	18t（四线）	20t（四线）	24t（四线）
性能参数	一张四	一张四	一张四
最大间断张力（kN）	4×50 或 2×100	4×65 或 2×130	4×70 或 2×140
最大持续张力（kN）	4×45 或 2×90	4×50 或 2×100	4×60 或 2×120
最大持续放线速度（km/h）	5	5	5
最大反牵力（kN）	4×50 或 2×100	4×30 或 2×60	4×50 或 2×100
最大反牵速度（km/h）	4×1 或 2×2	4×1 或 2×2	4×1 或 2×2
牵引轮直径（mm）	1500	1500	1600
最大适用导线直径（mm）	40	40	42.5

2. 选用原则

依据《±800kV 架空输电线路张力架线施工工艺导则》（DL/T 5287）、《1000kV 架空输电线路张力架线施工工艺导则》（DL/T 5290）选择张力机。

（1）根据张力机额定张力选择：主张力机单根导线额定制动张力不小于单导线额定制动张力的系数与导线的保证计算拉断力的乘积。

（2）导线轮槽底直径校验：张力机导线轮槽底直径不小于被展放导线直径 40 倍减去 100mm。

（3）展放光缆。展放光缆时，张力机按照光缆展放要求的张力范围选择。

3. 注意事项

（1）张力机操作人员上岗前必须经过专业培训，并经考核后，持有主管部门签发的操作证方能上机操作，严禁无证上岗。

（2）牵引前张力机操作人员必须检查通信是否畅通，操作语言要规范简练。

（3）张力机做到先于牵引机开机，后于牵引机停机。

（4）张力机操作人员随时检查发动机各仪表情况，观察发动机运转情况。有异常操作人员应停机进行检查。

四、放线滑车

放线滑车（见图 2−31）是架空输电线路放线施工中支撑各种导、地线架设的专用机具。放线滑车对导地线起到支撑作用。架线的放线滑车，特别是张力放线用滑车必须满足不损伤导线、摩阻系数小，能顺利通过牵引板、各种连接器和压接管，体积小、重量轻等基本要求。

图 2−31 放线滑车

1. 技术参数

放线滑车的基本参数主要包括：额定工作载荷、滑轮槽底直径、滑轮槽形底部半径（以下简称槽底半径）、滑轮宽度、滑轮两侧之间间隙、通过物有效高度等。MC 铸型尼龙滑轮放线滑车技术参数如表 2−34 所示。

表 2−34　　　　　MC 铸型尼龙滑轮放线滑车主要技术参数

型号	滑轮槽底直径（mm）	适用导线截面（mm²）	额定工作载荷（kN）		导线滑轮宽度（mm）		钢丝绳滑轮宽度（mm）	
			系列1	系列2	系列1	系列2	系列1	系列2
SHD−1N−120/8	120	≤95	6	4	40	40	40	40
SHD−1N−280/15	280	95～160	10	6	60	60	60	50
SHD−1N−400/12			12	8				
SHD−3N−400/25	400	185～250	25	16	70	70	70	70
SHD−5N−400/50			50	32				

型号	滑轮槽底直径（mm）	适用导线截面（mm²）	额定工作载荷（kN）		导线滑轮宽度（mm）		钢丝绳滑轮宽度（mm）	
			系列1	系列2	系列1	系列2	系列1	系列2
SHD－1N－560/18	560	300～450	18	12	85	80	85	80
SHD－3N－560/35			35	23				
SHD－5N－560/70			70	46				
SHD－7N－560/100			100	65				
SHD－1NJ－710/25	710	500～630	25	16	100	95	100	95
SHD－3NJ－710/50			50	32				
SHD－5NJ－710/100			100	65				
SHD－7NJ－710/150			150	100				
SHD－9NJ－710/200			200	130				
SHD－1NJ－800/30	800	710～800	30	20	110(120)	105(115)	110(120)	105(115)
SHD－3NJ－800/60			60	40				
SHD－5NJ－800/120			120	80				
SHD－7NJ－800/180			180	120				
SHD－9NJ－800/220			220	150				
SHD－1NJ－900/35	900	900～1000	35	23	120(125)	115(120)	120(125)	115(120)
SHD－3NJ－900/70			70	50				
SHD－5NJ－900/150			150	100				
SHD－7NJ－900/210			210	140				
SHD－9NJ－900/260			260	170				
SHD－1NJ－1000/45	1000	1120～1250	45	30	130	125	130	125
SHD－3NJ－1000/90			90	60				
SHD－5NJ－1000/180			180	120				
SHD－7NJ－1000/250			250	160				
SHD－9NJ－1000/320			320	200				

　　光纤复合架空地线放线滑车一般为单轮放线滑车，滑轮宜采用双 R 槽形，挂胶滑轮或 MC 铸型尼龙滑车，技术参数见表 2－35。

表2－35　　　　　光纤复合架空地线放线滑车主要技术参数

型号	滑轮槽底直径（mm）	适用光纤直径（mm）
SHG－1NJ－560	560	14～15
SHG－1NJ－710	710	15～17

续表

型号	滑轮槽底直径（mm）	适用光纤直径（mm）
SHG－1NJ－800	800	18～20
SHG－1NJ－900	900	20 以上

2. 选用原则

（1）滑车额定荷载满足展放导地线（光缆）的最大荷载。

（2）不损伤导线（光缆），摩擦系数小。

（3）顺利通过牵引板、各种连接器和压接管、压接管保护套。

3. 注意事项

（1）放线滑车宜具有防止运输中滑轮被损坏的保护装置。

（2）施工使用前进行外观检查，部件齐全、完好，转动灵活。

（3）当垂直档距或包络角不能满足施工要求的特殊工况时，应进行单独设计或采取挂双滑车等其他措施。

五、压接机

压接机用于各种金属导线、钢绞线的接续、补强及金属端子的压接，由液压泵、液压钳和高压油管组成，如图 2－32 所示。

图 2－32　液压泵与液压钳

1. 技术参数

（1）液压泵主要参数：配置动力、功率、额定压力、最高压力额定流量、质量，常用液压泵参数如表 2－36 所示。

（2）液压钳（导线压接机）主要参数：最大输出力、额定压力、压接范围、质量，常用液压钳参数如表 2-37 所示。

表 2-36 液压泵主要技术参数

型号	配置动力	功率（kW）	额定压力（MPa）	额定流量（L/min）		质量（kg）
				高压	低压	
LYHMHP80-5	汽油机	6.5	80	2.4	13.43	69
SYBC-Ⅲ-jq	汽油机	5.5	80	2.05	11.02	56
SYBC-Ⅲ-jc	柴油机	4				65

表 2-37 液压钳主要技术参数

型号	最大输出力（kN）	额定压力（MPa）	活塞行程（mm）	压接范围压接管外径（mm）	质量（kg）
LYHRHC-1000UD/80	1000	80	26	14~76	32
SYJCA-1000			35	14~58	38
SYJC-1250	1250		25	14~60	46
SYJCA-1250					
LYHRHC-2000W/80	2000		30	14~105	82
SYJCA-2000				14~80	80
SYJC-2500	2500		48	14~90	120
SYJCA-2500					130
LYHRHC-3000U	3000		52	14~110	135
SYJCA-3000			52	14~110	216

2. 选用原则

（1）压接机配套的液压钳按最大输出力可分为 1000、1250、2000、2500、3000kN 五种规格。对于常规导线，塔上压接需要频繁移动液压钳，优先选用 1000kN 或 1250kN 液压钳；张力场等地面压接不需要频繁搬动液压钳，优先选择 2000kN 压接机，2000kN 液压钳模具宽，压接速度快。为保证压接质量，对于 1250mm² 大截面导线必须选择 3000kN；1000mm² 大截面导线可以选择 2000、2500、3000kN。

（2）模具分为钢压模和铝压模。在使用时选择压模应注意，G 代表钢压模，L 代表铝压模。液压钳选定后模具选择根据压接管材质与外径选择模具。模具对压接后的尺寸基本符合相关施工及验收规范要求。

3. 注意事项

（1）操作人员检查超高压液压泵及液压压接钳各部连接应可靠，机体无变形及裂缝，活动零部件转动应灵活，安全保护罩应齐全牢靠。

（2）操作人员安装完模具后液压钳上盖复位，有定位销的安装定位销，使顶盖与钳体完全吻合，严禁在旋转不到位的状态下压接，严禁在顶盖卸下的状态下使用。

（3）操作人员不能随意调高安全阀的开启压力，按标牌上的额定压力调节，绝不允许调至最高压力。

（4）操作过程中如发生故障或异常时，操作人员必须先将液压系统卸压使压接钳活塞复位，再停机，经检修并确认故障或异常已排除的情况下方能重新开机使用。

六、牵引板

牵引板是架空输电线路架线施工中专用连接工具，在牵引展放工序中用于连接牵引绳与导线，并使导线之间保持一定水平间距，引导导线通过放线滑车轮槽。牵引板可同时牵引多根导线，有较好的平衡性，使用中不易翻转，圆滑的鱼头形状使其易通过放线滑车，且不损伤放线滑车。常见的牵引板如图2-33～图2-35所示。

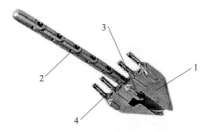

图2-33　整体式牵引板（一牵四）

1—本体；2—防捻锤；3—大导向拉板；4—小导向拉板

图2-34　整体式牵引板（一牵六）　　图2-35　铰链式牵引板（一牵八）

1. 技术参数

常见牵引板主要技术参数如表2-38所示。

表2-38 牵引板主要技术参数

型号规格	额定载荷（kN）	型式	适用放线滑车规格（mm）	质量（kg）
SB-2-8	80	一牵2整体式	ϕ660×三轮	17
SB-2-13	130			18
SB-2-18	180	一牵2整体式	ϕ822×三轮 ϕ916×三轮	50
SB-2-25	250		ϕ1040×三轮	70
SB-4-12	120	一牵4整体式	ϕ660×五轮	56
SB-4-25	250		ϕ822×五轮 ϕ916×五轮	115
SB-4-28	280		ϕ1040×五轮	125
SB-6-16	160	一牵6整体式	ϕ660×七轮	100
SB-6-28	280		ϕ822×七轮 ϕ916×七轮	136
SB-8-28	280	一牵8整体式	ϕ822×九轮	150
SBJ-2-12	120	一牵2铰链式	ϕ660×三轮	35
SBJ-2-25	250		ϕ822×三轮 ϕ916×三轮 ϕ1040×三轮	75
SBJ-4-18	180	一牵4铰链式	ϕ660×五轮	82
SBJ-4-25	250		ϕ822×五轮 ϕ916×五轮	125
SBJ-4-28	280		ϕ1040×五轮	150

2. 选用原则

（1）根据同时牵引导线数确定牵引板型式。如一牵2牵引板用于双分裂（两根）导线同时牵引，一牵4牵引板用于四分裂（四根）导线同时牵引，依此类推。

（2）根据施工最大牵引力确定牵引板额定载荷。牵引板额定载荷应大于本架线段施工最大牵引力。

（3）根据本架线段放线滑车规格确定牵引板规格。牵引板导向拉板间距应与放线滑车轮槽中心线间距基本吻合，以避免导线跳槽；牵引板本体宽度应适当小于放线滑车内开口宽度，便于顺利通过。

3. 注意事项

（1）牵引板禁止超载使用，牵引板禁止进入牵引机卷筒及绞磨磨筒。

（2）使用前应全面检查牵引板，不得有破损、裂纹及变形，不得有焊接缺陷。铰链式牵引板应检查本体铰接处，应可灵活摆动，并适量加注润滑油。

（3）使用前应检查牵引板防捻锤链节，确认紧固件完备无异常，铰接处应可灵活摆动，可适量加注润滑油。

（4）牵引板通过放线滑车时，应降低牵引速度，平稳通过后再加速牵引。

七、卡线器

卡线器，是架空输电线路架线施工及检修中的专用夹持工具，在调节线缆弧垂、临时锚固、附件安装及检修等作业中夹持导地线。

根据夹持导地线类型，卡线器主要有导线卡线器（见图 2-36）、地线卡线器（见图 2-37）、防扭钢丝绳卡线器（见图 2-38）、光缆卡线器（见图 2-39）、多片式螺栓型导线卡线器（见图 2-40）等类型。

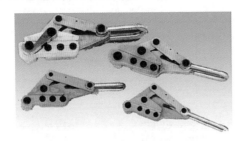

图 2-36　各种规格导线卡线器

图 2-37　各种规格地线卡线器

图 2-38　各种规格防扭钢丝绳卡线器

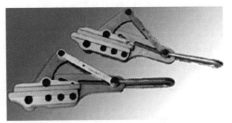

图 2-39　各种规格光缆卡线器

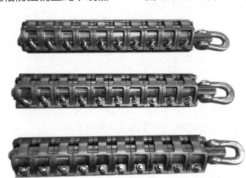

图 2-40　多片式螺栓型导线卡线器

1. 技术参数

（1）常用导线卡线器技术参数如表 2-39 所示。

表 2-39 导线卡线器技术参数

型号规格	额定载荷（kN）	适用导线规格	最大开口（mm）	质量（kg）
SK-KLQ-8	8	LGJ25～70	17	1.2
SK-KLQ-16	16	LGJ95～120	20	1.6
SK-KLQ-30	30	LGJ150～240	24	2.8
SK-KLQ-45	45	LGJ300	31	5
		LGJ400		
SK-KLQ-65	65	LGJ500	34	7
		LGJ630	36	
SK-KLQ-75	75	LGJ720	38	10
SK-KLQ-80	80	JL/G2A900/75	42	17.5
SK-KLQ-85	85	JL/G3A1000/45		18
SKLX-100	90	JL1X/LHA1-800/550 JL1X/G2A1250/70	48	18
	100	JLHA2X/G1A-1035/75 JL1X/G2A1250/100	49	19
SK-KLQ-100	100	JL/G2A1250/70 JL/G2A1250/100	52	26
SKLX-120	120	JL1X/G2A1520/125 JL1X/LHA1-1040/550		

（2）常用地线卡线器技术参数如表 2-40 所示。

表 2-40 地线卡线器技术参数

型号规格	额定载荷（kN）	适用钢绞线规格	最大开口（mm）	质量（kg）
SK-KQ20-Ⅰ	20	GJ 35～50	12	3.5
SK-KQ20-Ⅱ		GJ 35		
		GJ 50		
SK-KQ30-Ⅰ	30	GJ 70～100	14	4.7
SK-KQ30-Ⅱ		GJ 70		
		GJ 100		
SK-KQ45-Ⅱ	45	GJ 120	16	5.4
		GJ 135	18	

型号规格	额定载荷（kN）	适用钢绞线规格	最大开口（mm）	质量（kg）
SK-KQ70-Ⅱ	70	GJ 150	20	8.2
		GJ 196	22	
SK-KQ100-Ⅱ	80	GJ 215	24	8.5
	100	GJ 240	26	10.5
		GJ 300	28	

（3）常用防扭钢丝绳卡线器技术参数如表2-41所示。

表2-41　　　　　　　　防扭钢丝绳卡线器技术参数

型号规格	额定载荷（kN）	适用防扭钢丝绳公称方径（mm）	最大开口（mm）	质量（kg）
SK-KQ-25	25	6～7	12	7.2
SK-KQ-30	30	8～10		
SK-KQ-50	50	11～15		
SK-KQ-70	70	16～18		
SK-KQ-135	135	19～22	16	11.3
		24	18	
SK-KQ-180	180	25、26	24	23
SK-KQ-220	220	28		
		30		
SK-KQ-250	250	32	28	26

（4）常用光缆卡线器技术参数如表2-42所示。

表2-42　　　　　　　　光缆卡线器技术参数

型号规格	额定载荷（kN）	适用光缆OPGW	最大开口（mm）	质量（kg）
SK-KGLQ-16	16	9～10.5	21	5
		11～15		
SK-KGLQ-30	30	16～18	22	5.5
SK-KGLQ-60	60	22-24	28	10

（5）多片式卡线钳适用于大截面导线大跨越高张力施工场合，一般根据工程情况从材质、压紧长度、螺栓拧紧力矩等方面开展特殊设计。

2. 选用原则

（1）根据所夹持的导地线类型确定卡线器的类别，如夹持导线需使用导线卡线器，夹持防扭钢丝绳应使用防扭钢丝绳卡线器。

（2）根据所夹持的线缆规格确定卡线器的型号规格，并根据施工受力选型相应的额定载荷。

3. 注意事项

（1）卡线器不得超载使用。

（2）卡线器严禁从高空摔落，以避免损坏变形。应使用绳索绑扎后缓慢吊下。

（3）使用中，卡线器应平稳加载、逐步过渡，受力不得过快过猛，避免损坏卡线器。

（4）拆装卡线器应平稳操作，不得用力锤击敲打。

八、导引绳和牵引绳

导引绳和牵引绳是架线施工中专用牵引工具，在牵引展放工序中用于牵引导地线或中间导引绳。一般分为防扭钢丝绳、迪尼玛绳、杜邦丝绳。防扭钢丝绳（见图 2-41）一般用作中间导引绳或牵引绳；迪尼玛绳（见图 2-42）和杜邦丝绳一般用作初级导引绳。

图 2-41 防扭钢丝绳

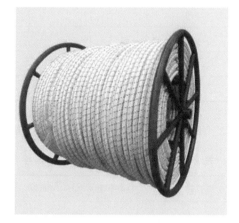

图 2-42 迪尼玛绳

1. 技术参数

（1）防扭钢丝绳按外观形状可分为正四方形、正六方形，按股数可分为 8、12、16、18 股等。目前架线施工使用的牵、导引绳以六方 12 股、六方 18 股结构为主，技术参数如表 2-43 所示。

表2-43 防扭钢丝绳技术参数

规格（mm）	绳股结构	最小破断力（kN）	抗拉强度（MPa）	米重（kg/m）
ϕ13 六方	12×19W	115	1960	0.63
ϕ16 六方	12×19W	158	1960	0.92
ϕ20 六方	12×29Fi	260	1960	1.22
ϕ24 六方	12×29Fi	360	1960	2.01
ϕ26 六方	18×29Fi	460	1960	2.55
ϕ28 六方	18×29Fi	560	1960	3.012
ϕ30 六方	18×29Fi	660	1960	3.26
ϕ32 六方	18×29Fi	720	1960	3.7

（2）迪尼玛绳技术参数如表2-44所示。

表2-44 迪尼玛绳技术参数

公称直径（mm）	包护套后直径（mm）	最小破断力（kN）/（tf）	包护套后米重（g/m）
ϕ2	3.5	4.3/0.44	3.2
ϕ5	7	24.4/2.49	19.6
ϕ10	13	92.5/9.44	77
ϕ13	16	159/16.22	132
ϕ22	27	403/41.12	346.4
ϕ24	29	490/50	428

（3）杜邦丝绳技术参数如表2-45所示。

表2-45 杜邦丝绳技术参数

公称直径（mm）	包护套后直径（mm）	最小破断力（kg）	包护套后米重（g/m）
ϕ8	10.5	4800	100
ϕ10	12.5	5800	125
ϕ15	17.5	12 000	240

2. 选用原则

（1）根据施工最大牵引力确定导引绳和牵引绳额定载荷。用作牵引绳额定载荷（最小破断拉力/安全系数）不小于本架线段最大牵引力。

（2）所选用导引绳和牵引绳，其公称直径应不大于牵引机卷筒最大适用牵引绳公称直径。

（3）所选用导引绳和牵引绳，其连接扣应可顺利套入抗弯连接器、牵引板上的旋转连接器，并可灵活摆动。

3. 注意事项

（1）防扭钢丝绳不适用于小直径磨筒绞磨。

（2）防扭钢丝绳插编索扣长度应不小于其公称方径的 15 倍，且不得小于 300mm。

（3）首盘防扭钢丝绳出绳端宜连接旋转连接器，以释放扭力。

（4）防扭钢丝绳使用中应腾空展放，避免于地面拖拽或与其他障碍物摩擦，应使用托线滑车、转向滑车等使之与地面或其他障碍物分离。

（5）防扭钢丝绳应由牵引设备收入钢管绳盘，避免采用人工收线方式散乱堆放于地面，造成磨损、扭结。

（6）迪尼玛绳、杜邦丝绳耐热性较差，使用时要防止绳子与其他物体发生相对滑移运动。严禁在地面拖行使用，放线滑车转动要灵活，严防绳子与树木、跨越架等障碍物剐蹭。

（7）迪尼玛绳、杜邦丝绳严禁用马鞍夹头或钢丝绳卡线器直接锚固，应采用专用锚线器锚固。

（8）迪尼玛绳、杜邦丝绳严禁直接在潮湿的地面上存放，应垫道木等干燥物品架空摆放。

九、跨越架

为了保证输电路线架线施工的顺利进行，在跨越高速铁路、高速公路、输电线路、乡村道路等障碍物时，需要针对障碍物的特点、重要性及其他工况条件，从经济合理性、技术可行性、安全可靠性等方面进行比较，综合考虑，确定采取合适的跨越方式。为保障被跨越物的安全运营，需采用跨越架进行施工。跨越架一般分为木质、毛竹、钢管、盘扣式跨越架；金属格构跨越架；无跨越架式跨越装置；防护横梁式跨越装置。

1. 技术参数

（1）毛竹、钢管、盘扣式跨越架。

毛竹跨越架是由木杆或毛竹用铁丝绑扎而成，钢管跨越架由钢管通过扣件组成，盘扣式跨越架由横杆、立杆自带的套接装置组成。

跨越架的主要技术参数如表 2－46 所示。

表 2-46 跨越架主要技术参数

跨越架类别	立杆 cm		大横杆 cm		小横杆 cm			剪刀撑、支杆、拉线 cm		其他
	直径	间距	直径	间距	直径	间距 水平	间距 垂直	剪刀撑直径	间距	
钢管	4.8～5.1	≤2	4.8～5.1	≤120	4.8～5.1	≤400	≤240	4.8～5.1	跨越架两端及每隔6～7根立杆设置剪刀撑、支杆或拉线	钢管跨越架立杆底部应设置金属底座或垫木，并设置扫地杆；钢管跨越架立杆和横杆应错开搭接，搭接长度≥50cm；竹跨越架立杆和大横杆应错开搭接，搭接长度≥150cm，小头压大头。绑扣≥3道，立杆、大横杆、小横杆相交时，应先绑2根，再绑三根，不得一扣绑3根；竹跨越架立杆底部埋深≥50cm，遇松土或地面无法挖坑时应绑挂扫地杆；拉线的挂点或支杆或剪刀撑的绑扎点应设在立杆与横杆的交界处，与地面夹角≤60°；支杆埋深≥30cm
竹	≥7.5（5～7.5可双杆合并或单杆加密使用）	≤1.2	≥7.5（5～7.5的可双杆合并或单杆加密使用）	≤120	≥5	≤240	≤240	≥7.5（5～7.5可双杆合并或单杆加密使用）		

盘扣式跨越架如图 2-43 所示。

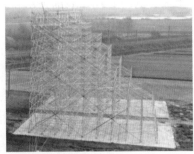

图 2-43 盘扣式跨越架

（2）金属格构跨越架。

金属格构式跨越架由格构式抱杆、拉线、封网组成的跨越体，金属格构式跨越架组立前应对其组立位置进行复测。搭设高度不宜超过 35m，跨度不宜超过 100m，交叉跨越角不宜小于 60°。架体的拉线位置应根据现场的地形条件和架体组立高度的长细比确定，拉线固定点之间的长细比不应大于 150。采用分段倒装组立或起重机整体组立。应用图片如图 2-44 所示。

图 2-44　金属格构跨越架应用图片

（3）无跨越架式跨越装置。

无跨越架式跨越装置是指利用在建输电线路跨越挡两侧的铁塔，加装临时横梁，再在临时横梁之间架设高强度承载索（一般采用迪尼玛绳），然后再敷设封网装置构成。其中封网装置可选择纯网式，纯杆式和网杆结合式。该跨越装置跨越档档距宜小于 300m，跨越档最下层导线与被跨越物有足够交叉距离裕度，满足跨越施工设计需要。无跨越架式跨越装置，应用图片如图 2-45 所示。

图 2-45　无跨越架式跨越装置应用图片

（4）防护横梁式跨越装置。

防护横梁式跨越装置是指在被跨物两侧布置防护横梁，该防护横梁作为输电线路跨越架线时对被跨物的防护措施。该跨越装置的特点是不需布置封网装置，布置和拆除方便，该跨越装置适合跨越档档距宜小于 20m，防护横梁式跨越装置，应用图片如图 2－46 所示。

图 2－46　防护横梁式跨越装置应用图片

（5）自立式跨越装置。

自立式跨越装置是利用被跨物两侧设置不需辅助拉线，具有稳定结构的跨越塔，再在两者之间布置封顶网。该跨越装置具有稳定、安全性高、跨越占地小等特点。跨越塔可按线路终端塔设计，要求在发生事故工况时能承受冲击荷载。同时跨越塔设计根据经济要求宜具有通用性，架身宜等截面分段设计，便于满足不同被跨越物的高度调节；跨越架横梁设计长度设计应具有自由段，便于跨越宽度的调节，同时横梁设计可上下正反互换安装，满足封网主索的固定需要。自立式跨越装置布置，应用图片如图 2－47 所示。

图 2－47　防护横梁式跨越装置应用图片

2. 选用原则

（1）采用木质、毛竹、钢管、盘扣式跨越架是传统的架线跨越方式，一般可用于跨越各级公路、弱电线路，各类铁路和 220kV 及以下电力线路。木质、毛竹跨越架适用范围：搭设高度不宜超过 25m，跨度不宜超过 60m。钢管、盘扣式跨越架适用范围：搭设高度不宜超过 30m，跨度不宜超过 70m。木质、毛竹跨越架搭设处，应地耐力良好且满足拉线设置条件。

（2）金属结构式拉线跨越架搭设高度不宜超过 35m，跨度不宜超过 100m，交叉跨越角不宜小于 60°，一般适应于 220kV 及以下线路及高架路桥等跨越。

（3）无跨越架式跨越装置跨越档档距宜小于 300m，跨越档最下层导线与被跨越物有足够交叉距离裕度，满足跨越施工设计需要，主要适用于 500kV 及以下线路，大档距无法搭设跨越架的跨越工况。

（4）防护横梁式跨越装置特点是不需布置封网装置，布置和拆除方便，该跨越装置适合跨越档档距宜小于 20m，该跨越方式主要适用于高架高速铁路。

（5）自立式跨越装置主要适用于高速铁路，跨越搭设高度不宜超过 50m，跨度不宜超过 120m。

3．注意事项

（1）跨越架的型式应根据被跨越物的大小和重要性确定。

（2）跨越架应符合《跨越电力线路架线施工规程》（DL/T 5106）。

（3）搭设跨越重要设施的跨越架，应事先与被跨越设施的单位取得联系，必要时应请其派员监督检查。搭设或拆除跨越架应设安全监护人。

（4）跨越架与铁路、公路及通信线的最小安全距离应符合相关规定。

（5）跨越架上应按有关规定悬挂醒目的警告标志。

（6）跨越架应经使用单位验收合格后方可使用。

（7）强风、暴雨过后应对跨越架进行检查，确认合格后方可使用。

（8）所有跨越架架体的强度，应能在发生断线或跑线时承受冲击荷载。

3 特高压输电工程施工运输

特高压输电线路工程施工运输基本分为大运输和二次运输两种形式。大运输是将施工材料从供货厂家、材料货站长距离运输到施工工地材料站或现场指定地点，主要以铁路、等级公路、通航河道为运输通道。二次运输是继"大运输"之后将施工材料从施工工地材料站或现场指定地点短距离运输到材料中间集散地、各杆塔位置或施工作业点，主要以乡村公路、山间小道、田间机耕道为运输通道。本章节主要介绍从材料站到施工现场的运输内容。

随着线路走廊资源日益紧张，为了减少对地方发展的限制，特高压输电线路工程路径多沿山区走线，可直接利用的线路工程材料运输路径有限。在特高压输电线路工程中，单件材料具有"超长""超重"等特点，二次运输受到运输道路交通条件、地形地貌、施工材料和工程结构构件材料特点和材料运输成本等因素的制约，现代化专业运输车辆、机械装备和装卸技术不具适用性。经过对现有工程地形、地质情况的汇总和分析，结合现有施工经验，河网、丘陵及山地区域的运输是难点。因地制宜、结合实际，注重运输、装卸机械设备、器具的轻巧便携、现场装配和多功能组合，形成了汽车、索道、轻轨、履带式运输车、旱船、炮车、直升机等多种行之有效的运输方式。

汽 车 运 输

一、特点及适用范围

汽车运输主要用于公路或通过修路具备汽车运输条件的运输方式，是目前最为普遍使用的运输方式。

汽车运输主要用于公路、较好水泥路及地势起伏不大的路况下运输输电线路工程材料，一般选择 1.5～25t 平板货车。

汽车可以在较平整的公路及乡村道路对散料、轻型塔材、抱杆等施工物料进行运输。轻型卡车运输货物时，确保整车重心较低，轮胎摩擦系数加大，方便上下坡（见图 3-1）。

图 3-1 轻型卡车

汽车运输使用范围：

（1）适合在较平整的公路及乡村道路使用。

（2）适合运输散料、塔材及抱杆等施工物料。

（3）根据所运输施工物料的承载重量和长度，选择不同载荷和货斗长度的轻型卡车。

二、关键技术指标

运输汽车普遍选用 1.5、4.5、10、15、20、25t 六种吨位货车，各种吨位的代表性货车型号如表 3-1 所示。

表 3-1 　　　　　　　　各吨位代表性货车型号、参数表

序号	核定载重量（t）	车厢尺寸（长×宽×高，mm×mm×mm）	设备名称（示例）	规格型号（示例）
1	1.5	3850×2100×400	江淮汽车	威铃 K5
2	4.5	4200×2430×2300	解放货车	CA5110XXYP40K59L2E6A85
3	10	8600×2300×600	东风货车	EQ1163ZE
4	15	7295×2326×550	解放货车	CA1170PK2L73A80
5	20	5100×2100×600	自卸吊车	CDW5121JSQHA2R4
6	25	9600×2300×2700	陕汽重型货车	SX2190H

三、现场实施

（一）工艺流程

汽车运输工艺流程如下：

分析施工材料运输特点→确定货物装车地点和装载方式→确定货物装载运输特点和要求→掌握汽车运输所经路线和路况→确定运输汽车装载能力和要求→确定运输汽车驾驶员和押运员→确定货物卸车地点和卸车方式→确定货物卸车工器具和卸车人员→编审汽车运输技术措施和技术交底→运输货物信息交流和反馈→核对货物和交接。

（二）运输准备

（1）确定货物装车地点和装载方式。
（2）确定货物装载运输特点和要求。
（3）掌握汽车运输所经路线和路况。
（4）确定运输汽车装载能力和要求。
（5）确定运输汽车驾驶员和押运员。
（6）确定货物卸车地点和卸载方式。
（7）确定并配备货物卸车工器具和卸车人员。
（8）进行汽车运输技术措施编审和技术交底。

（三）操作要点

1. 汽车运输基本规定

（1）出车前应检查机器各部有无异常，刹车、方向盘等是否完好、灵活，轮胎气压是否充实，油箱燃料是否够用，并应配备灭火器材。

（2）运输时，随车必须配有足够的押运人员。押运人员必须和司机配合，且应向司机讲清运至地点、运输路线和道路情况以及其他注意事项。

（3）押运人员应随时检查绑扎绳扣有无松脱或其他常异状况，器材摆放位置有无变动，如发现问题应立即处理。

（4）行车至困难的坡路、险路、弯路、泥泞地段以及危险的桥梁涵洞等地方，应减速行驶，必要时押运人员一律下车，司机助手下车指挥汽车通过。

（5）当通过铁路、村庄、城镇等地方，一律按规定减速行驶（若无规定，则车速不应大于 15km/h）；当行驶至城镇、村庄路口时，应鸣笛缓行，并应注意行人，不准抢车；当通过较低电力线、通讯线和其他障碍物时，亦应缓行，防止碰剐或触电。

（6）当汽车涉水过河时，应事先检查和了解河水的深度以及河床情况，以确定能否过河。如水面超过汽车排气管或能淹没电瓶和机器以及河床为淤泥时，不得涉水通过。

（7）冬季河水结冰时，不得凭经验过河，应根据当地的具体情况以及气候等情况决定。经调查了解，确实安全可靠后，方可通过。

（8）冰雪及泥泞道路行车，必须安装防滑链。上坡时应根据需要在后轮处加装制动掩木；下坡时严禁空档行车。

（9）行车途中，如发现异常或出现杂音应立即停车，进行检查修理。停车应在平坦的路旁，不得在弯路、上下坡、桥涵等地方停车。停车后应拉下手动闸，并应做好停车标示。

2. 汽车运输道路修筑

在河网地区或其他滩涂地区，为确保运输道路的修筑，可以采取贝雷桥的方式进行修筑运输道路。

（1）贝雷桥施工工艺流程，如图3-2所示。

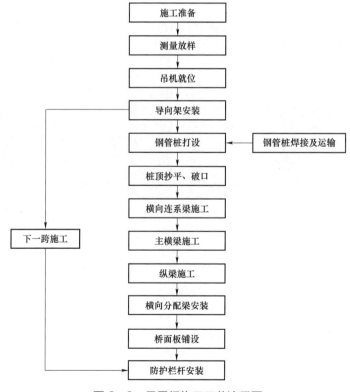

图3-2 贝雷桥施工工艺流程图

（2）贝雷桥结构形式。

贝雷桥实物如图3-3~图3-6所示。① 基础结构为钢管桩基础；② 下部结构为工字钢横梁；③ 上部结构为贝雷片纵梁；④ 桥面结构为：工字钢横梁＋12mm 厚钢板；⑤ 防护结构为钢管护栏。

图3-3　钢贝雷桥实物图

图3-4　贝雷桥基础及下部结构图

图3-5　贝雷桥桥面板实物图（一）

图3-6　贝雷桥桥面板实物图（二）

3. 砂、石及渣土运输

（1）必须使用带有车箱板的车辆。如经过居民区或在公路上行驶，应在车箱上加盖苫布，防止砂、石或渣土散落，保护环境卫生。

（2）石及渣土装车，优先采用装载机装车，如无装载机械，也可用人力装车，但亦应注意防尘，避免影响环境。装车不得超载，并应有防漏散措施。

（3）砂、石及渣土应卸至指定地点，不得乱放乱卸，特别是弃置的渣土，不得掩盖农田、农作物和植被。

4. 铁塔器材及构件运输

铁塔器材与构件的运输与装卸，宜分类装载和运输，应与车体牢固捆牢，相互间不应窜动或碰撞。并应遵守下列规定：

（1）押运人员不得在装有构件的车箱内乘坐。

（2）吊装铁塔构件，一般宜用四点起吊（小件可用 2 点吊），吊点位置应在结点处，并垫草袋或麻袋片。构件应在吊离地面 200mm 后停止吊起，进行检查，如无异常方可继续起吊，以确保安全。

（3）物件重心与车箱重心基本一致。

其中钢管塔运输还应注意：

（1）器材装载一般不得超宽，如有超宽、超长构件应取得公交部门的同意，并应挂有警告标志。

（2）车厢的长度需要满足钢管长度要求，应采用加长车厢或专用车型。

（3）物件装运不得超过车厢前段，或悬架于车头上方。

（4）易滚动的物件顺其滚动方向用木楔掩牢并捆绑牢固。

（5）塔材由厂家大运至指定的临时堆放点后，通过汽车运至各基塔位现场。在运输过程中，需要在汽车上安放道木，钢管放置在道木上方，两侧采用木楔塞紧，并用 3t 手板葫芦将管件拴牢，保持汽车在运输过程中钢管的稳定，避免钢管相互碰擦，导致钢管损伤。小管件运输时，上下层之间采用多根木棒隔离，钢管接触的部位需要衬垫橡胶皮等软物。

角钢塔运输还应注意：

（1）散置的塔料，应分类分号捆扎装车，不得零散杂乱装运。

（2）用超长架装载超长物件时，在其尾部应设标志；超长架应与车箱固定，物件与超长架及车箱捆绑牢固，并应经交通部门批准。

（3）押运人员应加强途中检查，防止捆绑松动；通过山区或弯道时，防止超长部位与山坡或路旁树被碰。

5. 导线、避雷线运输

（1）金具、绝缘子均应带包装装卸与运输，绝对禁止抛掷或碰撞。

（2）导线、避雷线，一般均采用成轴（盘）整体运输与装卸，单件重量比较大，在装卸时应落在车箱内的适当位置，保持车体平衡，不得偏载。并应用大绳或钢绳与车体牢牢紧固，用木楔掩好，防止滚动。

（3）导线、避雷线线轴（盘）装车，宜用机械吊车。如无条件时，亦可利用跳板滚动法装车，在滚动牵引过程中，必须严格控制滚动方向，防止跑偏，且应在车箱底板上预设临时掩木，防止滚过预定位置。

（4）导线、避雷线的装卸，宜用机械吊车。如无条件时，亦可利用跳板滚动法卸车，滚动牵引过程和要求基本同上。如无条件时，亦可利用地槽装卸法或固定抱杆装卸法，并应按有关规定执行。

（5）导线、避雷线线轴（盘）装车后，重心较高，稳定性较差，运输车辆行驶时，应平稳慢行。特别是在转弯时，车辆不得猛转方向、急刹车，以防导线、避雷线线轴（盘）倾倒或甩出。

四、管控要点

（1）汽车运输必须符合国家交通安全法相关规定。

（2）严禁司机酒后或疲劳驾驶。

（3）司机和押运人员应当思想集中、精神饱满，不得睡觉、打盹或做其他无关的事情。

（4）载货机动车除押运和装卸人员外，不得搭乘其他人员。

（5）押运和装卸人员必须乘坐在驾驶室。

（6）运输车辆状况必须良好，刹车与操作系统必须正常可靠。

（7）轮胎气压必须充实，油箱燃料必须够用。

（8）严禁在装有危险品的车辆上或附近吸烟，不得用汽油清洗部件。

（9）爆破器材的运输，应遵守交通部门和公安部门的有关规定，由其指定的公司或单位进行，并应取得同意和批准文件。

（10）钢管塔运输施工开始之前，项目部预先设计好运输线路，组织开展钢管塔运输专项培训，结合图片和视频资料针对运输过程中难点要点进行讲解和说明，确保驾乘人员熟悉整个线路的通行条件，塔材运输过程中的安全性和可靠性。

（11）严禁超载、超宽、超高，装载须均衡，严格核准载重量。

（12）塔材装车前应对车辆进行自检，车轮和刹车装置必须完好，严禁客货混装。运输车辆应配备必要的辅助运输工器具，包括吊带、软垫片、钢丝绳头、木楔等，以用来确保塔材运输过程中得稳定性和完好性。

（13）货车运输应确保塔材在车厢内固定牢靠，塔件静态放置时需用木楔在管件两侧掩牢，避免滚动。

（14）车辆驾驶人员应加强途中检查，防止捆绑松动，通过山区或弯道时，防止超长部位与山坡或行道树木发生刮碰。

（15）驾车人员应熟悉道路状况和装载物件的特性，装载物件绑扎牢固后方可行车。运输车辆应保持中速行驶，尽量避免急刹车，转弯前应提前减速，缓慢通过。

（16）禁止盲目超车和快速交会，以免发生事故。

（17）运输道路多处于村镇、农场等人员较多车辆混杂的环境，运输过程应当保持合理低速行驶，尤其是要缓加速、缓刹车、低速转弯。

（18）在行车中，注意各种禁令标志，不在禁行道上行驶，装卸货物要文明，不可野蛮粗鲁，以免损坏货物和噪声扰人。

（19）不闯红灯，自觉遵守交通信号与交警指挥。不违章占道行驶，注意礼让。

货运架空索道运输

一、特点及适用范围

架空索道运输方式主要适用于河网地区、丘陵、山区峻岭、道窄坡陡的工程材料及物件运输路况。

架空索道具有架设简单、维修方便、施工效率高、投资少等优点，还具有不需要开山修桥筑路，减少树木砍伐和植被破坏等优点。同时索道运输具有受地形地貌影响小、受交通条件影响小、受气候条件制约少、采用架空方式进行材料运输、材料"点对点"到位、运输效率高等优势。

线路施工架空索道运输方式有多种，主要根据施工材料运输现场的地形条件、运输货物单件最大重量、索道中间所设支点及支点间最大档距等因素决定。下面以普遍使用的单承载索多档距环状牵引索方式索道为典型例子，介绍架空索道运输使用方法和要求。索道示意图如图3-7所示。

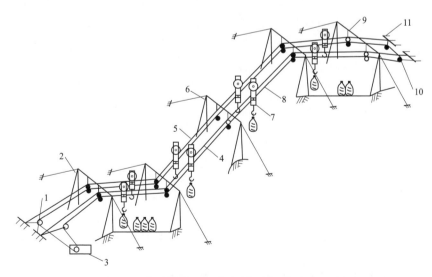

图3-7 多跨单索循环式索道运输现场布置示意图

1—始端地锚；2—始端支架；3—驱动装置；4—承载索；5—返空索；6—中间支架；

7—运行小车；8—牵引索；9—终端支架；10—高速转向滑车；11—终端地锚

二、关键技术指标

1. 货运索道定义

一种将钢丝绳架设在支承结构上作为运行轨道，用于架空输电线路施工运输物料的专用运输系统，由支架、鞍座、运行小车、工作索、牵引装置、地锚、高速转向滑车、辅助工器具等部件组成（本章节中简称索道）。

2. 索道常依据不同装置情况，进行分类描述

（1）依据支架数量：单跨索道、多跨索道；

（2）依据承载索数量：单承载索索道、多承载索索道；

（3）依据运行方式：循环式索道、往复式索道；

（4）依据运输系统：单级索道、多级索道。

3. 轻、重型索道

经过对现场实际运输要求、地形条件和实施情况对以上分类进行组合设计就得到了工程实施的索道实施类型描述，如：单跨多索往复式单级索道、多跨单索循环式多级索道等分类。根据额定载重量，索道一般按照 1、2、4t 三个级别进行分类。

三、索道方案设计

1. 索道路径规划

索道路径规划时应充分考虑地形、交通、环保要求、运量、交叉跨越情况及气候等条件。索道所选路径的确定需要通过 GPS 测量现场地形，确定索道起始点、支架点的坐标，绘制索道架设路径图，最后通过计算确定该路径（工况）下索道各系统的受力，对可行性及稳定性进行分析后，确定最终路径。

索道路径规划时应宜避开滑坡、沼泽、泥石流、溶洞等不良工程地质区和采矿崩落影响区；宜避开跨越铁路、公路、航道和架空电力线路等设施；大风区，宜减小索道与主导风向之间的夹角，以保证安全。

2. 索道场地选择

索道的安全高效运行除了路径规划合理外，索道涉及场地（包括上料场、卸料场、堆料场及支架设置场）的选择也是其制约因素。选择以上场地时，应遵循以下原则：

（1）相关场地应尽量选择开阔区域，并因地制宜，减少土石方开方量及对现场自然环境的扰动。

（2）上料场选择还需注意全面了解及掌控塔位附近的自然条件，包括乡村公路、公路能够到达的运输距离、运输工具、塔位周边的地形情况、当地的民风民俗，一定要能够满足车辆顺利到达、下货方便。

（3）索道的上料场还需根据该料场服务的塔位的铁塔重量、塔材尺寸、使用工器具的数量等确定料场面积及布置方式。

（4）卸料场、堆料场需要满足现场临时材料堆积量并确定所需卸料场面积、布置，特别需要结合安全需要和卸料的便捷性做好料场布置和相应的安全措施设置。

（5）支架设置场除满足支架基础固定要求外，还需满足支架拉线、接地的正确设置要求。

3. 索道运输方案拟定

（1）根据现场地形、交通、交叉跨越及拟定的索道路径条件确定索道是单跨还是多跨。

（2）根据索道服务塔位的多少确定单级索道是否能满足运输要求。

（3）结合运输工程量的大小、施工的计划进度确定索道循环方式。

（4）根据需运的单件货物最大重量、长度、中转场地情况确定所需的索道运载效率需求，确定索道的运载重量等级。

（5）综合以上需求结合技术经济比较就可确定索道的具体运输方案。

4. 工器具选择及验算

根据已拟定的索道运输方案开展索道架设运行所需工器具的选择验算工作，重要涉及的工器具包括但不限于：索道索具系统（承载索、返空索、牵引索及拉紧索）、牵引设备、高速转向滑车、索道支架（支架本体及各柱腿、鞍座、拉线等）、货运系统（货运小车吊具、小车本体强度等）、地锚系统及相关金具，强度及安全系数需满足相关规程规范要求。

四、工艺流程

索道架设及运输工艺流程如图3-8所示。

五、现场实施

1. 运输准备

（1）架空索道现场准备。

1）平整架空索道两端料场，清理整平安装支架处的地面。

2）清理架空索道路径内妨碍索道运输的障碍物，尽量减少对环境的破坏。

3）安装架空索道的设备、机具和配套部件。

4）在架空索道经过人行小道时，应设置警示牌，明确提醒行人注意安全。

（2）架空索道两端场地布置。

1）架空索道的起始端应考虑材料装货便利，尽可能与其他运输方式相连接，减少二次搬运。

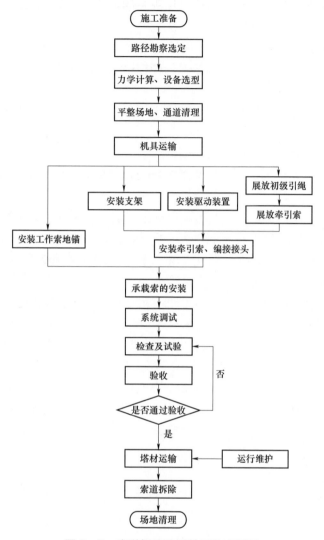

图 3-8　索道架设及运输工艺流程图

2）架空索道的终止端应考虑材料卸货便利，尽可能设在线路桩号附近，以求直接运达。

3）架空索道的起始端与终止端的地势宜比较平坦，必要时应予平整，以便于操作和堆放器材。

4）架空索道的起始段应首先保证装货架体、牵引机、拉线及锚固器具的足够场地，然后再考虑与装货场地结合。

（3）架空索道设计的气象条件。

1）温度：索道运输时间较短时，气温变化对索道设备及部件运行影响较小，可以不考虑气温变化的影响。当索道运输时间较长并跨季节时，气温变化对索道设备及部件运行影响较大，应考虑气温变化的影响。

2）覆冰：架空索道禁止在覆冰状态下运行，架空索道覆冰消失后必须经系统检查、重新试验合格后才能投入运行。

3）风力：在一般山区，风力对架空索道的承载索、支柱及其他构件的负荷影响较小，可不考虑风力的影响。但在特高的山区或强风口设立架空索道时，可按风速 30m/s 验算承载索、支柱及其他构件强度。

2. 操作要点

（1）架空索道运输基本要求。

1）施工前熟悉线路工程特点（道路、路径、货物形状、单件最大重量），进行详细的现场调查。

2）根据现场调查结果，结合运输材料的特点和工程量，选取适合的索道运输方式，合理确定材料运输计划。

3）根据所选择的索道运行方式，确定索道参数，编写索道运输施工作业指导书，并经公司相关部门审核批准。

4）对索道运输施工人员进行技术交底并签证。

5）准备索道架设的机具和器材，并检查机具和器材的质量合格证书。

6）根据安全文明施工要求，配备相应的安全设施。

（2）架空索道工作索展放施工工艺及要求。

1）按平面布置要求，做好现场缆索架设准备。缆索架设的现场布置、弧垂观测与架设操作步骤和方法，基本上与普通架线的紧线方法相同，只是可通过调节器具（双钩紧线器或手板葫芦）直接锚固在地锚上。

2）按照施工方案和作业指导书要求埋设承载索、返空索、牵引索的地锚，安装索道支架、驱动装置、架设牵引索。

3）工作索地锚宜选用直埋式地锚，支架拉线也可采用铁桩或地钻锚固，且每处不少于两只。

4）驱动装置不应布置在承载索下方，应通过高速滑车将驱动装置引至较安全位置。

5）承载索尽可能由高处向低处展放，并应防止被磨损。在悬崖峭壁处直接展放有困难时，可用浮升法展放一根锦纶丝绳或用遥控直升机先展放一根细芳纶绳再牵放锦纶绳的方法，再牵放承载索。

6）可采用人工或飞行器等方式展放初级引绳，再逐级展放至牵引索，并使牵引索循环闭合。

7）牵引索闭合前，将一端临时锚固，另一端利用驱动装置将牵引索张紧至设计张力后，编结接头形成闭合。

8）通过牵引索牵引返空索、承载索，起始端应采用制动方式慢速牵引，牵引过程中应防止绳索间的相互缠绕。

9）展放绳索通过中间支架时，应有专人监护。绳索接头通过支架时，需降低牵引速度，必要时可人工协助通过。

10）将展放完成的承载索和返空索牵引至锚固位置与地锚连接，通过手扳葫芦等工具张紧绳索，通过串联的拉力表调整绳索的松弛度至设计值。在每个张紧区段内，承载索应采用一端张紧另一端锚固的方式。

11）承载索通过挂于支架上的滑轮固定在地锚上，地锚施工应按施工设计要求进行，不得低于设计埋深。地锚坑应挖马道，其坡度不应大于45°且应与拉线角度一致，地锚埋入后应很好地回填夯实。

（3）架空索道支架安装工艺及要求。

1）架空索道支架，包括起始端、终止端的安装与架设，应按施工设计及平面布置图进行，并应用测量仪器确定支柱（架）及地锚设置的位置。

2）支架起立方法可按一般组立杆塔方法。索道起始端的支柱应向索道的反方向适当予倾斜，支架根部应埋入地下0.3m左右。考虑不均匀下沉的可能，必要时应在支架根部绑扎横木。

3）支架的拉线应安装在索道的反方向。为支架的稳定可靠，在支架的两侧面亦应加装拉线，拉线对地面夹角不应大于45°，拉线可用钢丝绳或钢绞线。拉线的上端可通过抱箍与支柱架顶连接，下端则应通过调节螺栓与地锚钢丝套相连，并调紧拉线，然后用钢绳卡子卡牢。

4）索道两端支架高度根据地形调节，保证工作索张紧后的合理位置。对于多跨索道，应使用经纬仪确定中间支架的位置，尽量使中间支架在一条直线上。

5）各支架间跨距以150m和500m之间为宜，一般不超过600m。

6）一个完整索道档距一般控制在3000m以内，中间支架不超过7个。

3．架空索道验收及试验

（1）索道架设完成后，应经公司技术、安全、质量等部门联合验收后，方可进行试运行。验收依据是架空索道的设计资料和设备部件的出厂合格证及技术资料。

（2）磨合架空索道牵引机，检查索道各设备安装情况。

（3）检查索道运输通道沿线货物对地、对周边物体距离，应保证有足够距离。

（4）利用两端的钢索松紧调整装置，调整承载索、牵引索、返空索的松紧度。

（5）在个别凸起的地方，若有牵引索刮地情况，应及时布置坐地滑车，以减少牵引索的磨损。

（6）试运行期间要派人在每个支架旁监控。

（7）架空索道试运行不宜少于 60h。

（8）支架、鞍座、牵引装置、运行小车、高速转向滑车的出厂试验力学性能试验，该试验应符合规程规范的要求。

（9）从起始端发一辆空车，由慢速至额定速度进行通过性空载试验检查，运行小车运行过程中不得有任何阻碍。工作索初始张力、牵引装置运行情况应符合设计要求。

（10）应依次进行 50%额定载荷、80%额定载荷、100%额定载荷、110%额定载荷试验，每次试验均应为一次循环，每一次循环应至少进行一次制动或换挡。载荷试验后应对索道系统的各部件进行检查。

4. 架空索道运行及运输

（1）对牵引机开机前检查和运行过程中监控。

（2）牵引机操作工应熟知牵引机操作要领和架空索道的工作原理和过程。

（3）牵引机启动时，应采用小到中油门预热，不准用高速大油门启动。

（4）运行时发现有卡滞现象时应立即停机检查，搞清原因、排除问题后才能继续运行。

（5）应准备部分常用的零部件和备品备件。

（6）严格执行定人、定机的岗位责任制。

（7）未经培训合格的人员严禁开机作业。

（8）检查和保持支架各连接部位连接牢固，支架无变形、开裂、松动。

（9）检查和保持各地锚或地钻无松动，连接索具安全可靠。

（10）检查和保持牵引索、承载索的连接固定牢靠。

（11）按要求对运行的小车进行润滑。

（12）系统调试正常并通过检查和试运行后方可开始材料运输。

（13）操作人员发动牵引机，检查牵引机发动机及仪表工作是否正常，确认无误后，按照指挥人员的指令进行操作。

（14）操作人员在运输前根据货物索道的最大牵引力设置牵引机的最大牵引力，确保货物索道的运输安全。

（15）向上运输时提高发动机转速至 1500r/min，将牵引机操作手柄向下扳动，待货物开始起运后在逐渐加速。

（16）根据所运货物的重量适当调整发动机转速和手柄位置，选择适当的运输速度。

（17）货物通过中间支架时牵引速度要放慢，待小车顺利通过后在加速。

（18）运输过程中需要停止时，将牵引机手柄至于中位，牵引卷筒停止并制动。

（19）向下运输时，将牵引机操作手柄向上扳动，待货物开始起运后在逐渐加速。

（20）在运输过程中发生牵引力超过设定的数值时，操作人员应立即停机，待查明原因并处理完毕后再运行。

（21）运行结束后将牵引绳锚固在地锚上，将卷筒上的牵引绳放松，使其处于不受力状态。将操作手柄至于中位，降低发动机转速至怠速，关闭发动机。

5. 架空索道的装卸与运输

（1）运输器材的吊装与卸载。

被运器材应先做好准备，零星小型器材应装入吊兰（或筐、箱）内，可采用一点悬挂，对铁塔辅材应进行捆扎，铁塔主材和混凝土电杆应采用两点悬挂。所有被装运的器材，均应在承载索正下方的装卸平台处进行。

在被运输的器材上拴牢钢丝绳套，利用倒链与行走滑车连接并升挂，使其距承载索约为 1.0m 左右。

卸载应在卸货平台处进行，刹住牵引机械，利用倒链直接卸下。然后将器材移出卸货平台。

被载器材吊装后，即将牵引索及回牵索连好，准备运输。

（2）器材的运输。

1）运输前应对被运载的器材的绑扎吊挂状况以及承载索的弧垂、支架、地锚等进行细致的检查。无误后，即可驱动牵引机械，开始运输。

2）在运输过程中，各支架及地锚等重要处所应设专人看守。同时应根据具体情况，对承载索的弧垂进行必要的调整。

3）运输现场必须设有可靠的通信工具，一般应配备对讲机。

4）索道运输应设专人指挥，指挥人应有索道运输经验或经过培训者。

5）首次索道运输之前，应进行技术试点。

6. 架空索道的维护保养

（1）牵引机按照牵引机维护保养要求进行保养。

（2）索道运行过程中每 100 个工作小时，要对所有的滑轮进行润滑保养；每 50 个工作小时要对所有的拉线进行调整；每 100 个工作小时要对牵引绳进行检查。遇有雷雨天气、五级风以上天气时，停止索道运输工作。

（3）架空索道长时间停用保养内容：

货运小车从索道上取下，润滑滑轮后存放；对所有运动的部件进行润滑；放掉牵引机油箱内的所有燃油；每月检查拉线、地锚的状况。

架空索道封存后重新启用，必须按照索道初次安装时，进行小负荷（不大于 10kN）运行试验，然后在进行半负荷运行，运行完毕后对承载索、拉线、牵引索进行调整，最后进行满负荷运行，运行完毕后对承载索、拉线、牵引索再次进行调整后，方可投入使用。

六、管控要点

（1）货运索道施工中应做到"一索道、一策划、一方案、一验收"，并在货运索道架设、运行、维护和拆除施工中严格执行。

（2）山区索道应验算承载索是否存在上扬情况，若有须采取有效措施避免。

（3）载重 1t 及以上货运索道的牵引机、钢丝绳、转向滑车应具有型式试验报告；牵引机、钢丝绳、转向滑车、支架、小车等应具有出厂试验报告。

（4）出厂超过一年的部件应具有定期检验（年检）报告。

（5）无型式试验报告等质量证明文件的货运索道部件进场后应在监理见证下，由施工单位机具管理部门负责不小于 1.25 倍额定荷载的过载（静载）试验。

（6）施工单位（施工项目部）应根据经过审批作业指导书（索道单条策划）对施工人员进行培训和安全技术交底，取得上岗证者方可进行索道操作。

（7）货运索道严禁使用木质支架；牵引装置禁止使用不具有正、反向各自独立制动装置的后桥式牵引设备，载重 1t 及以上货运索道应使用双卷筒牵引设备；牵引索转向滑车应选用高速转向滑车，并应设置保险措施。

（8）货运索道支架禁止架设在铁塔支腿之间，货运索道禁止跨越基础基坑或塔下穿越；货运索道架设完成后应及时在各支架及索道牵引机处安装临时接地。

（9）牵引索插接长度不得小于钢丝绳直径的 100 倍，承载索、返空索不得有接头。钢丝绳套插接长度不小于钢丝绳直径的 15 倍，且不得小于 300mm。

（10）牵引索进出索道牵引机磨筒方向、角度应正确，在磨筒上缠绕圈数应不少于 5 圈。高速转向滑车滑轮槽底轮径应不小于牵引索直径的 15 倍，包络角不应大于 90°。

（11）其他注意事项。

1）安全员监控。

架空运输索道的设计、安装、使用、维护以及所到使用过程中的安全监护控制等工作，应严格遵守《电力建设安全工作规程》及有关技术规定。严格执行安全票制度，施工前对全体施工人员进行专项的培训和现场详细的技术交底。整个索道运输工作需专人指挥，指挥人员应位于架空运输索道两侧通视地点，且配备无线通信设备指挥工作。

2）保持通信畅通。

索道运输工作应设专人指挥，各支架、地锚及交叉跨越处或突起处派专人看守，指挥人员与看守人员配备无线通信设备，通信讯号良好，时刻保持通信联络畅通，现场指挥控制索道的运行速度平稳，确保刹车制动良好。

3）应急响应措施。

索道运行方式受地形地势影响，存在一定的安全风险，需制定相应的、可行的应急预案。

索道运输工程现场应用实例如图 3-9 所示。

图 3-9 索道运输工程现场应用实例

履带式运输车运输

一、特点及适用范围

履带式山地运输车充分考虑了山区环境下运输物料的可行性和安全性，与传统运输工具相比具有显著的优势，履带式山地运输车具有以下主要特性：

（1）运输能力强、机动性高，可在山地、陡坡、泥泞路上行驶（见图 3-10），最小通行路宽 1.8m，最大爬坡角度 35°，大大减少开山筑路的范围，并降低了修路的费用。在路窄，弯急的路段，可原地小半径转弯（见图 3-11），前后无级变速行驶（0~5km/h）。

图 3-10 在泥泞路上行驶   图 3-11 原地小半径转弯上坡

（2）安全性高。整车采用无线遥控系统，遥控距离可达300m，实现无人驾驶，可遥控操作全部功能。遥控时，操作人员必须站在上坡安全区域，这样可避免山区行车的人身风险。其遥控器面板图（见图3-12）及实物图（见图3-13）如下：

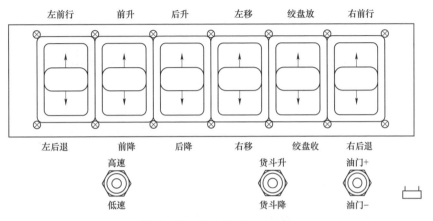

图3-12 遥控器面板示意图

（3）载荷大，负载类型多。额定有效载荷为5t，可运输最长12m，最大直径1.2m的钢管杆（见图3-14）。同时，可把后龙门架拆下，装上具有自卸功能的货斗（见图3-15），用于运输沙石、水泥、工器具等其他散件物料，实现一车多用。

图3-13 遥控器实物

图3-14 履带车运输钢管杆实例

图3-15 履带车货斗实例

（4）保障运输物料的质量。履带车的龙门架（见图3-16）可独立升降、左右各移动，便于坡道行走时调整物料的角度和重心，避免长形物料与地面的碰撞。龙门架上衬有橡胶防滑垫，并安装有绑扎绳固定锚固点，能可靠防止大型塔件在运输过程中滑落、磨损，保证运输物料的质量。

（5）具备自装自卸物料功能。随车可装上5t液压旋转吊臂（见图3-17），用于迅速装卸钢管、角钢等塔材，在吊车无法到达的场地实现快速装卸，提高效率，节约施工费用。

（6）具备牵引和自救功能。前部安装有绞盘机构，可用于牵引和自救，将山丘地带的行车风险降到最低。

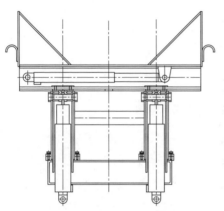

图3-16 龙门架示意图

图3-17 5t液压旋转吊臂

履带式运输车较其他运输方式的优点在于本身带有动力系统，比普通炮车有更好的灵活性，并且通过前置的卷扬机可以实现自救。履带式的传动方式，可以在高低不平的地形上或软弱地基上轻松行驶，这也是其他轮式运输工具所无法替代的。

履带式运输车能力强、机动性高，可在山地、陡坡、泥泞路上行驶，最小通行路宽1.8m，最大爬坡角度35°，满足宽度要求的土路、旱地、小型沟渠等均能适用，可适用的地形条件较为广泛。采用履带式运输车越过沟渠时，需要首先将沟渠铺满道木，即把沟渠填平，在路窄，弯急的路段，可原地小半径转弯，前后无级变速行驶（0～5km/h）。履带式运输车是一种新型的电力施工运输设备，可以装载最大直径1.2m，最长长度9m以下，最大重量7t以下的塔材，如图3-18所示。

图 3-18　履带式运输车外观图

履带式运输车适用范围：

（1）适合在山区和丘陵地带使用。

（2）适合运输塔材、抱杆等施工物料。

（3）施工现场坡度、地面耐压力等条件应满足履带式运输车技术要求。

（4）根据所运输施工物料的承载重量，选择不同载荷的履带式运输车。

二、关键技术指标

一般履带车最小通行路宽 1.8m，最大爬坡角度 35°。额定有效载荷为 5t，可运输最长 12m、最大直径 1.2m 的钢管杆。

行走路面的承载力必须满足要求：运输路径的选择应遵循以下原则：

（1）尽可能利用已有的等级公路、乡村公路及山中小路等，路径尽量短，尽量避免水泥路面行驶。

（2）满足履带车工况运行要求的前提下，运输路径尽量选择道路路面宽、坡度小、弯曲半径大、路面平坦、路况好、地基坚实、承载能力强。如图 3-19 所示。

图 3-19　履带式运输车卸货实例

（3）所经过桥梁、涵洞少，加大以及加固的工作量小。

（4）所有新修建（扩建）的运输路满足履带车运输工况的前提下，还应充分考虑左右轮距窄、载物重心低、整车采取履带底盘的结构特点，本着与周边地形、地物、环境相协调，与沿线自然、经济、社会条件等相适应等原则进行设计、施工，尽量减少开挖量，减少对环境的破坏。

（5）由于履带车结构低，在运输超长构件时，应验算履带车从平地行驶状态转向爬坡状态时，构件前后点是否触地，否则应设置引坡进行过渡。

表 3-2、表 3-3 给出了两种常见履带式山地运输车的结构参数。

表 3-2　　　　履带式山地运输车（LDCI-501型）结构参数

序号	项目	结构参数
1	整机外形尺寸	3700mm×1600mm×1400mm
2	驱动轮直径	458mm
3	承重轮直径	160mm
4	轴距	2810mm
5	轨距	1200mm
6	自重	4700kg
7	承重轮数量	2×8
8	龙门架升降行程	400mm
9	龙门架平移行程	±200mm
10	额定有效载荷	5000kg
11	行驶速度	0～5km/h
12	最大爬坡度	35°
13	接地比压（空载/满载）	0.022MPa/0.044MPa
14	可通过最小宽度的道路	1800mm
15	车载摇臂抱杆最大起吊重量	5000kg
16	可运输最大长度	12 000mm

表 3-3　　　　履带式山地运输车（LDC-701型）结构参数

序号	项目	结构参数
1	整机外形尺寸	4800mm×2135mm×2100mm
2	驱动轮直径	504mm

序号	项目	结构参数
3	承重轮直径	160mm
4	自重	7950kg
5	承重轮数量	2×12
6	龙门架升降行程	400mm
7	龙门架平移行程	±200mm
8	额定有效载荷	7000kg
9	行驶速度	0~6km/h
10	最大爬坡度	35°
11	接地比压（空载/满载）	0.022MPa/0.044MPa

三、方案现场实施

履带式运输车具有无线遥控的操作方式，有高速、低速两个挡位，且在每个档位均可实现无级变速；运输过程中根据实际运输需要调整速度，操作人员可以在车上进行操作，亦可在车外进行。

1. 运输路径的选择

据现场调查的结果，确定运输路径，运输路径的选择应遵循以下原则：

（1）尽可能利用已有的等级公路、乡村公路及山中小路等，路径尽量短，尽量避免水泥路面行驶。

（2）满足履带车工况运行要求的前提下，运输路径尽量选择道路路面宽、坡度小、弯曲半径大、路面平坦、路况好、地基坚实、承载能力强。

（3）所经过桥梁、涵洞少，加大以及加固的工作量小。

（4）所有新修建（扩建）的运输路满足履带车运输工况的前提下，还应充分考虑左右轮距窄、载物重心低、整车采取履带底盘的结构特点，本着与周边地形、地物、环境相协调，与沿线自然、经济、社会条件等相适应等原则进行设计、施工，尽量减少开挖量，减少对环境的破坏。

（5）由于履带车结构低，在运输超长构件时，应验算履带车从平地行驶状态转向爬坡状态时，构件前后点是否触地，否则应设置引坡进行过渡。

2. 临时运输路修建与平整

履带式山地运输车行走道路修建要求：

（1）路基宽 2.5～3.0m，路面宽 2.0m，最大纵向坡度控制在 35° 以内，平曲线最小半径 20m，回头弯道最小半径 12m。平曲线段或弯道处的路基和路面应加宽 0.8～1.0m。

（2）当山路坡度达 35° 且所运输材料的长度达 12m 时，则需填埋一段长为 5.4m，坡度为 23° 的引坡，以引导履带式山地运输车行驶到 35° 的坡路上；对所运输材料的长度不足 6m 时，履带式山地运输车可一次性上坡，无须引坡。

（3）当山路修建过程遇到沟坎时，需将沟坎填平。此外，当履带车运输经过谷底不足 6m 的山谷时，同样须填一段山谷，以延长谷底长度。

3. 履带式山地运输车进退场

履带式山地运输车采用卡车从仓库运至工地现场（或从工地现场退回仓库）。利用槽钢完成履带式山地运输车的自装自卸，在履带式山地运输车的左右履带位置各搭设一根槽钢，槽钢与水平面夹角不得大于 25°，在槽钢下方采用加强措施以确保槽钢可靠固定（见图 3–20）。根据如下公式计算出抗弯截面模量 W 值后，到型钢表中查找选用不小于 W 值的槽钢。

$$W = n \times P \times L \times \sin\theta / 8\sigma$$

式中：n——安全系数，取 $n = 3$；

P——履带式山地运输车自重；

L——槽钢长度；

$\sin\theta$——槽钢与水平面夹角的正弦值；

σ——槽钢的强度极限，取为 $\sigma = 235\text{N/mm}^2$。

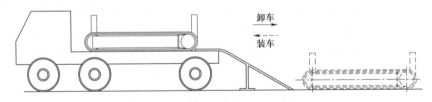

图 3–20 装卸履带车示意图

当现场有符合装卸车高度的台阶地形时，可利用其地形进行装卸，见图 3–21。

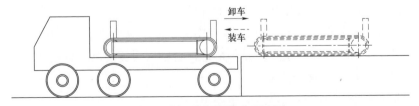

图 3–21 装卸履带车示意图

4. 履带式山地运输车装卸材料

（1）货斗装卸材料。

节点板材、长度小于 4.0m 的塔材以及紧固件的运输使用货斗，采用人工搬运或机械吊装方式进行装货，采用人工搬运或自卸功能进行卸货。

（2）龙门架装载材料。

1）长度超过 4.0m 的塔材的运输使用龙门架。

2）塔材在材料场装车可采用汽车吊吊装方式，运至塔位后采用车载摇臂抱杆或立塔抱杆吊装法进行卸车。

3）摇臂抱杆卸载作业：起吊提升采用液压卷扬机作动力，抱杆顶部与抱杆杆身间采用平面回转支承连接，可实现 360°全方位旋转吊装，很好的解决山区材料场地受限问题。履带式运输车自带装载装置卸车实例，如图 3-22 所示。

图 3-22 履带式运输车卸货实例

4）龙门架装卸塔材注意事项：装卸塔杆或长形物体前，要保证龙门架垂直和平移油缸已收到正常位，以免装卸时振动撞击损坏液压元件。装载塔杆时要把塔杆和龙门架按照捆扎位置捆扎好，运载物体的轴线方向必须固定在主架上切记不能松动。装载货物尽量要靠中心放置，龙门架平移调整载物重心，必须在平地停驶状态下进行。需要平移时，必须先放松轴线固定装置，再操作平移（平移时，前后龙门架同时动作）。

5. 履带式山地运输车运输作业

（1）运输速度。

履带式山地运输车需在低速档起动，空载平路或下坡情况可在起动后发动机运转正常后切换到高速档，在重载时请用低速档行走。禁止行驶中切换高低速档，否则会损伤零部件。

（2）上坡行驶过程。

运输构件长度不足 6m 的材料时，履带式山地运输车可一次性上坡，运输构件长度达 6m 及以上时，需修建引坡来引导履带式山地运输车行驶到 35°的坡路上。

（3）下坡行驶。

行驶 35°下坡工艺流程与上坡相反。

（4）转弯半径。

履带车弯道行驶时，运输路弯道半径在 12m 以上的，履带车可直接通过弯道；由于山区地形限制，修建的运输路弯道半径在 12m 之内的，平曲线段或弯道处的路基和路面应加宽 2m 以上，使履带式运输车有足够的转弯空间。具体示意如图 3-23、图 3-24 所示。

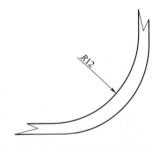

图 3-23　12m 弯道半径示意图

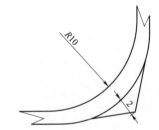

图 3-24　10m 弯道半径示意图

四、管控要点

为避免履带车车头翘起，突然下降撞击地面或失速滑行，在变坡路交接处需缓慢行驶。

履带车行走时，操作人员始终要保证自己处于安全方位，与车保持 5m 距离以上，并与车辆保持在遥控距离内，禁止履带车驶离视线所及的范围。

行走时左右履带高差不得超过 15cm，以免履带车侧倾，履带单边受力。特别是在转弯上坡的地段，最好等转弯完毕后，再上坡。

炮 车 运 输

一、特点及适用范围

输电线路工程炮车一般分为常规炮车和山地炮车两种。

1. 常规炮车特点

（1）炮车运输一般适用于河网地区的土路和田埂，但是土路和田埂的宽度、承载力、拐弯半径必须满足炮车的设计要求。当不能满足时，需要对路面进行修整后在实施。

（2）适合在一般道路、乡村小路及山区丘陵路幅窄、坡度陡、弯径小的硬基面沙石道路使用。

（3）适合运输塔材、抱杆等施工物料。

（4）运输道路的条件应符合轮胎式运输车底盘离地间隙的要求。

（5）根据所运输施工物料的承载重量，选择不同载荷的轮胎式运输车。

2. 山地炮车特点

（1）山地炮车能胜任线路钢管塔构件在山区丘陵坡陡弯急窄道上的小运输，并能完成在现场塔位的装卸。

（2）山地炮车可充分利用送变电行业现有传统运输方法和动力工器具，提高原有机械设备的利用率。

（3）山地炮车还可在松软路面载重运输，通过性和适应性强，适用范围广。

（4）在纵向坡度≥35%路况下，需要大马力牵引机械，使用成本较高，宜酌情采用。

（5）在"高差大、急弯多、直线距离短"特殊运输环境下，使用效率低下；此时宜与"索道运输方式"配合使用。

二、关键技术指标

1. 常规炮车的关键技术指标

（1）许用荷载为3～5t；

（2）最大轮距为1.8m，轮径为400～830mm；

（3）适用范围：管材直径≤1500mm，长度3～9m；

（4）爬坡度为≤20%，路面横向坡度≤10%；

（5）转弯半径为6～12m；

（6）钢管构件和轮轴距离地面在0.3～0.5m。

2. 山地炮车的关键技术指标

（1）单桥独立型设计制造，可双桥组合使用；

（2）载重量：单桥 3t，双桥 6t；

（3）载货尺寸：限宽 1m，长度不宜超过 9m；

（4）路面宽度：需 2m，通行宽度：1.8m；

（5）转弯半径：按 8m 长管材或成捆线材而定，单桥、双桥均小于 5m；

（6）有配套的自备装卸器具：装配式门型装卸架；

（7）自身具备方向操控和刹车制动功能；

（8）爬坡能力：纵向 30°，横向 5°；

（9）适宜于平地，还适宜于山地窄路和弯道。

三、现场实施

双回路钢管塔运输困难的塔材长度在 3～9m 之间、重量在 1t 之间、直径 0.5～1.5m 之间。考虑到塔材单件的重量、长度、直径不一致，可以设计荷载重量不同的炮车，其荷载可按 3、5t 设计。

由于现场道路路况不同，可以采用人力拖拽、拖拉机拖拽、其他机械牵引。

图 3-25　炮车运输钢管实例

由于特高压钢管构件在重量和尺寸上较以往工程都要大得多，因此炮车运输时，一般需采用两辆两轮炮车进行运输，并且在两辆炮车之间设置硬链接。炮车运输钢管实例如图 3-25 所示。

利用两只汽车轮胎进行改造，车辆单轴载重量为 4t；此车对运输道路的宽度要求较小，可用于超长、超重型的管材、线材在复杂地形、狭窄道路等野外特殊条件中使用；利用本车自身提升装置实现超长、超重型的管材型物件装卸，无须辅助机械装卸；此车通过复杂的弯道道路时，具有灵活性；牵引驱动方式：根据不同的地形、道路宽度等条件，可利用人力、机动车辆方式进行牵引驱动，也可利用固定牵引设备进行牵引（如手扶绞磨、机动绞磨等）；根据物件的直径或断面的大小，可调节车体和轮距之间的宽度，以适应不同道路宽度条件运输。炮车如图 3-26 所示，装载好塔材的炮车运输实例如图 3-27 所示。

炮车本身没有动力系统，需要依靠外部牵引力才能行驶。根据不同的地形、道路宽度等条件，可选择以下几种方式进行牵引驱动。① 利用人力直接推拉扶手，作为驱动力，进行运输；② 利用拖拉机头和牵引杆连接牵引板方式进行牵引驱动；③ 也可利用固定牵引设备（如手扶绞磨、机动绞磨等）连接牵引板进行牵引。

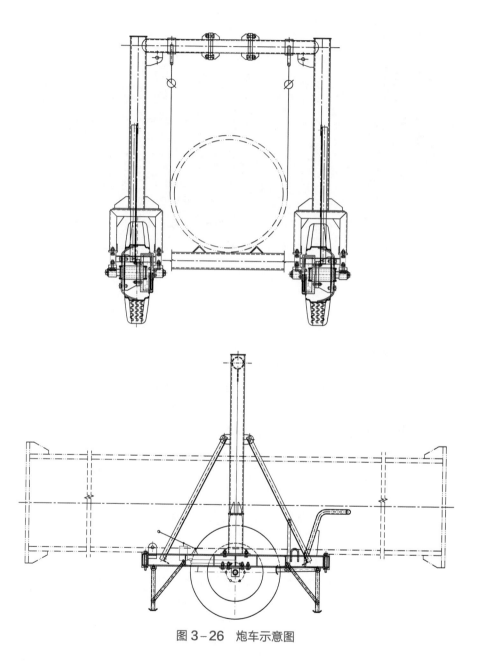

图 3-26　炮车示意图

图 3-27 装载好塔材的炮车运输实例

四、管控要点

（1）使用前应对轮胎进行安全检查。

（2）在运输过程中，应根据路况限制速度。

（3）运输中遇到地面有尖锐物品时应绕行，防止扎破轮胎。

（4）炮车自身不具备行驶动力，需外部动力牵引。牵引装备可选普通手扶拖拉机、四轮拖拉机、农用运输车或专用牵引车辆、机具设备等。

（5）当车架上运输塔材、抱杆等施工物料时，应有固定措施，防止物料滑落。

（6）炮车应有良好的刹车装置，路径的拐弯半径必须满足要求。

轻 轨 运 输

针对特高压线路施工的要求，具备轻型、灵活的特点，轨道安装、拆除方便、迅速；轨距小，轨枕小型化、更轻便，减轻了轨道现场安装工作量，解决了轨道搬运、运输的难题；适应稻田、滩涂地质条件，不需修路，有利于农田复耕，不对当地环境造成破坏，满足环保的要求。

轻型轨道运输的原理是根据轻型轨道和一定距离路基共同承担运输小车及钢管的压力，满足轻型轨道强度要求，满足土壤地耐力的要求。通过特高压线路钢管塔最大单个构件的荷载，以及组合荷载对轻型轨道的作用下，轻轨的计算应力值均在设计要求的范围以内。

一、特点及适用范围

轻轨运输方案适用于道路宽度在 1m 以上，且道路修补量不大的一般土路、河埂、旱地等地形和地质条件，道路的拐弯半径经过适当修整后能够满足铺轨及运输要求。此运输方案主要工作量是道路平整和轨道的敷设，在综合考虑运输成本、运输效率及其他因素后确定是否选用此方案。

二、关键技术指标

（一）运输车的相关设计计算

轻轨小车不具备动力装置，需要进行外部牵引行驶，外部牵引装置布置位置应根据现场地形进行合理选择。一般牵引力的大小可以根据所运输钢管的重量及小车与轨道之间的摩擦系数来计算求得。计算如下：

$$T = f \cdot N \cdot \cos\alpha + N \cdot \sin\alpha$$

式中：T——外部牵引力，kN；

f——运输车与轨道之间的摩擦系数；

N——运输车和钢管的总重量，kN；

α——小车轨道前进方向与水平线的夹角。

轻轨小车在行驶过程中应控制好行驶速度，按照小车设计的车速进行牵引。如遇到上下坡地形时，应注意控制小车的刹车装置，避免小车向下俯冲。轻型轨道运输实例如图 3-28 所示。

图 3-28 轻型轨道运输实例

（二）轨道参数分析及确定

1. 轨道型号

通过对市场的调研，有多种规格钢轨，定长 6～9m。考虑现场施工条件主要由人工铺设轨道，单根轨道最好不超过 70kg。

2. 轨距与倾斜角

通过对矿山轨道、临时施工轨道的轨距的分析比较，很多采用 900mm 轨距。根据现场地质条件，轻轨很多地方用于晾晒后水田环境中，地形较平坦，没有大的起伏，局部存在左右侧倾斜，高差明显的地方可适当挖高填低，对于现场施工比较容易做到。确定轻轨设计以侧向倾斜 5° 要求，即满足左右侧高差不得大于 70mm 要求；另外确定采用 900mm 轨距，是货运小车简捷、稳定性设计要求；在倾斜角 5° 地形条件下，比较 800mm 轨距与 900mm 轨距的区别，如图 3-36 所示：压力 N_1 距离轻轨 160mm；如图 3-37 所示：压力 N_1 距离轻轨 60mm；因此轨距 800mm 轻轨小车发生侧翻的可能性更大，轨距 900mm 对于轻轨小车更安全。

轨道参数如图 3-29 和图 3-30 所示。

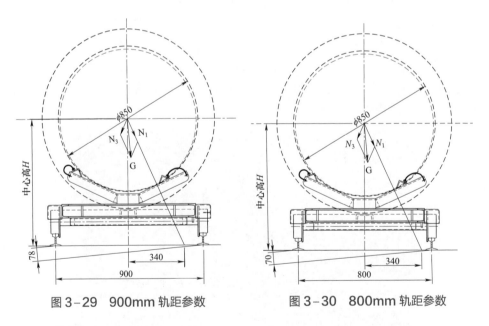

图 3-29　900mm 轨距参数　　　　图 3-30　800mm 轨距参数

3. 轨枕

轻轨与轨枕的安装主要有两种：① 道木固定；② 槽钢固定。项目组分析道木、槽钢固定轻轨的两种方案：具体如图 3-31 和图 3-32 所示。

图 3-31 道木固定轻轨示意图　　　图 3-32 槽钢固定轻轨示意图

（1）通常临时轨道轨枕采用 200×200mm 道木，主要由道木承受压力作用，道木固定轻轨采用两根 U 型螺丝连接夹板固定轻轨，道木的优势是增大承压力，但抬高轨道面，轨道不能落实地面，轨道易变形。单个道木较重，空间体积大，零部件较多，轨道定位比较困难，现场安装工作量较大。

（2）槽钢固定轻轨采用 M16 螺栓压紧压铁，槽钢承压后，轨道落实地面，共同承担载荷作用，增强轻轨抗变形能力；M16 螺栓已与槽钢安装，现场安装工作量小，更便捷。

（3）考虑由轻轨与轨枕共同承担压力作用的 [8 槽钢固定型式。槽钢轨枕轻巧、灵活，并且根据槽钢安装孔位置，容易实现轻轨在轨枕上的定位。轨枕标准距离根据现场地质条件做适当调整，通过详细设计计算确定。

（4）转弯半径：转弯半径既考虑 9m 长钢管转弯要求、又要满足现场转弯角度不低于 70° 要求。

900mm 轨距的轻轨主要技术参数如表 3-4 所示。

表 3-4　　　　　　　　　　　轻轨主要技术参数表

载货重量	单车 2.0t，双车 4.0t
货物要求	管径≤0.9m，管线长≤10m
轻轨规矩	900mm
轨枕参数	[8 槽钢，根据不同地质条件，轨枕标准距离 1.2m
轻轨最大坡度	15°
轻轨最大倾斜度	5°
经济货运距离	300m
载货小车	载货 2.0t，上部安装有旋转支撑架
载货小车速度	满足最大速度 60m/min
货物通道	1.4m（宽）×1.4m（高）
转向	转向系统	由轻轨转盘、转盘底座、轻轨转接架、钢丝绳转盘构成，轻轨转盘在转盘底座上转动，对于不可避让的地形采用转向系统
	牵引系统	ϕ11 钢丝绳牵引，ϕ14 锦纶绳回牵

转向	托架	钢丝绳托架,从转向系统间隔12m,安装于枕木中央
	钢丝绳转盘	钢丝绳转盘安装于转向系统转盘底座中央,钢丝绳通过钢丝绳转盘牵引载货小车
直线	布置方式	终点布置一台机动绞磨,由机动绞磨牵引载货小车,小车尾部拖拽Φ14锦纶绳,起点布置卷线盘,通过回收Φ14锦纶绳,使小车返回
	牵引系统	Φ11钢丝绳牵引,Φ14锦纶绳回牵
	托架	钢丝绳托架,间隔18m,安装于轨枕中央
动力系统		采用3t机动绞磨或拖拉机绞磨
锚固系统		机动绞磨采用2t锚桩

三、现场实施

1. 道路的平整

轻轨运输的道路宽度必须满足轨道车设计的要求宽度,另外还需满足倾斜度的要求,当道路的路面倾斜或高低不平时,需要对道路进行局部或整体的平整。

当道路的拐弯半径不能满足轨道运输的要求时,对道路拐弯处需要进行填土并夯实平整,直至满足运输要求。

2. 轨道的铺设

轻轨运输的原理是采用两根工字钢在较窄的路面上铺设成等间距的轻型轨道。一般路面宽度在100cm以上可以采用此种设计。轻型轨道在负载运输时需要满足能够承载上部运输车及重型钢管荷载下的强度要求。同时也要满足对土壤的承载力要求。轻型轨道铺设实例如图3-33~图3-35所示。

图3-33 轻型轨道铺设实例

图 3-34 轻型轨道拐弯布置实例

图 3-35 轻型轨道运输实例

四、管控要点

（1）轻轨能够适应根据不同地质条件：对于黏土、粉土、素填土等地质（成人走路不陷脚），轨枕在轻轨及载重压力下陷进地面，轻轨与地面接触并且小部分陷进地面，不影响使用，均属正常使用范围；对于软泥土质，应考虑在合适位置垫道木，避免轻轨整个陷进地面而无法使用；对于中粗砂砾地质，属于正常使用范围。严禁增大轨枕间安装距离。在频繁运输过程中，应观察轻轨的变形。在明显变形的地方应垫上支承物，或在地耐力差的地方挖出淤泥衬上道木。如果轨道中间布置有转向系统，请在合适位置布置转向系统，对软土地基采用硬土填平，从转向系统处向两端铺轨。

（2）针对轻轨倾斜角大于 5° 或达不到该地基条件的应采取措施：一般情况

下河网地区侧面斜坡可通过修整、垫平运输路径（宽度900mm）的方法。

（3）管件装载捆扎时，应在囊体鞍架上衬车胎内胆皮，用麻绳绑扎固定；在捆扎钢管位置，钢管表面应先铺上麻袋片，钢丝绳下面衬上木楔，防止运输中磨损钢管镀锌层。

（4）运输钢管采用两部小车，小车边缘距离钢管法兰0.3～0.5m处，通过机动绞磨或拖拉机绞磨往复式运输；建议使用拖拉机绞磨以提高运输效率。

（5）设备操作人员应集中精力，服从指挥。操作人员必须得到现场指挥的开机信号后才能启动机器，对于转向轨道的运行，在转向系统处应设一名现场指挥人员，运转过程中任何人发出的停止信号均应立即停机。

（6）在运输通过转向盘过程中，机动绞磨应低速牵引，旁边指挥人员利用对讲机指挥机动绞磨操作，并协助转向。待前端小车通过转向盘后，恢复转向盘至原位置，便于后端小车通过转向盘。

旱 船 运 输

一、特点及适用范围

旱船主要能够适用于河网地区水田、沟渠、沼泽等软弱地形。但不能适用于旱地、土路等。

二、关键技术指标

载重量达到4t；外部动力拖拽；旱船迎面宽度较窄，以适应农田、沟渠较窄通道，减少工程辅助施工成本，通道宽度可窄至1.2m（或者更窄）；旱船承压面积较大，提高对淤泥质土的通过性，并在旱地地形条件下亦能通行；旱船组合拆装方便，空载调整移动轻便（一人即可拉行）；载重状态下，迎面坡度可达10°，侧面坡度可达5°。

三、现场实施

旱船采用船形双层钢板结构和流线型设计，同时在底部设置卡槽，当运输载具需要通过沟渠时，可以预先在沟渠两侧搭好两根工字钢，工字钢之间的距离应等于载具底部两卡槽之间的距离。且应在沟渠两侧将工字钢埋入土里，保持工字钢的顶部与地面相平或略高一些，保证运输载具能顺利通过工字钢。然后将卡槽卡住工字钢，牵引通过沟渠。运输载具在满足必要的强度要求的同时，应减小其在行驶时的摩擦阻力。

旱船运输钢管如图3-36所示。

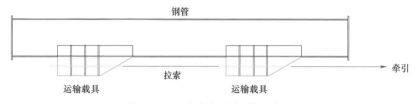

图 3-36 旱船运输钢管示意图

旱船的外形像船，由于其没有自身动力，需要依靠外部的牵引装置被动行驶。外部牵引的设置需要根据现场地形情况选择合理的位置布置。

旱船运输钢管实例如图 3-37 所示。

图 3-37 旱船运输钢管实例

四、管控要点

（1）两个旱船之间必须设置硬链接，行走路面不能为旱地。

（2）绞车必须安装足够长度的保险绳并正常使用。

（3）在捆扎塔材时，塔材表面应先铺上麻袋片，钢丝绳下面衬上木楔，防止运输中磨损镀锌层。

（4）旱船装料放置平稳，严禁超载超高超宽，所有物料必须固定牢固后，方可发出信号走钩。

（5）设备操作人员应集中精力，服从指挥。操作人员必须得到现场指挥的开机信号后才能启动机器，运转过程中任何人发出的停止信号均应立即停机。

（6）运行时若中途发生意外，处理时人员要在旱船的上方或两边操作，不得站在旱船正下口，防治旱船下滑发生意外事故，处理完后人员全部撤到安全地点，再发信号走钩。

（7）旱船拉到规定位置后，卸料工一定要等旱船停稳后方可卸料，防止绞车刹把失灵，使旱船滑下去造成事故。

（8）如用绞车拉旱船拉不动，不得强行硬拉，必须停车查明原因，等处理好后再开动绞车。

直 升 机 运 输

一、特点及适用范围

直升机运输方案目前在线路施工中应用较少，其最主要的原因显然是费用高昂。但其具备的灵活性强、适用范围广、运输重量大等优势是其他运输方案无法比拟的。由于直升机运输费用较为昂贵，因此采用直升机吊运时，必须以直升机为核心，围绕着直升机连续快速作业，周密安排料场和卸料场，当一切准备工作就绪后，再调用直升机进场，将运输时间降至最低，以节约运输成本。且直升机作业和天气情况密切相关，尤其是大雾天气因能见度过低而无法飞行，故在制定作业计划前应详细调查当地气候资料，避免恶劣天气作业，保证直升机具有连续性作业的能力，将直升机的运输效率发挥至最大。直升机运输的关键技术要点：避免在恶劣天气使用；做到以直升机为核心，提高运输效率。直升机运输方案实例如图 3-38 所示。

图 3-38　直升机运输方案实例

二、关键技术指标

特高压杆塔总重量高、杆件尺寸大，作业机型必须具有与之相当的吊重量。调研资料表明，以国际上现有的直升机型（吊重限制）来完成特高压铁塔吊装难度大，吊装吨位在 5t 左右或以上的民用直升机中，适用机型主要有 KA-32、Mi-26 两种机型。

表 3-5   KA-32、Mi-26 直升机性能参数表

KA-32 直升机参数	Mi-26 直升机性能参数
最大起飞重量：11 000kg 带外载的最大起飞重量：12 700kg 最大吊挂重量：5000kg 带吊挂负载飞行的最大允许的表速：190km/h 最大飞行高度：5000m 500m 压力高最长续航时间：3.2h 主油箱容量：2650kg 1500m 压力高最大航程：800km	旋翼直径：32m 尺寸：40.3×6.02×8.15 重量：28 600kg 最大有效荷载：20 000kg 最大起飞重量：56 000kg 最大巡航速度：295km/h 最大航程：500km 最大爬升高度：4600m

　　直升机物料吊运工具用以实现物料的空中运输，主要有网兜（见图 3-39）、扁平吊带（见图 3-40）、吊罐（见图 3-41）等。

图 3-39　直升机使用网兜吊运砂石、水泥　图 3-40　直升机使用扁平吊带吊运塔材

图 3-41　直升机使用吊罐吊运预拌混凝土

（1）直升机运输地材时，配套工具采用网兜。网兜用以堆放、蓄装打包好的袋装砂子、石子、水泥，汇集成一定重量的地材集合予以运输。网兜具有网孔均匀、柔韧性好、结构坚固、强度高、破损率低、使用周期长、便于搬运、美观实用等特点，具有良好的抗腐蚀、耐风化、抗氧化性能。

（2）直升机运输塔材、基础钢筋等刚性构件时，配套工器具采用扁平吊带。扁平吊带用以绑扎、吊运成捆的塔材及基础钢筋。扁平吊带重量轻、使用方便，不伤被吊物体表面，吊运平稳、安全，强度高、安全可靠，操作简单、可提高劳动效率、节约成本，具有良好的耐腐蚀、耐磨性能。

（3）直升机运输拌和混凝土时，配套工器具采用吊罐。吊罐用以蓄装拌和好的现拌或商品混凝土，使用罐体底部的开底门手柄控制混凝土下料浇筑。吊罐具有结构简单、重量轻便、强度刚度性能优良、使用方便、吊运稳定、工作可靠、无渗漏、可靠性高等优点。

三、现场实施

1. 技术原理

（1）吊挂设备由吊索和吊钩组成，安装于直升机腹部，属直升机附件，具备自动脱钩功能。

（2）在装料场将袋装砂子、石子、水泥整齐堆放于网兜，收拢网兜后将其四角的环形吊绳悬挂于直升机吊钩。直升机吊运飞行抵达卸料场，网兜着地平稳后，经地勤作业人员摘钩，迅速返航准备下一次吊运。

（3）在装料场采用两根扁平吊带以抬吊方式绑扎捆扎好的塔材及基础钢筋构件两端，扁平吊带另一端悬挂于直升机吊钩。直升机吊运飞行抵达卸料场，塔材及基础钢筋构件着地平稳后，经地勤作业人员摘钩，迅速返航准备下一次吊运。

（4）在装料场采用钢丝绳以三点对称均布方式安装于吊罐，钢丝绳另一端悬挂于直升机吊钩。直升机吊运飞行抵达基坑垂直正上方且处于悬停状态，人工扳动罐体底部的开底门控制手柄实现混凝土浇筑，然后关闭罐体底部的开底门，迅速返航准备下一次吊运。

（5）通信系统以通航公司提供的电台为主，规定好手语、旗语备应急采用；地面作业以对讲机作为通信联络机具，建立对讲机指挥系统，地面指挥负责人与通航公司的所有联络均由地面指挥负责人负责，采用地面直接联络方式；作业前应进行通信联调，保证通信畅通。

（6）指挥系统中，飞行地面指挥员与驾驶员负责用超短波无线电台进行指挥联络；施工地面作业负责人应听从地面飞行指挥员的口令；实行碰头会制度，当日作业结束后，进行第二天气象分析及工作安排。作业中通信联络及指挥方式如图 3-42 所示。

（7）组织系统由料场准备组、材料运输组、机具供应组、料场施工组、塔位施工组、技术安全组组成；料场准备组、材料运输组、机具供应组、料场施工组、塔位施工组均由负责人和一定数量的作业人员构成；技术安全组由负责人和一定数量的技术安全人员构成。

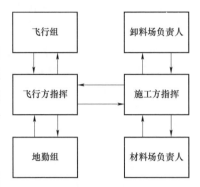

图 3-42　直升机吊运作业中通信联络及指挥方式

2. 结构组成

网兜由中间网绳、边绳和四角环形绳组成。扁平吊带由承载芯、保护套和两头扣组成。吊罐由罐体、支架、耳环、底门和开底门手柄组成。

3. 选用原则

（1）根据吊重、气候、环境、地形、海拔等条件以及技术经济条件分析，选用合适的直升机。目前常用的直升机类型主要有 Mi-26、S-64、Ka-32。

（2）吊运砂子、石子、水泥等地材选用网兜，根据直升机的最大外吊挂悬停重量选用不同规格的网兜。

（3）吊运塔材、基础钢筋等刚性构件选用扁平吊带，根据直升机的最大外吊挂悬停重量选用不同规格的扁平吊带。

（4）吊运拌和混凝土选用吊罐，根据直升机的最大外吊挂悬停重量选用不同规格的吊罐。

（5）不同气候、环境、地形、海拔等条件下，直升机的最大外吊挂悬停重量不同，选用与之匹配的不同规格的网兜、扁平吊带及吊罐。

四、管控要点

（1）应在额定载荷下使用，严禁超载吊运。

（2）使用前应进行外观检查，并进行安全荷载验算。

（3）配套工具与直升机吊钩连接方式必须采取硬连接，保证吊件脱钩顺利。

（4）物料绑扎要紧固，绑扎方式需经试验加以确定。

（5）单次吊重应依据直升机油量、飞行距离确定。

（6）吊挂前应对吊挂索具、吊具进行外观检查，尤其观察扁平吊带的磨损情况；扁平吊带磨损严重时，应采用钢丝绳套替换作业。

（7）吊件均需装设接地线，以防静电伤人。

（8）施工作业人员应配备防风镜，戴口罩、穿紧身工作服，安全帽绳须系戴牢固。

（9）吊运时，吊索不要扭、绞、打结。

（10）吊件下方严禁站人。

（11）每个吊运架次结束，应及时检查配套工具，破损工具不得继续投入吊运施工作业。

4　特高压输电工程基础施工

　　输电工程基础承受输电线路铁塔的各种荷载，将荷载传递给周围的地基，以达到稳固铁塔的目的。特高压输电工程铁塔相对常规线路铁塔而言，结构尺寸和杆塔重量显著增大，因此特高压输电工程线路基础具有混凝土方量大、基坑深度大、基础根开大、全方位高低腿多、原状土基础多等特点。

　　在输电工程中，常见基础型式在《国家电网公司标准工艺库》中收纳的主要有：角钢插入基础、地脚螺栓式斜柱基础、直柱大板基础、台阶基础、冻土地区锥柱式基础、冻土地区装配式基础、楔形基础、掏挖基础、岩石嵌固基础、预制贯入桩基础、钻孔灌注桩基础、岩石锚杆基础、螺栓锚基础、挖孔桩基础、拉线塔基础。近年来在特高压输电工程中板式基础、挖孔基础和灌注桩基础应用较为普遍。随着我国对环水保工作的重视程度逐步提高，输电工程采用紧凑型铁塔设计，基础选择全方位高低腿，减少占地及土石方开挖量，已成为基础设计的关键指标。因此，原状土基础得到了较为广泛的使用，其中包括灌注桩基础、岩石锚杆基础、挖孔基础等，在减少植被破坏、避免水土流失方面，取得了良好的社会效益。

　　《架空输电线路杆塔基础设计技术规程》（DL/T 5219）将基础分为：开挖回填基础、原状土掏挖基础、岩石基础、桩基础。

线路复测及基坑放样

　　施工测量主要包括两项内容：对设计提出的线路路径及杆塔塔位进行档距、高程、转角等复核（即为路径复测）；根据设计选定的基础型式逐基对基坑进行定位测量（即为基坑放样）。在测量过程中，利用 GPS（北斗）全球定位系统，结合全站仪/经纬仪进行档距、高差、转角度数、直线桩（塔位桩）横线路偏移、地形突起点高程、被跨越物与邻近塔位水平距离等的测量，完成线路复测。根据设计杆塔型式和基础根开（正面、侧面）、对角线（包括基坑远点、近点、中心点）及坑口尺寸等项目进行基坑放样，确定最终的基坑位置。

一、线路复测

（1）线路复测的任务是核对设计单位提供的杆塔明细表内容，为基础施工做好准备，也为基础工程质量检查创造条件。

（2）线路复测的主要项目有：中心桩、档距、塔位高程、被跨越物、线路转角、桩位移。

（3）线路复测前，施工人员必须熟悉设计提供的路径图、平断面图、杆塔明细表、杆塔图、基础图等有关资料；熟悉沿线交通、地形情况；拟定复测顺序，做好人员分工，准备好复测记录表格。

（4）线路复测的内容及标准：

1）档距：与设计档距偏差≤1%；

2）高差：与设计标高偏差≤0.5m；

3）转角：与设计转角偏差≤1′30″；

4）直线桩（塔位桩）横线路偏移：偏差≤50mm；

5）地形突起点高程：偏差≤0.5m；

6）被跨越物与邻近塔位水平距离：1%；

7）塔位及被跨越物高程：偏差≤0.5m。

二、基坑放样

（1）仪器配置：经纬仪或全站仪、水平仪、花杆、塔尺、钢尺、木桩、记号笔等。

（2）基坑放样前必须编制分坑尺寸明细表，明确杆塔型式、基础根开、对角线及坑口尺寸等项目。对于终端塔、转角塔、换位塔等特殊杆塔，应根据设计单位规定的中心桩位移值及位移方向列出明细表。

（3）必须在路径复测确认无误后，才可开始分坑测量。

（4）分坑时应设置用于质量控制及施工测量的辅助桩，对于施工中不便于保留的中心桩，应在基础外围设置辅助桩，并保留原始记录。

（5）分坑前应清除山坡上方的松动岩石和危石。如不能清除时应做好标记，留待基坑作业人员清理。

（6）掏挖基础及岩石基础分坑前必须将地表浮土、松石及其他杂物清除干净，地面应平整。

（7）对于转角、终端杆塔基础的分坑特别要注意线路转角方向桩必须辨认正确，要区分线路方向桩及分角线桩，不得混淆；分坑应区别上拔腿基础和受压腿基础的位置，不得颠倒。

（8）普通基础分坑和开挖检查项目和允许误差：

1）基坑中心根开及对角线尺寸：±0.2%；

2）基础坑深：+100mm，−50mm。

（9）岩石、掏挖、挖孔基础分坑和开挖检查项目和允许误差：

1）基坑中心根开及对角线尺寸：±0.2%；

2）基础坑深：+100mm，0mm（交流）；不小于设计值（直流）。

开挖回填基础施工技术

一、简述

特高压线路工程开挖回填基础的立柱有直立式和斜柱式，底板有刚性和柔性两种型式。采用柔性底板的开挖回填基础，分为直柱柔性板式基础（包含台阶底板基础与锥形底板基础）、斜柱柔性板式基础（包含台阶底板基础与锥形底板基础）。直柱基础的特点是塔脚传递横向和纵向水平力较大，相应混凝土的体积和配筋较多；而斜柱基础的特点是立柱倾斜，塔腿轴向拉力或压力由斜柱承受，塔脚传给基础顶面的横向及纵向水平力大幅降低，立柱承受的弯矩和基础底板承受的倾覆弯矩较小，因而斜柱基础钢筋及混凝土量较直柱基础小，是铁塔基础较为经济的一种形式。但斜柱基础施工工艺较为复杂，需要设置定位模板。刚性基础为台阶高宽比不小于 1.0，基础底板内不配置受力钢筋的混凝土基础。该基础特点为：施工简单、周期短和耗钢量小，但其混凝土用量明显偏高，相应运输成本较大，综合造价较高，特高压工程通常较少采用。基础与铁塔的连接方式有两种：插入式钢管和地脚螺栓式。具体如图 4−1～图 4−4 所示。

开挖回填基础适用条件：此基础型式主要用于地形平缓、地下水较深等地质和交通条件较好的塔位。开挖回填基础优点是造价低，质量易控制。对于河网地区，往往是配合桩基础组合使用。

二、工艺流程

开挖回填基础通常又称为"大开挖基础"，该基础适用于回填土、砂土、粉土及黏土地质条件中。开挖基础施工工艺流程如图 4−5 所示。

图 4-1　直柱柔性台阶底板式基础图

图 4-2　直柱柔性锥形底板式基础

图 4-3　斜柱柔性台阶底板式基础

图 4-4　斜柱柔性锥形底板式基础

三、施工方法

根据现场运输、地质条件，综合工器具配备及人员技能等因素，选择现场可实施的施工方法。大开挖基础可以考虑的施工方法如下：

（1）基坑开挖需采用机械开挖方式，对于不同的土质，开挖时应按规定保留一定的边坡度，以防坑壁坍塌。开挖泥水坑时，应根据基坑渗水量采用排水设备；对于较深的泥水坑，需采用挡土板等辅助措施；开挖流沙坑时，需采用井点降水或沉井排水等措施。对于不允许爆破的岩石基坑开挖，可采用挖掘机配备破碎锤，先破碎后挖掘。冬期施工时，已开挖的基坑底面应有防冻措施。

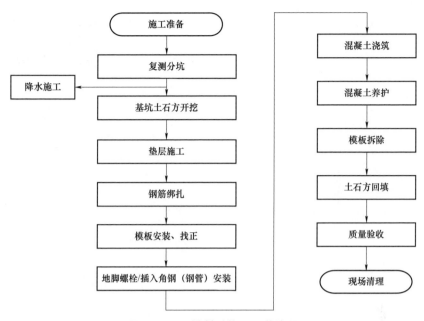

图 4-5 开挖基础施工工艺流程

（2）基坑开挖辅助措施：放坡、挡土板支护、井点降水、沉井排水、U 形钢板桩支护等。

（3）模板安装包括模板拼装、吊装、坑内调整、加固支撑、地脚螺栓定位。

（4）模板安装需根据基础的部位、几何尺寸、高度进行核算，一般分为组合式模板和整体式模板，材质分为钢模板、竹胶模板和玻璃钢复合模板。模板通常是通过搭设脚手架进行固定。

（5）钢筋的加工和安装：钢筋弯钩加工、钢筋绑扎、主筋连接方式（焊接、直螺纹机械连接），保护层垫块安装。

（6）地脚螺栓/插入角钢（钢管）安装固定方法：地脚螺栓式采用地脚螺栓支撑架固定、插入角钢（钢管）需要浇筑固定底座；安装地脚螺栓/插入角钢（钢管）；调整高差、根开、扭转、倾斜；固定。

（7）混凝土浇筑与振捣：采用现拌混凝土、商品混凝土浇制等，混凝土应分层振捣。

（8）养护：及时进行保湿养护，可采用洒水、覆盖薄膜保湿、喷涂养护剂、冬季储热养护等方法。

（9）拆模：待混凝土强度符合要求后，采取先支的后拆、后支的先拆，先拆非承重模板、后拆承重模板的顺序，并应从上而下进行拆除。

（10）回填：分层夯实、坑口应筑防沉层、恢复原状地貌。

四、质量要求

开挖回填基础施工质量控制如表 4-1 所示。

表 4-1 开挖回填基础施工质量控制表

地脚螺栓基础	角钢（钢管）插入基础
1. 基础埋深：+100mm，−50mm。 2. 立柱及各底座断面尺寸：−1%。 3. 钢筋保护层厚度：−5mm。 4. 基础根开及对角线：一般塔±2‰，高塔±0.7‰。 5. 基础顶面高差：5mm。 6. 同组地脚螺栓对立柱中心偏移：10mm。 7. 整基基础中心位移：顺线路方向 30mm，横线路方向 30mm。 8. 整基基础扭转：一般塔 10′，高塔 5′。 9. 地脚螺栓露出混凝土面高度：+10mm，−5mm	1. 基础埋深：+100mm，−50mm。 2. 立柱及各底座断面尺寸：−1%。 3. 钢筋保护层厚度：−5mm。 4. 基础根开及对角线：一般塔±1‰，高塔±0.7‰。 5. 主角钢（钢管）抄平印记间高差：5mm。 6. 插入角钢形心对设计值偏移：10mm。 7. 整基基础中心位移：顺线路方向 30mm，横线路方向 30mm。 8. 整基基础扭转：一般塔 10′，高塔 5′。 9. 主角钢（钢管）倾斜率：设计值的 3%

五、安全注意事项

（1）坑深超过 5m 需制定专项方案并组织专家论证。

（2）开挖放坡坡度根据土质情况控制，防止坍塌。

（3）地下水位较高地区，合理确定降水方案（明排水、降水井、井点等）。一般土质条件下弃土堆底至基坑顶边距离≥1m，弃土堆高≤1.5m，垂直坑壁边坡条件下弃土堆底至基坑顶边距离≥3m，软土场地的基坑边则不应在基坑边堆土。土方开挖过程中必须观测基坑周边土质是否存在裂缝及渗水等异常情况，适时进行监测。

（4）挖土区域设警戒线，各种机械、车辆严禁在开挖的基础边缘 2m 内行驶、停放。

原状土掏挖基础施工技术

一、简述

原状土掏挖基础是利用人工（或机械）在天然土中直接挖（钻）形成基坑，将钢筋骨架支立于坑内后浇筑混凝土而成的基础。该基础的特点是混凝土浇制后，紧贴基础周围的原状土全部或大部分不被破坏，无须支模，无须回填，是目前特高压线路工程常用基础之一。原状土掏挖基础分为全掏挖基础和半掏挖基础两类。图4-6、图4-7分别为旋挖钻机基础成孔和人工掏挖基础成孔。

图4-6　旋挖钻机基础成孔　　　　　图4-7　人工掏挖基础成孔

原状土基础适用条件：主要适用地质条件较好黏性土和强风化岩石，无地下水，开挖时易形成不坍塌的土质。原状土掏挖基础优点是减少边坡破坏，提高地基的稳定性；主柱配置钢筋，减小基础断面尺寸，节省材料量；开挖量小，模板使用量小，节省投资；降低开方和弃渣对地表植被的破坏和污染。

二、工艺流程

原状土掏挖基础施工工艺流程如图4-8所示。

三、施工方法

（1）原状土基础施工是利用人工（或机械）在天然土中直接挖（钻）成所需要的基坑，将钢筋骨架支立于坑内后直接浇筑混凝土而成。

（2）挖孔时，应保证岩石整体性不受破坏，并及时清除坑内石粉、浮土及孔壁松散的活石。

（3）人工挖孔时根据土质情况和设计要求制作护壁，基础成孔后，设计应逐基验槽。

（4）挖孔过程中，应保证孔的垂直度（斜度）、孔直径、插入角钢（钢管、地脚螺栓）倾斜度和高差、根开尺寸、基础高差、基坑地质与设计一致。

（5）坑模成型后，应及时浇灌混凝土，否则应采取防止土体塌落的措施。

四、质量要求

原状土掏挖基础施工质量控制如表4-2所示。

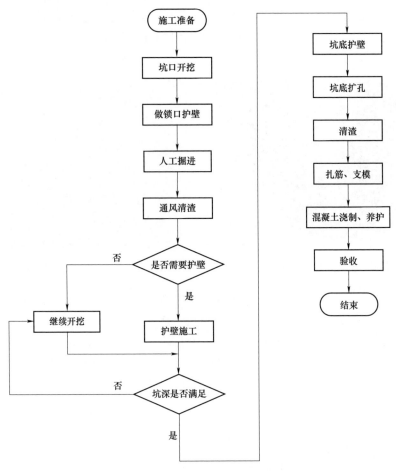

图4-8 原状土掏挖基础施工工艺流程

表4-2 原状土掏挖基础施工质量控制表

地脚螺栓基础	角钢（钢管）插入基础
1. 桩深：+100mm，0mm（交流）、−50mm（直流）。 2. 桩径：不得小于设计值（交流、直流人工挖孔桩）、−1%（直流半掏挖基础、掏挖基础、岩石嵌固基础）。 3. 钢筋保护层厚度：−5mm（交流、直流半掏挖基础、掏挖基础、岩石嵌固基础），−10mm（直流人工挖孔桩）。 4. 基础根开及对角线：一般塔±2‰，高塔±0.7‰。 5. 基础顶面高差：5mm。 6. 同组地脚螺栓对立柱中心偏移：10mm。 7. 整基基础中心位移：顺线路方向30mm，横线路方向30mm。 8. 整基基础扭转：一般塔10′，高塔5′。 9. 地脚螺栓露出混凝土面高度：+10mm，−5mm	1. 桩深：+100mm，0mm（交流）、−50mm（直流）。 2. 桩径：不得小于设计值（交流、直流人工挖孔桩）、−1%（直流半掏挖基础、掏挖基础、岩石嵌固基础）。 3. 钢筋保护层厚度：−5mm（交流、直流半掏挖基础、掏挖基础、岩石嵌固基础），−10mm（直流人工挖孔桩）。 4. 基础根开及对角线：±1‰。 5. 主角钢（钢管）抄平印记间高差：5mm。 6. 插入角钢形心对设计值偏移：10mm。 7. 整基基础中心位移：顺线路方向30mm，横线路方向30mm。 8. 整基基础扭转：一般塔10′，高塔5′。 9. 主角钢（钢管）倾斜率：设计值的3‰（交流、直流直线塔）、2‰（直流转角塔、直流高塔）

五、安全注意事项

（1）施工前做好有害气体检验和坑内通风。

（2）坑内照明采用 24V 及以下安全电压。

（3）在扩孔范围内的地面上不得堆积土方。

（4）设置盖板或安全防护网，防止落物伤人。

（5）规范设置供作业人员上下基坑的安全通道（梯子）。

（6）开挖深度大于 5m 时：配备良好通风设备，设置安全监护人和上、下通信设备。

（7）爆破施工应委托具有相关资质的专业施工单位施工。

（8）采用人工掏挖时推荐使用深基坑作业一体机。

岩石锚杆基础施工技术

一、简述

岩石锚杆基础是指把锚筋用砂浆锚固于岩石孔内，借岩石本身、岩石与砂浆间和岩石与锚筋间的黏结力来抵抗杆塔传来的外力的基础。

岩石锚杆基础可分为直锚式与承台式（特高压输电线路工程选用），适用于未风化或微风化、中风化的硬质岩石地区。岩石锚杆基础优点：抗上拔、抗下压的强度高，安全可靠，较其他任何基础型式土石方量最小，钢筋量、混凝土方量小，施工方便、造价低，环境影响最小。具体如图 4-9 所示。

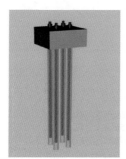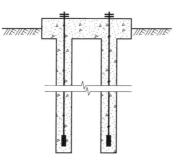

图 4-9 岩石锚杆基础

二、工艺流程

岩石锚杆基础施工工艺流程如图 4-10 所示。

三、施工方法

承台开挖采用机械开挖或爆破施工，锚杆孔采用机械钻孔成孔，孔内沉渣和浮尘采用高压空气或水洗法清除。将锚杆（包括地脚螺栓、锚筋）置于钻凿成型的岩孔内，通过细石微膨胀混凝土在岩孔内的胶结，使锚筋与岩体结成整体的岩石锚杆基础。

1. 钻机选择

（1）岩石锚杆钻机的技术性能应符合锚杆基础孔径、深度、岩石硬度等的需求。输电线路常用岩石锚杆钻机型式及参数应符合规范要求。

（2）施工前，应进行钻孔、注浆的试验性作业，考核施工工艺和施工设备的适应性。

2. 基面清理

（1）施工基面宜采用人工方式清理，当采用爆破方式时，不应破坏施工基面完整性。

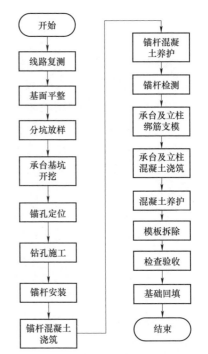

图 4-10 岩石锚杆基础施工工艺流程

（2）基面清理过程中，应采用经纬仪随时观测各基础腿工作面与中心桩之间高差，以及各基础腿工作面之间相对高差。

（3）当不易标记孔位或锚孔孔口难于成形时，可在钻孔工作面上浇筑砂浆层，达到强度后在砂浆层上标记钻孔位置。

3. 钻机就位

（1）清理基面后，首先定位各塔腿中心及各锚孔中心，之后根据钻机底盘固定孔的位置，在岩石上开凿相应数量的锚固孔。

（2）将钻机底盘移至锚固孔上方，利用膨胀螺栓和调节垫板将钻机底盘调平固定。

（3）钻机各部的气路，油路胶管连接应牢固，并使胶管合理弯曲。

（4）组装过程中，对油缸、钻杆、钻架等易变形部件应采取防护措施。

（5）完成组装后，由机械操作手检查设备各部位安装是否正确、牢靠。

（6）钻孔前，须根据岩石硬度选择适用钻头。

4. 钻孔施工

（1）设备检查：钻孔前，由机械操作手检查设备油路、气路连接是否可靠，钻架、钻杆、钻头安装是否正确，确认无误后启动钻机进行空钻、冲击等动作，同时观察液压系统及空气压缩机指示压力，确保其工作正常。

（2）钻头定位：调节钻机钻架斜拉杆，使钻架及钻杆垂直，之后调整钻机底架水平位置，通过立柱上的定心器将钻头对准待钻挖锚孔。

（3）钻机启动：启动发动机，下降冲击器，在接近工作孔位前开始送风，冲击器开始工作。

（4）开孔：成孔前，将所有锚孔钻至 100mm 左右，完成开孔；钻头进入岩层后须注意控制推进和回转速度，确保开孔良好。

（5）成孔：开孔结束后即可进行所有锚孔的成孔作业。成孔过程中，应随时观察钻杆是否处于垂直状态，如发生偏移，应停机处理；当一节钻杆（一般为 1m）行程结束后，进行下一根钻杆的连接，之后重复进行钻杆连接直到完成钻孔施工；续接或撤除钻杆时，钻杆过渡接头须用专用扳手卡死，在钻杆续接或撤除完毕之前，不能将扳手撤离。

（6）清孔：完成一个锚孔后停止钻进，向孔底送风并延续 5~10min，直至孔口无明显沙尘吹出，完成清孔；向上提升钻具，逐节拆除钻杆，直至全部钻具提出孔外；清孔后用覆盖物将该孔覆盖，防止异物落入及后续施工污染。

（7）移机：一个基础腿的锚孔全部完成后，移开锚杆钻机，清理基面四周的粉尘和碎石。将锚杆钻机移至其他基础腿，重复钻孔、清孔，直至完成基础内所有锚孔。

5. 成孔保护

锚孔成孔后、浇筑前，应采取保护措施，防止异物落入。

6. 锚杆安装与找正

（1）锚杆（锚筋或地脚螺栓）插入前，应对其直径、长度、焊接及外观质量等项目进行核查。

（2）锚杆插入锚孔时，应防止其碰坏孔口，并注意防止杂物进入孔内。

（3）安装锚杆时，不得影响正常的注浆作业。

（4）锚杆的埋入深度不得小于设计值，安装后应有临时固定措施。

7. 细石混凝土（砂浆）浇筑

（1）根据设计强度要求进行细石混凝土（砂浆）的配合比设计，配合比执行 JGJ 55、JGJ 98 之规定。

（2）细石混凝土（砂浆）原材料的检查、检验应遵循 GB 50204 之规定。

（3）浇筑前，应检查孔内有无残渣或杂物，孔洞内壁应保持湿润（必要时洒水湿润）。

（4）地脚螺栓的螺纹部分在浇筑前应进行保护，防止污染。

（5）向孔内注浆一般为无压力注浆，边灌注，边用捣固钎捣实，并确保从孔内顺利排水、排气。

（6）细石混凝土或砂浆应搅拌均匀，随搅拌随用，并在初凝前用完，不得使用已初凝的浆液，并应防止石块、杂物混入。

（7）计算核实混凝土（砂浆）灌注量，灌注体积要与锚孔实际体积相符，否则应查明原因并处理。

（8）浇筑后不得敲击锚杆杆体，也不得在杆体上悬挂重物。

8. 承台施工

（1）承台浇筑应在锚杆验收合格后进行。

（2）承台浇筑前应对地脚螺栓的规格进行检查，确认其符合图纸规定。

（3）雨雪天气不宜露天浇筑混凝土，当需浇筑时，应采取有效措施，确保混凝土质量。

（4）地脚螺栓及样板安置于承台模板上，依据设计尺寸对承台模板和地脚螺栓样板进行找正、固定。

（5）即将完成浇筑时，应核查地脚螺栓位置。

（6）承台拆模后应无露筋、孔洞、麻面等缺陷，如有缺陷应按设计要求和规范规定处理。

（7）承台部分的混凝土试块制作及养护应遵循 GB 50233 之规定。

9. 基础养护

（1）锚孔内细石混凝土（砂浆）采用自然养护。

（2）在 30 日内，基础附近不允许进行爆破或其他对基础造成影响的作业。

（3）养护期内要保护锚杆外露部分。后续工序施工时应避免碰撞地脚螺栓、基础表面。

四、质量要求

岩石锚杆基础施工质量控制如表 4-3 所示。

表 4-3　　　　　　　　　　岩石锚杆基础施工质量控制表

地脚螺栓基础	角钢（钢管）插入基础
1. 承台基础埋深：+100mm，0mm（交流）、-50mm（直流）。 2. 锚杆埋深：+100mm，0mm。 3. 锚杆孔径：+20mm，0mm。 4. 垂直度：小于设计锚孔深度的1%。 5. 锚孔间距：±20mm（直锚式）、±100mm（承台式）。 6. 底板、立柱断面尺寸：不小于设计值（交流）、-1%（直流）。 7. 基础根开及对角线：一般塔±2‰，高塔±0.7‰。 8. 基础顶面高差：5mm。 9. 同组地脚螺栓对立柱中心偏移：10mm。 10. 整基基础中心位移：顺线路方向30mm，横线路方向30mm。 11. 整基基础扭转：一般塔10′，高塔5′。 12. 地脚螺栓露出混凝土面高度：+10mm，-5mm	1. 承台基础埋深：+100mm，0（交流）、-50mm（直流）。 2. 杆孔埋深：+100mm，0mm。 3. 锚杆孔径：+20mm，0mm。 4. 垂直度：小于设计锚孔深度的1%。 5. 锚孔间距：±20mm（直锚式）、±100mm（承台式）。 6. 地板、立柱断面尺寸：不小于设计值（交流）、-1%（直流）。 7. 基础根开及对角线：一般塔±2‰，高塔±0.7‰。 8. 主角钢（钢管）抄平印记间高差：5mm。 9. 插入角钢形心对设计值偏移：10mm。 10. 整基基础中心位移：顺线路方向30mm，横线路方向30mm。 11. 整基基础扭转：一般塔10′，高塔5′。 12. 主角钢（钢管）倾斜率：设计值的3‰（交流、直流直线塔）、2‰（直流转角塔、直流高塔）

五、安全注意事项

（1）风管控制阀操作架应加装挡风护板，并应设置在上风向。风管不得弯成锐角，风管遭受挤压或损坏时，应立即停止使用。进出风管不得有扭劲，连接必须良好。吹气清洗风管时，风管端口不得对人。

（2）装拆钻杆时，操作人员站立的位置应避开风电动回转机和滑轮箱。

（3）钻机和空压机操作人员与作业负责人之间的通信联络应清晰畅通。

（4）钻孔前应对设备进行全面检查。钻机工作中如发生冲击声或机械运转异常时，必须立即停机检查。

（5）钻孔时，现场作业人员应佩戴防尘面罩、防噪声耳塞。

桩 式 基 础 施 工

一、简述

桩基础是用承台或梁将桩联系起来以承受基础以上荷载的一种基础型式。桩基是由桩和与桩顶联结的承台共同组成的基础或由柱与桩直接联结的单桩基础，包含基桩、承台或柱。

桩基础按结构布置分为单桩和群桩基础，按埋设特点分为低桩和高桩基础。具体有：低单桩、高单桩、高桩框架、低桩承台、高桩承台。承台底面位于设计地面以下与土体接触，则称为低承台桩基；承台底面位于设计地面以上则称为高承台桩基。

桩基础按成桩方法分为非挤土桩、挤土桩两类。其中非挤土桩在特高压线路工程较为常用：包含干作业法钻（挖）孔灌注桩（一般用于桩径小于0.8m）、泥浆护壁法钻（挖）孔灌注桩（一般用于桩径0.8m以上）、套管护壁法钻（挖）孔灌注桩。挤土桩包含挤土灌注桩、打入（静压）预制桩（PHC管桩）。

特高压线路工程桩基础施工中普遍采用混凝土桩，包括预制桩和灌注桩。其中预制桩按施工方法分为锤击桩、振动桩和压桩；灌注桩按成孔方法分为钻孔灌注桩、冲击灌注桩等。

不同桩型的适用条件：

（1）预制桩基础一般为工厂集中预制，然后运至桩位施工。适用于平地、河网泥沼地形。适用于基岩埋藏深、软弱土层及风化残积土层厚的地质条件，宜选择强风化岩或全风化岩、坚硬黏性土、密实砂土等岩土层作为桩端持力层。

（2）泥浆护壁钻孔灌注桩宜用于地下水位以下的黏性土、粉土、砂土、填土、碎石土及风化岩层。

（3）冲击灌注桩除宜用于黏性土、粉土、砂土、填土、碎石土及风化岩层等地质情况外，还能穿透旧基础、建筑垃圾填土或大孤石等障碍物。

（4）干作业钻、挖孔灌注桩宜用于地下水位以上的黏性土、粉土、填土、中等密实以上的砂土、风化岩层。

钻孔灌注桩基础施工如图 4-11 所示，预制管桩（PHC 管桩）基础施工如图 4-12 所示。

图 4-11　钻孔灌注桩基础施工

图 4-12　预制管桩（PHC 管桩）基础施工

二、工艺流程

机械钻(冲)孔灌注桩基础、PHC 管桩基础施工工艺流程如图 4-13、图 4-14 所示。

三、施工方法

（一）机械钻（冲）孔灌注桩基础施工方法

1. 护筒埋设

护筒埋设工作是钻孔灌注桩施工的开端，护筒平面位置与竖直度准确与否，对成孔、成桩的质量都有重大影响，护筒一般采用钢板卷制，应有足够刚度。护筒的位置应正确、垂直、稳定。护筒周围应用黏土分层回填夯实，防止漏水。

（1）钢护筒内径根据护筒长度、埋设的垂直度和钻机的性能等因素确定，并不宜大于设计桩径 300mm；钢护筒壁厚一般要求为直径的 1/100～1/80。

（2）钢护筒长度一般约为 2.0m，护筒的埋设深度不宜小于 1.5m，护筒顶端高出地面不小于 200mm。

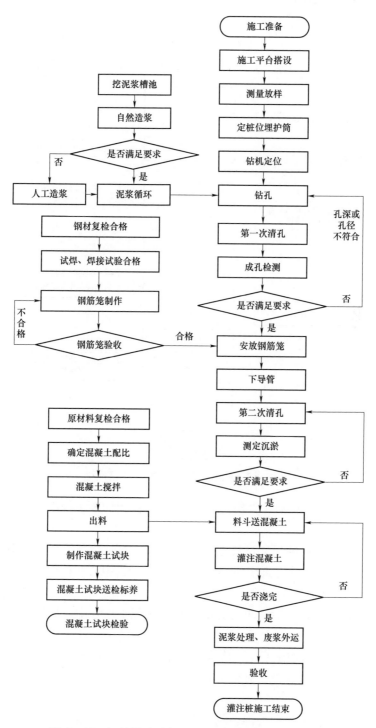

图 4-13　机械钻（冲）孔灌注桩基础施工工艺流程

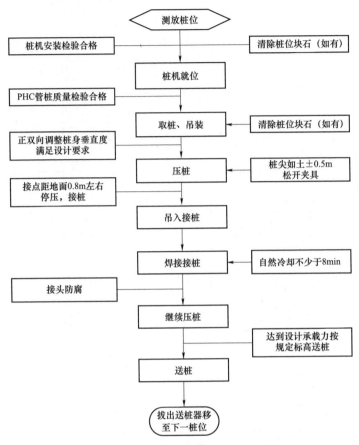

图 4-14 PHC 管桩基础施工工艺流程

（3）钢护筒就位以后，将护筒周围 1.0m 范围内的砂土挖出，夯填黏性土至护筒底 0.5m 以下。

（4）护筒由钻机使用"吊线法"埋设安放，同时检查垂直度及中心偏位是否符合要求：钢护筒的垂直度偏差不大于 1%，护筒中心和桩位中心偏差不得大于 50mm。

（5）钢护筒埋设好后，填土夯实。并且在施工过程中，如遇松动，要不断进行填土夯实。

（6）群桩钢护筒控制要求：单排桩、边桩水平位置偏差不大于 50mm，群桩中间桩水平位置偏差不大于 100mm。

2. 泥浆制备

泥浆是黏土和水拌和的混合物。在钻孔时，由于泥浆比重大于水的比重，故可产生静压力，并且在孔壁外形成一层泥皮，保护孔壁，隔断孔内外水流，防止坍孔；泥浆除护壁外，还具有悬浮钻渣，润滑钻头和减少钻进阻力等作用，故在泥浆的配制上要引起足够的重视。

（1）技术指标及原料性能要求。

调制钻孔泥浆时，应根据钻孔方法和地质情况采用不同的性能指标。一般选塑性指数大于 25mm、小于 0.005mm 的黏粒含量大于 50%的黏土即可；当缺少适宜的黏土时，可用略差的黏土并掺入 30%的塑性指数大于 25mm 的黏土；若采用砂黏土时，其塑性指数不宜小于 15mm、大于 0.1mm 的颗粒不宜超过 6%。

（2）泥浆拌制。

采用砂浆拌和机时，可在拌和机中加适量的水，开动拌和机，再加适量的浸泡过的黏土进行拌制；采用人工拌制时，先将黏土加水放入制浆池中浸泡，以人工进行拌制；也可直接在孔内投放黏土，利用锥头冲击或回转制造成泥浆。

（3）泥浆回收与净化。

泥浆在使用过程中，由于土渣和电解质离子的混入，其性质会逐渐恶化，不能再利用，需要舍弃或再生处理。对于循环式钻孔成孔的泥浆，要求回收利用，循环使用。泥浆处理采用机械净化法。对于多于或不能使用的泥浆采用特殊运输设备运出工地现场处理。

（4）泥浆的质量控制。

泥浆质量的控制主要包括原材料质量控制、新拌制泥浆质量控制、浆池泥浆质量控制孔内泥浆质量控制、回收泥浆质量控制等。控制方法为制定管理制度，并设置专职泥浆检验人员负责各环节质量检测。

3. 钻孔

（1）机械钻孔。

1）钻机就位前，应对钻孔前的各项准备工作进行认真检查，包括主要机具设备的检查、维修和零部件的更换，尤其是要检查钻机所用的钢丝绳和钻机顶部的滑车，确保钻孔顺利。

2）根据地质资料，尽量每桩绘制钻孔处地质剖面图，挂在钻机上，以便对每个钻孔的不同土层选用不同的钻头、钻进速度和适当的泥浆。

3）成孔时钻机定位应准确、水平、稳固，钻机回转中心与护筒中心的允许偏差不大于 20mm。

4）采用多台钻机同时施工时，相邻两钻机不宜过近。在相邻混凝土刚浇注完毕的邻桩旁成孔施工，其时间间隔不宜小于 4d，最少不应少于 36h。

5）初钻时因低档慢速钻进，使护筒刃脚处形成坚固的泥皮护壁。在钻至护筒刃脚下 1m 后，可根据土质情况以正常速度钻进。在钻进过程中，应根据不同地质条件，随时检查泥浆指标。

6）钻具下入孔内，钻头应距离孔底渣面 50～80mm，同时开动泥浆泵，使冲洗液循环 2～3min。然后开动钻机，慢慢将钻头放到孔底，轻压慢转数分钟后，逐渐增加转速和增大钻压，并适当控制钻速。

7）加接钻杆时，应先将钻具稍提离开孔底，待冲洗液循环 3～5min 后，再拧卸加接钻杆。

8）钻进过程中，应防止扳手、管钳、垫叉等金属工具掉落孔内，损坏钻头。

9）如果护筒底土质松软出现漏浆，可提起钻头，向孔内倒入黏土块，再放入钻头倒转，使胶泥挤入孔壁堵塞漏浆空隙，稳住泥浆后继续钻进。

10）钻进作业必须连续，升将锥头要平稳，不得碰撞护筒或孔壁，拆装钻杆力求迅速。

（2）机械冲孔。

1）冲击钻就位：冲击钻对准护筒中心，要求偏差不大于±20mm，开始低垂密击，锤高 0.4～0.6m，并及时加块石和黏土泥浆护壁。泥浆密度及冲程：护筒中及护筒脚下 3m 以内泥浆密度取 1.1～1.3t/m³，冲程 0.9～1.1m；以下取 1.2～1.4 t/m³。至孔深达护筒下 3～4m 时，加快速度，加大冲程，将锤高提高至 1.5～2.0m 以上，转入正常连续锤击。

2）冲孔时及时测定和控制泥浆密度，每冲击 1～2m 应排渣一次，并定时补浆，直至设计深度。

3）在钻进过程中每 1～2m 要检查一次成孔的垂直度情况。如发现偏斜应立即停止钻进，采取措施进行纠偏。对于变层处和易发生偏斜的部位，应采取低锤轻击、间断冲击的办法穿过，以保持孔形良好。

4）在冲击钻进阶段应注意始终保持孔内水位高过护筒底口 0.5m 以上，同时孔内水位高度应大于地下水位 1m 以上。

（3）钻孔常见问题及处理。具体如表 4-4 所示。

表 4-4　　　　　　　　　钻孔常见问题及处理表

常见问题	主要原因	处理方法
在黏土层中钻进进尺缓慢，憋泵	泥浆黏度过大	调整泥浆性能
	给压过大，孔底钻渣未能及时排出	调整钻进参数
	糊钻或钻头有泥包	调整冲洗液密度和黏度
在砂砾层中钻进进尺缓慢	冲洗液上返流速小	加大泵量，增大上返流速
	钻渣未能及时排出	每钻进 4～6m，专门清渣一次
	钻头磨损严重	修复或更换钻头

常见问题	主要原因	处理方法
钻头跳动大，回转阻力大，切削具崩落	孔内有大小不等的砥石、卵石	用冲抓锥捞除
	孔内有杂填的砖块、石头	可用冲击钻头破碎或挤压石块通过这类地层

4. 钢筋笼制作

（1）钢筋骨架长度受起吊高度限制时可分段制作，其分段的段数和长度根据钻机的钻架高度、所用钢筋的长度和桩长而定。一般情况下，钢筋笼间的主筋的连接采用机械连接方式。机械连接时，在同一截面内钢筋接头数不得多于主钢筋总数的 50%，两接头间距按施工图要求执行。

（2）钢筋笼制作场地选择在孔附近平坦地面上，设置专门堆放加工制作区域，并配好相应的照明、发电和焊接设备。

（3）钢筋笼制作顺序为先将主筋等间距布置在专用的钢筋绑扎支架上，保证每节钢筋笼主筋位置一致，待固定住架力筋（加强筋）后，再按照规定的间距布置箍筋。箍筋、架力筋与主筋之间的焊接采用点焊。

（4）钢筋笼加固措施，为防止钢筋笼在制作、吊装过程中产生变形，在钢筋笼适当间隔处布置架立筋，并与主筋焊接牢固，以增大钢筋笼刚度，吊点位置要求设置在加固处。

（5）钢筋笼保护层的制作和控制：为确保保护层的厚度，防止钢筋锈蚀，应在钢筋骨架周围主筋上设置护板，除设置除护板外，施工方可根据自己的施工经验采取其他有效的措施以保证保护层厚度，可在钢筋骨架周围主筋上每层隔适当距离对称设置混凝土垫块或靠孔壁垂吊钢管。

（6）钢筋笼下沉与连接。

钻孔完成后进行成孔检测，检查桩孔直径、深度、垂直度和孔底沉渣厚度情况，其偏差不应大于规定的允许偏差数值。成孔检测，并经监理确认，合格后方可进行钢筋笼下沉。

钢筋笼下沉要求对准孔位、平稳、缓慢进行，避免碰撞孔壁。到位后，立即固定。钢筋笼吊放采用吊车或吊车配合钻机分段接长法放入孔内。即将第一段钢筋笼放入孔内，利用其上部架力筋和两道插杠，暂时固定在钢护筒上，此时主筋位置要求正确、立直。然后吊起第二段钢筋笼，对准位置后采用直螺纹对接。以此类推，逐段下沉。待钢筋笼安设完毕后，一定要检测确认钢筋笼的总长度，要符合设计图纸要求。

（7）钢筋笼固定。

最后一段钢筋笼连接好下沉后，应计算钢筋笼长度和底部高程是否符合质量标准，同时将钢筋笼稍微上提使之处于悬空状态，确保钢筋笼保持对中，最后再将钢筋笼上部与钻机地盘焊接牢固，防止下沉或上浮。

（8）钢筋笼制作安放允许偏差。

1）制作允许偏差值：主筋间距±10mm；箍筋间距±20mm；钢筋笼直径±10mm；钢筋笼长度±50mm。

2）安放允许偏差：钢筋笼定位高程+50mm；钢筋笼中心与孔中心+10mm。

3）连接要求：同根钢筋接头的间距应大于7.5m，同一截面的接头数应少于主筋50%，相邻主筋的接头间距应大于钢筋直径的35倍。

5. 清孔

（1）清孔主要有正循环法、泵吸反循环法、气举反循环法、捞渣法等，依据目前的成孔技术，大多采用正循环法或泵吸反循环清孔法进行浮渣、排渣和清孔。

（2）清孔过程中，必须及时补给足够的泥浆，并保持浆面稳定。

（3）浇筑混凝土前，应进行二次清孔，第二次清孔后的平均沉淤厚度应<50mm。在测得沉淤厚度和泥浆密度符合规定后半小时内必须灌注混凝土，且应连续灌注直至桩完成。

（4）沉渣处理可分为以粗粒土为对象的一次处理和以超细粒土为对象的二次处理。在沉渣处理完后，再一次测量至孔底的深度，并于成孔结束后的测定值相比较，以此来确定沉渣处理效果。

6. 插入导管

（1）开工前要对导管进行试拼装、试压，试水压力为0.6～1.0MPa，不漏水为合格。

（2）插入导管时，导管应垂直插入，避免导管碰撞钢筋笼。导管接头时，清除接头上粘着的混凝土和泥土，使用完好无损密封垫圈，确保所有的法兰螺丝紧固到位、受力均匀。导管底部至孔底的距离宜为300～500mm。

7. 水下混凝土灌注

（1）水下灌注混凝土必须具有良好的和易性，配合比应通过试验确定，坍落度宜为180～220mm。

（2）粗骨料宜用粒径5～40mm连续级配的石料。钢筋混凝土导管灌注时，其最大粒径不得大于钢筋最小净距的1/3，且不大于5cm。

（3）在灌入首斗混凝土浇注前，应在灌斗与导管连接处布置隔水塞，隔水塞可采用气球或沙袋等。混凝土灌入前先在灌斗内灌入0.1～0.2m³的1:1.5水泥砂浆，然后再灌入混凝土，首次灌注量不小于1.5m³（根据不同的桩径确定首斗灌注量），保证导管一次埋入混凝土灌注面不应少于 0.8m。

（4）混凝土灌注过程中导管应始终埋在混凝土中，严禁将导管拔出混凝土表面。导管埋入混凝土面的深度 2~6m 为宜，最小埋入深度不得小于 2m，也不宜过长，导管应勤提勤拆。

（5）混凝土灌注桩中应经常测定和控制混凝土面上升情况，当混凝土灌注达到规定标高时，应经测定确认符合要求方可停止灌注。

（6）混凝土实际灌注高度应比设计桩顶标高高出 500mm。

（7）混凝土灌注完毕后，应及时割断吊筋、拔出护筒、清除孔口泥浆和混凝土残浆。桩顶混凝土面低于自然地面高度的桩孔应即回填或加盖。

（8）当气温低于 0℃时，浇筑混凝土应采取保温措施，浇筑时的混凝土温度不应低于 3℃。当气温高于 30℃时，应根据具体情况对混凝土采取缓凝措施。

8. 桩基检测

灌注桩基础由于埋置较深，应有一定的检测手段以检验桩身的完整性和承载力，每根基桩均应采用低应变法检测完整性；并采用高应变方法抽检基桩承载力，抽检数量不少于总桩数的 5%且不应少于 5 根，当总桩数少 20 根时不得少于 2 根。

9. 地脚螺栓及预埋件位置的固定

（1）地脚螺栓的组装，应确保其中心位置及地脚螺栓根开尺寸正确，地脚螺栓顶点必须保证在同一水平面上。

（2）地脚螺栓及预埋件组装后，必须进行整体固定。锚固钢板和托架焊接固定牢固，螺栓上必须设置斜撑，固定在托架上；上部定位钢板，必须和模板支撑横杆进行固定。

（3）地脚螺栓固定后，进行承台钢筋的绑扎，在浇捣混凝土前进行复核，发现偏差应及时进行纠正；在浇捣混凝土时，用经纬仪进行观测，为防止混凝土的挤压使地脚螺栓偏位。

10. 承台模板支护、拆模及基础养护

承台模板支护、拆模及基础养护与大开挖基础相同，在此不再赘述。

（二）预应力高强混凝土（PHC）管桩基础施工方法

1. 测量定位

（1）按照设计图纸进行定位，复核测量基线、水准基点、桩位定位基点后方可使用。

（2）测放桩位用已经复测并认可的定位点进行桩位的测设。放线前先进行准确的计算，然后用极标法将桩位放出。放设好的桩位进行再次复核无误后方可施工。

（3）为避免放设好的定位基点、桩位在施工过程中因挤土而产生位移，需经常进行复测复核，并对定位基点进行闭合复测，在施工过程中对桩位进行基点放线复测，保证桩位的误差在施工规范允许范围内。

2. 引孔

（1）钻机就位后，应进行复检，钻头与桩位点偏差不得大于 20mm。

（2）钻进多采用减压钻进，即孔底的钻压不超过钻杆、锤头、压块重力之和的 80%（扣除浮力），以避免或减少斜孔、弯孔和扩孔现象。不同地层采用不同类型的钻头和钻压。

（3）开孔时下钻速度应缓慢；钻孔时，不准将钻杆反转，这会使得钻具掉落在孔内；终孔时，钻头和钻杆停留在孔内时不能终止钻孔。

（4）钻进过程中，当遇到卡钻、钻机摇晃、偏斜或发生异常声响时，应立即停转，查明原因，采取相应措施后方可继续作业。

（5）利用机械自带平衡仪表及交叉两个经纬仪或吊线锤实施钻机机身垂直度控制。

3. 压桩机就位

构架桩基础采用液压静力压桩机。桩机性能能满足施工要求，并且机械状况完好，移位设施等必须具有足够的强度、刚度且能保持桩机的稳定性。施工前请有资质的单位对桩机安装质量、测力系统进行检验，并出具检验报告，以保证桩机正常工作和工程质量复合设计要求。压桩机进行安装调试就位后，使桩机夹持器中心（可挂中心线锤）与地面上的样桩对准，调平压桩机，再次进行校核，确保无误。桩机就位时，对准桩位，保证桩机平面的水平度，在施工中不得发生倾斜、移位。桩基施工时夹持器中心线应与桩身中心线在同一中心线上，桩身垂直度符合规范要求。

4. 吊桩插桩

拴好吊桩用的钢丝绳和索具，管桩起吊可用两点法或单点法。起动机器起吊管桩，把管桩吊入夹持器中，夹持油缸将桩从侧面夹紧，并使桩尖垂直对准桩位中心，即可开动压桩油缸，将桩压入土中 1m 左右停止，进行桩身、调直。具体如图 4-15 所示。

5. 桩身对中调直

当桩被吊入桩机夹持器后，由指挥员指挥司机将桩缓慢降到桩尖离地面 10cm 左右为止，然后夹紧桩身，微调压桩机使桩尖对准桩位。10m 以内短桩可目测或用线坠双向校正；10m 以上打接桩必须用线坠或经纬仪从桩的两个正交侧面双向校正桩身垂直度，并且在桩的侧面或桩架上设置标尺，以便在施工中观测、记录。当桩身垂直度偏差小于 0.25%时方可正式打桩。

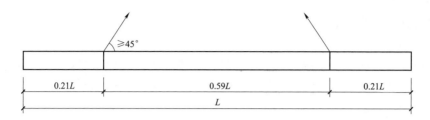

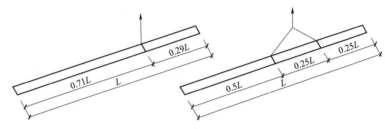

图 4-15　管桩吊点位置示意图

6. 静压沉桩

桩身对中调直后，方可进行静力压桩施工。压桩油缸继续伸程把桩压入土中，伸长完后，夹持油缸回程松夹，压桩油缸回程，重复上述动作可实现连续压桩操作，直至把桩压入预定深度土层中。确定合理的打桩顺序，以避免或减少挤土效应。

7. 接桩

在桩长度不够的情况下，采用焊接法接桩。手工焊打底离心管桩接头焊接，第一层采用手工电弧焊焊接，如直接采用埋弧自动焊焊接，极易将根部焊穿形成焊瘤，致使桩身在打击时形成应力集中影响接头强度。打底焊采用两台焊机，同时从 "3" 点和 "9" 点位置向 "12" 点方向施焊，焊毕接头旋转 180，焊接后涂刷防腐漆，涂层厚度控制在 $400\sim600\mu m$。接头焊毕冷却至室温后需进行无损探伤，采用超声波直探法检测焊缝的内部缺陷，并配以超声波测厚仪对焊缝深度进行检测验证。

8. 送桩

桩压到位后，注意保护好高出地面的桩头。桩顶标高偏差为 $0\sim100mm$，沉桩后桩位允许偏差为 50mm。送桩留下的孔洞应立即采取加盖措施。

9. 终压

静力压桩以控制桩端设计标高为主，压桩力为辅。当桩端达到设计标高时，停止压桩。

10. 移机位

当完成以上工序后，即可移桩机到下一个桩位，重复以上工序，完成整个工程预应力管桩的施工。

11. 切割桩头

在土方开挖过程中或完成后，对桩顶标高高于设计标高的管桩，应进行截除桩头，截桩宜采用截桩机，严禁采用大锤横向敲击截桩或强行扳拉截桩。

四、质量要求

桩式基础施工质量控制如表4-5所示。

表4-5　　　　　　　　　　桩式基础施工质量控制表

机械钻（冲）孔灌注桩基础	预应力高强混凝土（PHC）管桩基础
1. 桩深：不小于设计值。 2. 桩径：-50mm。 3. 桩钢筋保护层厚度：-20mm（水下）、-10mm（非水下）。 4. 基础根开及对角线：一般塔±2‰，高塔±0.7‰。 5. 基础顶面高差：5mm。 6. 同组地脚螺栓对立柱中心偏移：10mm。 7. 整基基础中心位移：顺线路方向 30mm，横线路方向 30mm。 8. 整基基础扭转：一般塔10′，高塔5′。 9. 地脚螺栓露出混凝土面高度：+10mm，-5mm。 10. 充盈系数：一般土不小于1，软土不小于1.1（交流）、软土不小于1（直流）。 11. 承台、连梁（若有）钢筋保护层厚度、断面尺寸参考开挖回填基础	1. 预制桩规格、数量：符合设计要求。 2. 贯入深度：符合设计要求。 3. 基础根开及对角线：一般塔±2‰，高塔±0.7‰。 4. 基础顶面高差：5mm。 5. 同组地脚螺栓对立柱中心偏移：10mm。 6. 整基基础中心位移：顺线路方向 30mm，横线路方向30mm。 7. 整基基础扭转：一般塔10′，高塔5′。 8. 承台、连梁（若有）钢筋保护层厚度、断面尺寸参考开挖回填基础

五、安全注意事项

（1）灌注桩护筒支设必须有足够的水压，护筒有变形或断裂现象，立即停止坑内作业，处理完毕后方可继续施工。

（2）灌注桩桩机就位，井机的井架由专人负责支戗杆，打拉线，以保证井架的稳定。钻机支架必须牢固，对地质条件要掌握，注意观察钻机周围的土质变化。

（3）灌注桩冲孔操作时，随时注意钻架安定平稳，钻机和冲击锤机运转时不得进行检修。

（4）灌注桩泥浆池必须设围栏，将泥浆池围好并挂上警示标志，防止人员掉入泥浆池中。

（5）采用吊车起吊灌注桩钢筋笼，吊车司机平稳起吊，设人拉好方向控制绳，严禁斜吊。吊运过程中吊车臂下严禁站人和通行，并设置作业警戒区域及警示标志。向孔内下钢筋笼时，两人在笼侧面协助找正对准孔口，慢速下笼，到位固定，严禁人下孔摘吊绳。

（6）灌注桩基础导管安装与下放时，施工人员听从统一指挥，吊臂下面不准站人，导管在起吊过程中应绑扎控制绳，使导管能按预想的方向或位置移动。

（7）预制桩施工作业场地应平整、无障碍物，在软土地基地面应加垫路基箱或厚钢板，在基础坑或围堰内要有足够的排水设施。大吨位（静力压）桩机停置场地平均地基承载力应不低于 35kPa。

（8）预制桩装配区域应设置围栏和安全标志。无关人员不得在设备装配现场逗留。

（9）预制桩桩机安装前应检查机械设备配件、辅助施工设备是否齐全，机械、液压、传动系统应保证良好润滑。监测仪表、制动器、限制器、安全阀、闭锁机构等安全装置应齐全、完好。安装的钻杆及各部件良好。

（10）预制桩施工设专人指挥、专人监护。桩机不得超负载、带病作业及野蛮施工。

（11）预制桩施工桩机在运行中不得进行检修、清扫或调整。检修、清扫、调整或工作中断时，应断开电源。电气设备与电动工器具的转动部分应装设保护罩。

（12）预制桩打桩时，无关人员不得靠近桩基近处。操作及监护人员、桩锤油门绳操作人员与桩基的距离不得小于 5m。

（13）预制桩桩机作业时，严禁吊桩、吊锤、回转、行走、沉孔、压桩等两种及以上的机械动作。

（14）预制桩桩机在桩位间移动或停止时，必须将桩锤落至最低位置，并不宜压在已经完工的桩（顶）位上，应远离其他施工机械。

（15）预制桩桩机行进中设备保持垂直平稳，采取防止倾覆措施，必要时采取铺垫枕木、填平坑凹地面、换填软弱土层、加设临时固定绳索、清理行走线路上的障碍物等措施。

（16）机架较高的振动类、搅拌类桩机移动时，应采取防止倾覆的应急措施。遇雷雨、六级及以上大风等恶劣天气应停止作业，并采取加设缆风绳、放倒机架等措施；休息或停止作业时应断开电源。

（17）吊运桩范围内，不得进行其他作业，人员不得逗留。送桩、拔出或打桩结束移开桩基后，地面孔洞应回填或加盖。

（18）预制桩施工后桩机拆卸、吊运中应注意保护桩机设备，按设备使用手册（使用说明书）规定顺序制定拆卸具体步骤，拆卸、吊运中应注意保护桩机设备，不得野蛮操作。

特 殊 施 工

特殊施工主要包括冬期施工、冻土区施工、风积沙层及地质破碎区、盐渍土地区基础施工等。

一、冬期施工

（1）室外平均气温连续 5d 低于 5℃时，应采取冬期施工措施。

（2）基坑开挖，应保证坑底土壤不受冻，如坑底土壤受冻，应将冻土部分挖除，超深部分铺石灌浆处理。

（3）基坑开挖时间过长，在基础浇筑前 1d 采取暖坑措施，确保浇筑前坑内冰块全部融化，并清理干净，再行浇筑。

（4）宜在室内焊接钢筋。室外焊接时，其最低环境温度不宜低于 −20℃，且应用防雪、挡风措施，焊接后未冷却的接头，应避免碰到冰雪。

（5）混凝土的配制宜选用硅酸盐水泥或普通硅酸盐水泥，混凝土最小水泥用量不宜低于 280kg/m³，水胶比不应大于 0.55（大体积混凝土的最小水泥用量，可根据实际情况决定；强度等级不大于 C15 的混凝土，其水胶比和最小水泥用量可不受以上限制）。

（6）搅拌混凝土时应优先采用加热水的方法，拌和水的最高加热温度不应超过 60℃，骨料的最高加热温度不应超过 40℃，水泥不应与 80℃以上的水直接接触。如加热水达不到所需温度，可加热砂、石等骨料。

（7）水泥禁止直接加热，宜在使用前与外加剂一起存放在暖棚内。

（8）基础宜采取蓄热法或暖棚法等措施进行保温养护，保证基础混凝土强度。

二、大体积混凝土施工

1. 混凝土配合比规定

（1）大体积混凝土的设计强度：等级宜为 C25～C50。

（2）当采用混凝土 60d 或 90d 强度作为混凝土强度评定及验收指标时：应将其作为混凝土配合比的设计依据。

（3）骨料：骨料宜采用中砂，细度模数宜大于 2.3，含泥量不应大于 3%；粗骨料应选用非碱性骨料，粒径宜为 5～31.5mm（采用非泵送施工粒径可适当增大），并应连续级配，含泥量不应大于 1%；砂率宜为 38%～45%。

（4）水泥：应选用水化热低的通用硅酸盐水泥，3d 的水化热不宜大于 250kJ/kg，7d 的水化热不宜大于 280kJ/kg；水泥在搅拌站的入机温度不宜高于 60℃。

（5）掺合料：粉煤灰掺量不宜超过胶凝材料用量的 50%，矿渣粉的掺量不宜超过胶凝材料用量的 40%；粉煤灰和矿渣粉掺合料的总量不宜大于混凝土中胶凝材料用量的 50%。

（6）拌和水用量：不宜大于 170kg/m³。

（7）外加剂：品种、掺量应根据材料试验确定；宜提供外加剂对硬化混凝土收缩等性能的影响系数；耐久性要求高或寒冷地区的大体积混凝土，宜采用引气剂或引气减水剂。

（8）水胶比：不宜大于 0.55。

（9）混凝土拌和物的坍落度：不宜大于 180mm。

2. 施工工艺

（1）基础中预埋钢管，采用循环水（空气）散热法，减小混凝土内、外温差。

（2）在基础表面内埋设钢丝网，增加表面抗张能力。

（3）大体积混凝土施工宜采用整体分层连续浇筑施工或推移式连续浇筑施工。

（4）混凝土入模温度控制不宜高于 30℃（炎热天气）、低于 5℃（冬期施工）。

（5）大体积混凝土应进行保温保湿养护，在每次混凝土浇筑完毕后，除应按普通混凝土进行常规养护外，尚应及时按温控技术措施的要求进行保温养护，并应符合下列规定：

1）应专人负责保温养护工作，并应按本规范的有关规定操作，同时应做好测试记录。

2）保湿养护的持续时间不得少于 14d，应经常检查塑料薄膜或养护剂涂层的完整情况，保持混凝土表面湿润。

3）保温覆盖层的拆除应分层逐步进行，当混凝土的表面温度与环境最大温差小于 20℃时，可全部拆除。

3. 测温

（1）测温项目：混凝土入模温度；浇筑体里表温差、降温速率及环境温度。

（2）测温点布置：监测点的布置范围应以所选混凝土浇筑体平面图对称轴线的半条轴线为测试区，在测试区内监测点按平面分层布置；在测试区内，监测点的位置与数量可根据混凝土浇筑体内温度场分布情况及温控的要求确定；在每条测试轴线上，监测点位不宜少于 4 处，应根据结构的几何尺寸布置；沿混凝土浇筑体厚度方向，必须布置外面、底面和中凡温度测点，其余测点宜按测点间距不大于 600mm 布置；保温养护效果及环境温度监测点数量应根据具体需要确定；混凝土浇筑体的外表温度，宜为混凝土外表以内

50mm 处的温度；混凝土浇筑体底面的温度，宜为混凝土浇筑体底面上 50mm 处的温度。

（3）测温频次：混凝土入模温度，每台班不少于 2 次；在浇筑后 3d 内每 2h 测温一次，以后每 4h 测温一次。7～14d 每 8h 测温一次（力求在接近混凝土出现最高和最低温度时测量）测至温度稳定为止，并记录温度实测值，绘制温度变化曲线。

（4）温控指标：混凝土浇筑体在入模温度基础上的温升值不宜大于 50℃；混凝土浇筑体的里表温差（不含混凝土收缩的当量温度）不宜大于 25℃；混凝土浇筑体的降温速率不宜大于 2℃/d；混凝土浇筑体表面与大气温差不宜大于 20℃。要求混凝土达到温度峰值以后，每日温度下降不小于 2℃，如超过 2℃ 应及时调整保温措施，增加覆盖保温层厚度。当混凝土内部温度与环境的温差小于 20℃ 时停止测温。

三、冻土区混凝土施工

（1）施工中应积极采取措施，减少冻土层的人为扰动，保护高寒植被，避免引起湿地萎缩、草场退化、水质污染及新的环境破坏。

（2）厚层地下冰、地表沼泽化或径流量大的地段基坑应在寒冷的季节施工；暖季施工时应选在气温较低的时段内快速施工，并采取防晒措施。

（3）基坑开挖、浇筑应连续进行，减少暴露时间。

（4）饱冰冻土、含土冰层地段基础施工时，可在暖寒季交替期施工，视天气情况采取防晒措施，保持冻土稳定。

（5）基坑开挖应预留防冻层，待浇筑前基坑抄平时再挖至设计深度，避免冻土解冻造成不均匀沉降。

（6）基坑开挖后，不能及时浇筑应在坑底采取保温措施。

（7）按地基土融化状态设计的基础应做好防晒、防雨措施，保持坑壁稳固，并采取抽水、排水措施。

（8）冻土区基础拆模后，应及时回填。回填土应夯实，防沉层应高出地面 500mm。

（9）基础浇筑完毕后，采用含有季节性冻土块的土回填时，季节性冻土颗粒直径不大于 50mm，且含量不应超过填土总体积的 15%。

（10）填方宜采用同类土填筑，并控制适宜的含水量，当采用不同的土填筑时，应将透水性较大的土层置于透水性较小的土层之下，不应混用。

（11）基础热棒施工时宜采用钻机开挖安装孔法。棒身垂直度允许偏差为棒身长度的 1%，热棒安装后应用细沙土分层逐段填实，且每层用水浇透，应使用铁棒逐层捣固沙土。

四、风积沙层及地质破碎区基础施工

（1）风积沙是被风吹，积淀的沙层，是在干旱、半干旱气候环境下形成的一种特殊性质的土体。风积沙层具有极端不稳定性，由于开挖扰动后周围岩土完全变为松散体，无自稳能力，开挖的基坑极易坍塌。风积沙层地质基坑开挖宜加装护筒，防止坑口坍塌。

（2）风积沙层地质基坑开挖应采用快速旋转钻孔的方法，将桩位地基灌水夯实，至上部沙层紧密、沙层湿透为止，增加孔壁的稳定性，一般水夯持续 2 周左右。

（3）风积沙层基坑开挖过程中必须观测基坑周边土质是否存在裂缝及渗水等异常情况，适时进行监测。

（4）地质破碎区挖孔基础施工，应采用护筒跟进式钻孔成孔，确保钻进过程中不出现地质破碎而导致的孔壁坍塌。

（5）地质破碎区开挖基础施工，应采用微振动法施工，严格控制开挖尺寸，开挖后及时支护，必要时对底部设横撑，打底部锚杆或向底部绑钢筋网并灌浆。

（6）坑模成型后应及时浇灌混凝土，否则应采取防止土体塌落的措施。

五、盐渍土地区基础施工

（1）易溶盐含量大于或等于 0.3%且小于 20%，并具有溶陷或盐胀等工程特性的土为盐渍土。盐渍土地区宜选择溶陷性、盐涨性、腐蚀性弱的场地进行建设，并避开水环境和地质环境变化大的地段，且应对建设项目的使用环境做出限定。盐渍土地基可分为 A 类使用环境和 B 类使用环境：

1）A 类使用环境：工程实施前后和工程使用过程中不会发生大的环境变化，能保持盐渍土地基的天然结构状态，盐渍土地基受淡水侵蚀的可能性小或能够有效防止淡水侵蚀。

2）B 类使用环境：工程实施前后和工程使用工程中会发生较大的环境变化，盐渍土地基受淡水侵蚀的可能性大，且难以防范。

（2）建设时宜避开超、强盐渍土场地，以及分布有潜埋高矿化度地下水的盐渍地区，并宜选择含盐量较低、尝试条件易于处理的地段。

（3）根据土的含盐类型、含盐量和环境条件因素选择地基处理方法，有利于消除或减轻盐渍土溶陷性和盐胀性对建（构）筑物的危害的同时，提高地基承载力和减少地基变形。地基处理方法分为：换填法、预压法、强夯法和强夯置换法、砂石（碎石）桩法、浸水预溶法、盐化法、隔断层法。

（4）盐渍土地区基础应合理安排基础施工、防水层（隔水层）施工、防腐层施工、回填土施工等施工工序，施工时间选择应结合当地水盐状态，宜在枯

水季节施工，不宜在冬季施工。

（5）盐渍土地区开挖基础施工应根据盐渍土的特性和设计要求，施工前做好防水措施，防止地下水、场地施工用水和雨水流入基坑或基础周围。混凝土基础不宜采用浇淋养护。

（6）基坑回填施工时，回填料应为非盐渍土，压实度应符合相关规定。

（7）盐渍土地区基础施工一般采用内、外部防腐蚀措施，应严格按照设计及施工规范要求编制防腐蚀施工专项措施，防腐工程建筑材料的含盐量控制、内防腐施工混凝土原材料及外加剂的选择、涂层涂装防腐施工、裹体外防腐施工应符合相关规定要求。

5 特高压输电工程组塔施工

特高压铁塔设计及组塔典型施工方法

一、特高压铁塔设计情况

1. 特高压交流工程铁塔典型设计

（1）山地、高山峻岭地区：多采用单回路角钢塔设计。直线塔多采用酒杯型塔（猫头塔仅在晋东南—南阳—荆门试验示范工程应用），耐张塔多采用干字型塔。平均塔高约为 65m，平均塔重约 100t。主材采用角钢型式，最重主材约为 2t。其中：酒杯塔塔窗为 20～35m、单侧横担长为 20～36m、顺线路开口最小尺寸 1.3m，施工难度大。

（2）平地、丘陵地区：多采用同塔双回钢管塔设计，塔型为双回伞型塔，平均塔高约为 110m，最大塔高超过 140m；平均塔重约 220t，最大塔重近 400t；单侧横担长为 15～24m，最长横担 35m；主材采用钢管型式，单根主材最大重量约为 5t。

特高压交流典型塔示意如图 5－1 所示。

2. 特高压直流工程铁塔典型设计

特高压直流工程一般采用双极架设，直线塔一般为单层横担 T 字形铁塔，耐张塔为干字形铁塔。单极架设或路径受限时采用 F 形铁塔。

±800kV 直流工程平均塔高为 64～70m，平均塔重为 62～83t，单侧横担长为 18～23m，主材采用角钢型式，最重主材约为 1.5t。±1100kV 直流工程平均塔高约 83m，平均塔重约 130t，单侧横担长为 21～27m，主材采用角钢型式，最重主材约为 1.5t。

特高压直流典型塔示意如图 5－2 所示。

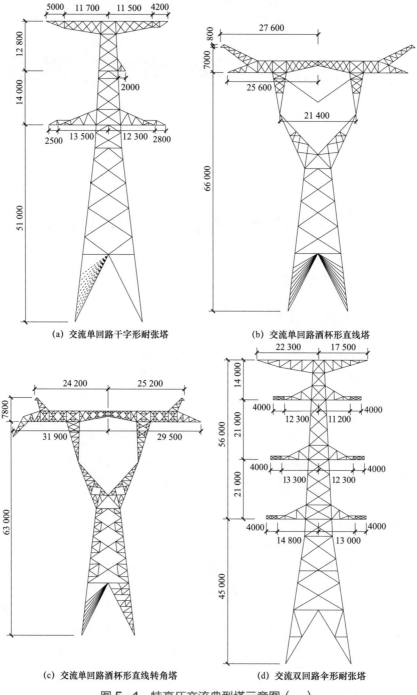

(a) 交流单回路干字形耐张塔

(b) 交流单回路酒杯形直线塔

(c) 交流单回路酒杯形直线转角塔

(d) 交流双回路伞形耐张塔

图 5-1　特高压交流典型塔示意图（一）

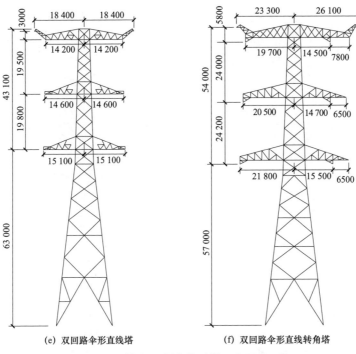

(e) 双回路伞形直线塔   (f) 双回路伞形直线转角塔

图 5-1 特高压交流典型塔示意图(二)

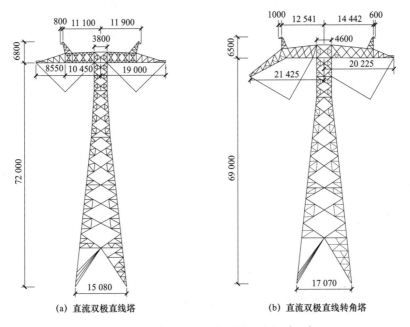

(a) 直流双极直线塔   (b) 直流双极直线转角塔

图 5-2 特高压直流典型塔示意图(一)

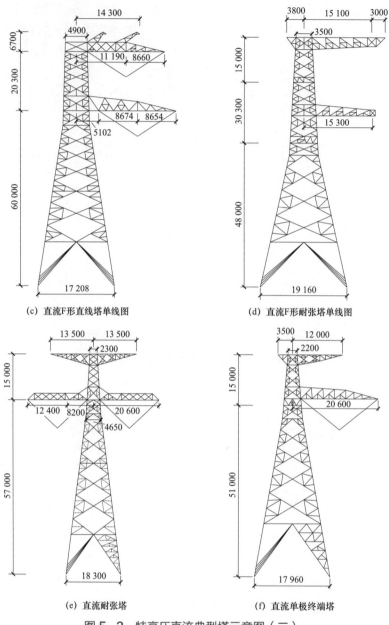

(c) 直流F形直线塔单线图　　　　　　(d) 直流F形耐张塔单线图

(e) 直流耐张塔　　　　　　　　　　(f) 直流单极终端塔

图 5-2　特高压直流典型塔示意图（二）

二、特高压组塔典型施工方法技术特点及应用情况

特高压线路工程主要组塔施工方法有：内悬浮内拉线抱杆、内悬浮外拉线抱杆（含铰接式抱杆）、内悬浮双（四）摇臂抱杆、落地双平臂抱杆（含智能平

衡臂）、落地双（四）摇臂抱杆、落地单动臂抱杆、流动式起重机分解组塔、直升机组塔等方式。

内悬浮抱杆组塔因施工技术成熟、工器具较少、操作简便、使用灵活、经济性较好受到普遍使用，尤其是常规输电线路工程中起到了不可或缺的作用，但存在高空作业量大、施工技术经验要求高、机械化程度低、稳定性差等劣势，在组立特高压线路工程"高、重、大"铁塔时，安全风险较高。内悬浮外拉线抱杆在不具备正常打设拉线的山区、河网、泥沼、临近带电体等障碍物作业时，使用受限；内悬浮内拉线抱杆在组立断面较小铁塔时，上拉线竖向夹角较大，抱杆稳定性差。

落地双平臂（含智能平衡臂）抱杆分解组塔机械化、自动化程度高，安全风险低，组立高塔时效率高。但平臂抱杆安装复杂，组立重量较小的铁塔经济效益较差；工器具运输量大、单件重量大、尺寸大，对运输技术要求较高。

落地单动臂抱杆分解组塔机械化、自动化程度高，安全风险低。对塔材组装场地要求较低，在组装场地受限的情况下较双平臂抱杆有优势。但回转机构尺寸大、整体重量大，吊装效率较低。

落地双（四）摇臂抱杆分解组塔机械化程度较高，但操控较为复杂，需要施工人员较多，涉及调幅系统、起吊系统，工器具运输量较大。

内悬浮双（四）摇臂抱杆分解组塔主抱杆稳定性较高，但作业流程较为复杂，涉及调幅系统、吊装系统、提升系统，存在一定的安全风险。

流动式起重机组塔对道路通行条件要求高，高塔组立时需要大吨位流动式起重机，一般情况下，铁塔全高 70m 时需采用 130t 起重机，全高 90m 需采用 200t 起重机，120m 需采用 400t 起重机。采用合理吨位级配开展流水作业时在安全与经济方面有较大优势。

直升机组塔运输速度快，准备工期短，可显著减少施工人员数量、降低人员劳动强度、提高施工安全性和施工效率，但受地形、场地、气流等影响较大，现阶段使用费用较高。

为提升组塔安全水平，近年来，国家电网公司在特高压线路工程组塔施工中积极推广全过程机械化施工，在平地、丘陵等具备条件的地区推广使用落地抱杆（双平臂、摇臂、单动臂抱杆）及流动式起重机组塔，并试点开展直升机组塔。

三、施工准备

1. 抱杆选择

对塔型进行构件分析，选择最重的塔片作为抱杆容许吊重的依据。对塔型结构尺寸进行分析，选择符合要求的抱杆高度及摇臂长度。对铁塔所处地形、地质条件进行分析，选择拉线连接方式。根据容许吊重及抱杆高度计算选择抱杆及摇臂的主、斜材规格。

2. 注意事项

（1）基础复核。

在铁塔组立前按规范要求需要对基础进行复核，主要包括以下内容：

1）基础地脚螺栓的根开、对角线的尺寸及基础扭转；

2）基础顶面的高差；

3）地脚螺栓的小根开、偏心及露出顶面的高度；

4）转角塔的预偏值、转角度数和转角方向。

（2）对作业人员的要求及资格。

经过培训、体检合格的人员方能从事铁塔组立工作。登高人员需体检合格，持证方可登高作业。

（3）作业所需主要工器具、仪表的规格及要求。

主要受力工器具必须试验合格后方可使用，现场工器具应有检验、试验记录或合格证；在高处使用的所有小工具必须有防坠措施。

内悬浮抱杆立塔施工方法简介

内悬浮抱杆立塔施工方法是使用较早的一种立塔施工方案，工艺比较成熟。该方法是将抱杆根部通过承托绳固定于已组塔身主材结点处，抱杆顶端连接四根钢丝绳作为上拉线用以平衡水平受力及确保抱杆提升时的稳定。

4根上拉线连至铁塔外地面上4个地锚上时为外拉线内悬浮抱杆组塔施工方式；4根上拉线连在塔身构件上时为内拉线内悬浮抱杆组塔施工方式。

内悬浮外拉线以及内悬浮内拉线主要特点为：

（1）内悬浮外拉线抱杆分解组塔时，外拉线通过地锚固定在铁塔以外的地面上，地面外拉线具有易控制、操作灵活等特点，适用于较平坦地形。

（2）内悬浮内拉线抱杆分解组塔时，其抱杆拉线固定在已组立塔体上端的主材节点处，适用于场地狭窄等不宜打外拉线的塔位。

由于特高压铁塔单件重量大，内拉线内悬浮抱杆所能承载的吊装较轻，特高压交流线路所有塔型和直流线路直线转角塔禁止使用内悬浮内拉线抱杆组塔方法，铁塔全高大于80m的铁塔禁止使用内悬浮外拉线抱杆组塔方法。下面主要针对内悬浮外拉线立塔施工进行简单介绍。

内悬浮外拉线抱杆组塔示意如图5-3和图5-4所示。

图 5-3　内悬浮外拉线抱杆组塔示意图

一、施工平面布置

内悬浮外拉线抱杆分解组塔的现场平面布置如图 5-4 所示。

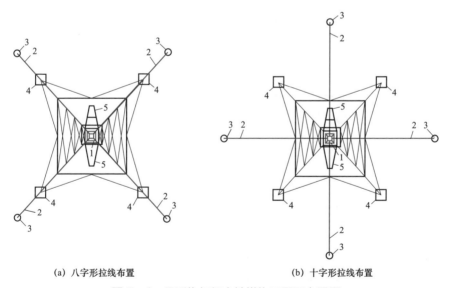

(a) 八字形拉线布置　　　　　　　　(b) 十字形拉线布置

图 5-4　悬浮抱杆组立铁塔施工平面布置图

1—悬浮抱杆；2—拉线；3—拉线地锚；4—铁塔基础；5—铁塔横担

由于目前特高压塔腿主材重，辅材相对较轻，在塔腿主材吊装时，八字形拉线布置时起吊时拉线受力较为合理，起吊能力优势较为明显，一般应用更为广泛。

二、工艺流程

内悬浮外拉线抱杆分解组塔工艺流程（以酒杯形塔为例）如图 5-5 所示。

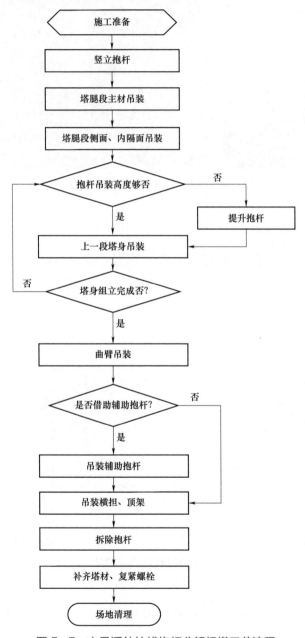

图 5-5　内悬浮外拉线抱杆分解组塔工艺流程

在悬浮抱杆组塔施工过程中,关键技术以及主要安全控制点主要有以下几点:

(1) 抱杆组立。

(2) 抱杆提升。

(3) 塔身吊装。

(4) 曲臂吊装。

(5) 酒杯形塔塔头吊装。

(6) 转角塔塔头吊装。

(7) 钢管塔横担吊装。

其中酒杯形塔在设计上具有曲臂高、塔窗宽、横担长等主要特点,窗口高度为 28m 左右,横担长度超过 50m。酒杯形塔组立是行业内公认的高难施工作业,在建设管理中应引起高度重视。

三、抱杆组立

常用抱杆起立方法较多,主要根据地形条件进行选择。

(1) 在地形条件许可时,采用倒落式人字抱杆或流动式起重机将抱杆整体组立。抱杆整体起立布置如图 5-6 所示。

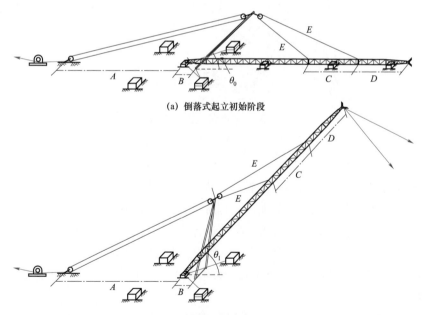

(a) 倒落式起立初始阶段

(b) 倒落式起立脱帽阶段

图 5-6　抱杆整体起立布置图

A—总牵引距离;B—人字抱杆前移距离;C—两吊点间距;D—吊点下移距离;E—吊点总长度;
θ_0—初始角;θ_1—失效角

（2）地形条件不许可时，先利用小型倒落式人字抱杆整体组立抱杆上段，再利用抱杆上段将铁塔组立到一定高度，然后采用倒装提升方式，在抱杆下部接装抱杆其余各段，直至全部组装完成。

倒装法安装抱杆如图5-7所示。

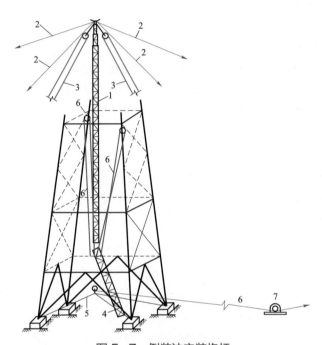

图5-7　倒装法安装抱杆

1—抱杆；2—抱杆拉线；3—起吊滑车组；4—待安装抱杆标准节；

5—平衡滑车组；6—提升滑车组；7—绞磨

在施工前，应根据主抱杆的长度，人字抱杆的长度按照椭圆轨迹计算确定吊点绑扎位置；人字抱杆初始角度、脱帽角、抱杆前移位置、吊点绳长度等相关参数，在施工过程中，根据相关参数进行施工，不得盲目作业。

（3）可以采用先组立塔腿，再进行组立抱杆的方法。

1）受地形条件限制，塔腿组立时采用单根主材起吊，即先立主材后逐一安装辅材的方法，如图5-8所示。

2）不受地形条件限制时，可在塔腿组立结束后，再利用塔腿扳立抱杆。此时抱杆先扳立部分抱杆（抱杆的头尾段及部分中间段），扳立完成后，利用倒装方式安装抱杆的其余段。将塔腿未安装的一面装好，利用抱杆进行塔段的吊装，塔腿扳立抱杆示意如图5-9所示。

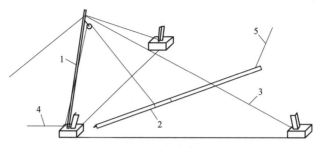

图 5-8 抱杆吊装塔腿

1—钢管抱杆；2—需起吊的塔材；3—抱杆拉线；4—起吊绳；5—控制绳

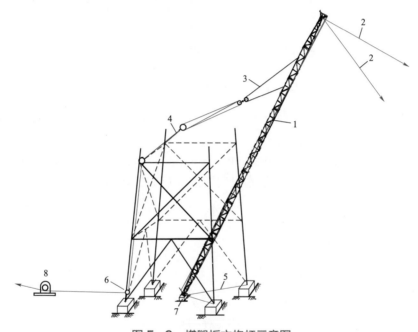

图 5-9 塔腿扳立抱杆示意图

1—抱杆；2—牵引绳；3—吊点滑车组；4—起吊滑车组；
5—制动绳；6—地面转向滑车；7—铰座；8—绞磨

四、抱杆提升

当铁塔组立到一定高度，塔材全部装齐且紧固螺栓后即可提升抱杆。根据抱杆重量和牵引动力，可以采用单牵引绳方式或"二变一"双牵引绳方式。

（1）采用单牵引绳方式：单牵引绳通过抱杆底部滑车，经挂设于塔身的提升滑车向下，经地面转向滑车引至地面；单牵引绳方式现场布置如图 5-10 所示。

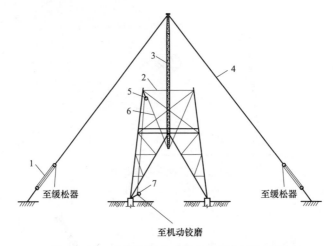

图 5-10　单牵引绳方式提升抱杆布置示意图

1—拉线调节滑车组；2—腰箍；3—抱杆；4—抱杆外拉线；

5—提升滑车组；6—提升钢丝绳；7—转向滑车

（2）采用"二变一"双牵引绳方式：在塔身两对角处各挂上一套提升滑车组，滑车组的下端与抱杆下部的挂板相连，将两套滑车组牵引绳通过各自塔腿上的转向滑车引入地面上的平衡滑车，平衡滑车与地面滑车组相连，实现"二变一"组合。采用"二变一"双牵引绳方式现场布置如图 5-11 所示。

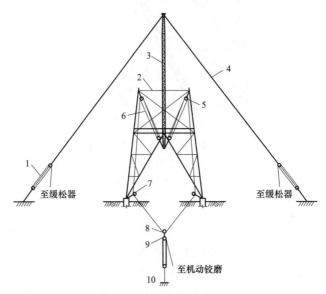

图 5-11　"二变一"双牵引绳方式提升抱杆布置示意图

1—拉线调节滑车组；2—腰箍；3—抱杆；4—抱杆外拉线；5—提升滑车组；6—提升钢丝绳；

7—转向滑车；8—平衡滑车；9—牵引滑车组；10—地锚

五、塔身吊装

塔身吊装时重点根据抱杆起吊能力合理进行分片或单根主材进行吊装，塔片吊装时应形成稳定结构。起吊时，抱杆应适度向吊件侧倾斜，但倾斜角度不宜超过10°，以使抱杆、拉线、控制系统及牵引系统的受力更为合理。

一般情况下先吊装主材，再吊装侧面构件；对结构尺寸、重量较小的段别，可采用成片吊装方式吊装。采用成片吊装方式时，在吊件上绑扎好倒"V"形吊点绳，吊点绳绑扎点应在吊件重心以上的主材节点处，若绑扎点在重心附近时，应采取防止吊件倾覆的措施。"V"形吊点绳应由 2 根等长的钢丝绳通过卸扣连接，两吊点绳之间的夹角不得大于 120°，对于较宽的塔片，在吊装时应采取必要的补强措施。

塔片吊装补强示意如图 5-12 所示。

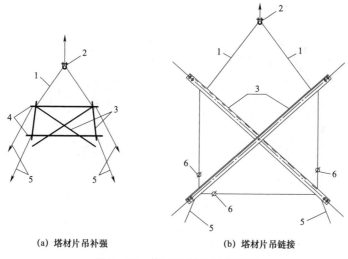

(a) 塔材片吊补强   (b) 塔材片吊链接

图 5-12　塔片吊装补强示意图

1—吊点绳；2—卸扣；3—待组装塔材；4—补强木；5—控制绳；6—调节装置

六、曲臂吊装

（1）铁塔曲臂的吊装应根据抱杆的承载能力、曲臂结构分段及场地条件来确定采取整体或分片的吊装方式，分片宜按照前、后片吊装方式，封装辅材按照"先上后下、先里后外"顺序吊装。

（2）起吊前应调整抱杆使其向起吊侧倾斜，抱杆顶部定滑车尽可能位于被吊件就位后的垂直上方。

（3）酒杯形塔下曲臂一般分为两段进行吊装，如图 5-13 所示。

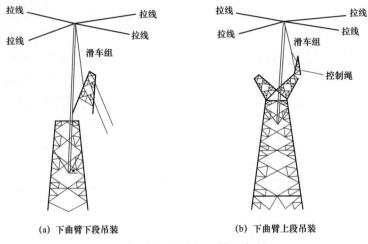

(a) 下曲臂下段吊装   (b) 下曲臂上段吊装

图 5-13 下曲臂吊装示意图

上曲臂吊装如图 5-14 所示。

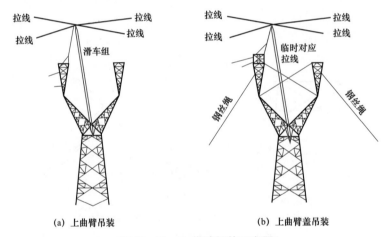

(a) 上曲臂吊装   (b) 上曲臂盖吊装

图 5-14 上曲臂吊装示意图

七、直线塔横担吊装

对于酒杯形塔，根据抱杆承载能力、横担重量、横担结构分段和塔位场地条件，应采用分段或分片吊装方式。横担分为中段前后片、两侧边相横担四部分。边相横担可根据其结构特点采用辅助抱杆进行吊装。

（1）中横担吊装。中横担吊装布置一般采用分片前后起吊。由于中横担横梁段塔片狭长、柔性大，吊装时采用四点起吊，需要用钢梁或圆木进行补强。安装有困难时，调整上曲臂的补强 X 拉线及控制绳。

悬浮外拉线抱杆吊装示意如图 5-15 所示。

图 5-15 悬浮外拉线抱杆吊装示意图

（2）边横担吊装。由于抱杆垂偏角不宜过大，酒杯塔吊装边横担时宜使用辅助抱杆。辅助抱杆安装于上曲臂盖顶盖前后侧处，采用定制底座与上曲臂盖主材相连。主抱杆宜调整为正直位置进行吊装，辅助抱杆做好防倾覆措施。

人字抱杆辅助吊横担如图 5-16 所示。

图 5-16 人字抱杆辅助吊横担（一）

由于特高压酒杯型角钢塔边横担重而长，边横担无法整体吊装，一般分为塔身侧横担、边横担分次吊装，在部分辅助无法满足吊装要求时，需要进行辅助抱杆移位。

（3）地线支架及边横担吊装。根据塔形结构特点、起吊构件重量和设计横担辅助抱杆支承用施工孔荷载值，采取单侧地线支架和边横担组装成整段吊装，采用人字抱杆作辅助抱杆进行吊装。

1）吊装前，利用主抱杆将辅助抱杆缓慢降至预设的抱杆倾斜角度，设置辅助抱杆保险钢丝绳。

2）整体吊装时采用四吊点绑扎，吊点位于上平面主材处。起吊时，边横担外端略上翘，就位时先连接上平面两主材螺栓，然后慢慢放松起吊绳，使边横担以装好的螺栓为转动支点慢慢下降至就位位置后连接下平面两主材螺栓。根据现场组装场地情况，也可以分上、下平面进行起吊。

人字抱杆辅助吊横担如图 5-17 所示。

图 5-17　人字抱杆辅助吊横担（二）

八、耐张转角塔横担吊装

干字形耐张转角塔横担吊装时，先吊装地线横担，后吊装导线横担。悬浮抱杆在塔身的伸根长度，应根据所吊装铁塔的横担长度、基础根开、抱杆允许倾角以及所吊装铁塔的塔身顶部根开等方面考虑。

1. 地线横担吊装

地线横担吊装时，为减少滑车组垂偏角，优化受力分析，宜采用下旋法吊装。吊装时则吊件上弦面两主材先就位，上弦面两侧主材各安装一颗螺栓，然后启动滑车组松下吊件，使下弦面就位，然后装齐全部螺栓。

地线横担吊装如图 5-18 所示。

图 5-18 地线横担吊装

2. 导线下横担吊装

耐张转角塔下导线横担采用经抱杆补强后的地线支架进行吊装。起吊滑车组应悬挂在地线横担下盖的前、后主材靠近节点处，起吊滑车组悬挂绳应采用两根 $\phi22$ 短钢丝绳套呈前后"V"形结构与下盖主材缠绕连接；同时对起吊滑车组悬挂点采用抱杆起吊滑车组进行补强。对于长横担可以考虑分段进行吊装。

导线横担近塔身侧段和远塔身侧段吊装如图 5-19 和图 5-20 所示。

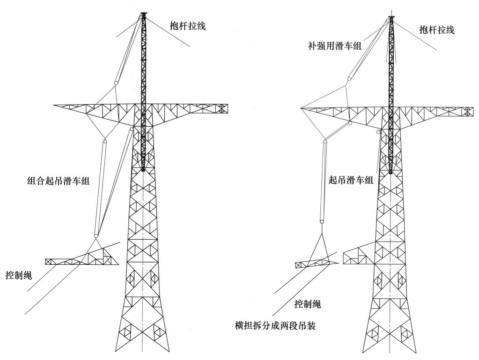

图 5-19 导线横担近塔身吊装示意图　　图 5-20 导线横担远塔身吊装示意图

九、钢管塔横担吊装

双回路钢管塔的顶架横担多采用"十"字插板连接成立体结构，不适宜作为旋转就位法的首个就位点，施工过程中通常使用辅助抱杆进行吊装，以保证横担水平就位。对于横担较长的钢管转角塔，可以采用分段进行吊装。

双回路钢管塔横担吊装示意如图5-21所示。

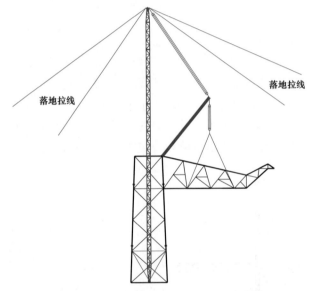

落地拉线　　落地拉线

图5-21　双回路钢管塔横担吊装示意图

十、抱杆拆除

铁塔组立完毕后，抱杆即可拆除。收紧抱杆提升系统，使承托绳呈松弛状态后拆除，再将抱杆顶部降到低于铁塔顶面以下，装好铁塔顶部水平材。在铁塔顶面的两主材上挂"V"形吊点绳，利用起吊滑车组将抱杆下降至地面，逐段拆除，拉出塔外、运出现场。"V"形吊点绳位置应选在铁塔主材的节点处。拆除时要防止抱杆旋转、摆动碰撞塔材构件。常用的拆除方法有系吊尾部降落抱杆、系吊头部降落抱杆两种。

抱杆降落示意如图5-22所示。

图 5-22　抱杆降落示意图

落地式摇臂抱杆分解组塔施工

落地式双摇臂和四摇臂抱杆在输电线路组塔施工中应用已有较长时间,适用于各种地形条件的 500kV 及以上输电线路自立式铁塔组立。落地式摇臂抱杆分解组塔有下列特点:

(1)距抱杆顶适当距离设置有两根或四根摇臂,施工起吊半径大。

(2)抱杆应设置于塔中心位置,抱杆基础应满足吊装性能要求。

(3)抱杆宜使用内拉线,拉线宜设置于主抱杆的回转装置下方。

(4)抱杆吊装时不平衡力矩不得超过其设计允许值,宜采用双侧平衡吊装方式;一侧摇臂吊装构件时,对侧摇臂悬挂的起吊绳用作平衡拉线以保持抱杆稳定。

(5)抱杆上部露出塔架的部分为近似悬臂梁杆件,稳定性稍差,吊较重的构件受到限制。

(6)在提升及构件吊装过程中,抱杆应保持正直,顶端偏移不应超过其设计允许值。

(7)抱杆安装后应按规定程序进行试验及验收,试验及验收合格后,方可投入使用。

本节主要针对较为常用的落地式双摇臂抱杆组塔施工进行简单介绍。

一、工艺流程图

落地式双摇臂抱杆分解组塔,其塔腿及抱杆通常是采用大吨位汽车起重机(简称吊车)进行吊装,之后再利用抱杆吊装塔身及塔头各部构件。

落地式双摇臂抱杆分解组塔工艺流程如图 5-23 所示。

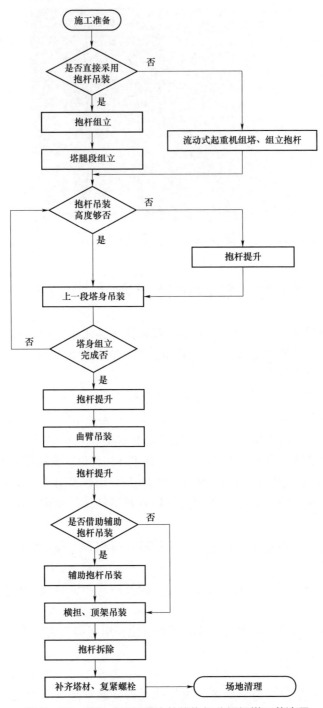

图 5-23　落地式双摇臂内拉线抱杆分解组塔工艺流程

二、现场布置

落地式双摇臂抱杆分解组塔的现场布置如图5-24和图5-25所示,主要包括进场运输道路、作业场地、材料和机具场地、抱杆基础、施工辅助道路、起吊设备动力平台、指挥控制室、锚桩设置等。现场平面布置应符合下列要求:

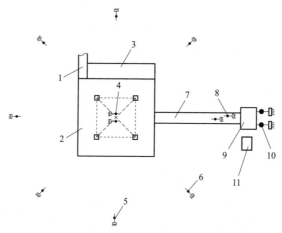

图5-24 落地式摇臂抱杆分解组塔现场平面布置示意图

1—进场运输道路;2—作业场地;3—材料和机具场地;4—抱杆基础;5—控制绳地锚;

6—临时拉线地锚;7—施工辅助道路;8—提升总地锚;9—起吊设备动力平台;

10—动力地锚;11—指挥控制室

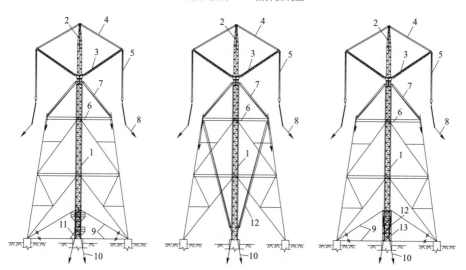

图5-25 落地式摇臂抱杆分解组塔现场布置示意图

1—杆身;2—椅杆;3—摇臂;4—变幅滑车组;5—起吊滑车组;6—腰环;7—抱杆拉线;8—控制绳;

9—锚固绳;10—起吊牵引绳;11—液压提升套架;12—提升滑车组;13—提升架

（1）进场运输道路应满足塔材运输或搬运要求，采用流动式起重机配合组塔时，还应满足流动式起重机和运输车的行走、爬坡要求。

（2）作业场地应平整，大小应满足塔材地面组装等作业要求。

（3）动力平台、材料和机具场地应平整，满足施工作业要求。

（4）抱杆组装前，应对底座地基进行处理，抱杆基础地耐力应满足抱杆使用要求。

（5）施工辅助道路应满足动力设备进场和起吊牵引绳布置等要求。

（6）动力地锚、控制绳锚桩等设置应满足施工作业要求。

三、抱杆组立

落地双摇臂抱杆基本段组装流程如图 5-26 所示。

（1）地形条件许可时，可采用流动式起重机组立或倒落式人字抱杆整体组立。

（2）地形条件受限时，可先利用小型倒落式人字抱杆整体组立或采用散装方式组立抱杆上半部分，再利用已组立的抱杆上半部分将铁塔组立到一定高度，然后采用倒装提升方式，在抱杆下部接装抱杆其余各段，直至全部组装完成。

（3）利用液压提升套架或提升架提升抱杆时，液压提升套架或提升架应结合抱杆组立同步安装。

（4）抱杆组立过程中，应根据其性能要求及时设置腰环、拉线，并应保持抱杆杆身正直。腰环设置示意如图 5-27 所示。

（5）抱杆安装完成后，应对起吊、变幅、回转各系统及安全装置进行调试及参数设置，并应在使用前进行试吊。

四、铁塔底部吊装

条件具备时，优先采用流动式起重机进行铁塔底部吊装。采用落地摇臂抱杆吊装时，应注意以下事项：

（1）吊件摆放及组装位置应按抱杆中心对称布置，吊件偏角不宜超过5°。

（2）塔脚板及主材吊装时，应先对角对称同步吊装塔腿的塔脚板，再吊装主材。主材吊装时，应采取打设外拉线等防内倾措施，如图 5-28 所示。

（3）主材吊装完毕后，应对称同步吊装侧面构件。侧面构件可采用整体或分解吊装方式吊装。分解吊装时，应先吊装水平材，后吊装斜材。水平材吊装过程中，应采用打设外拉线等方式调整就位尺寸。水平材就位后，应采取预拱措施，便于斜材就位。

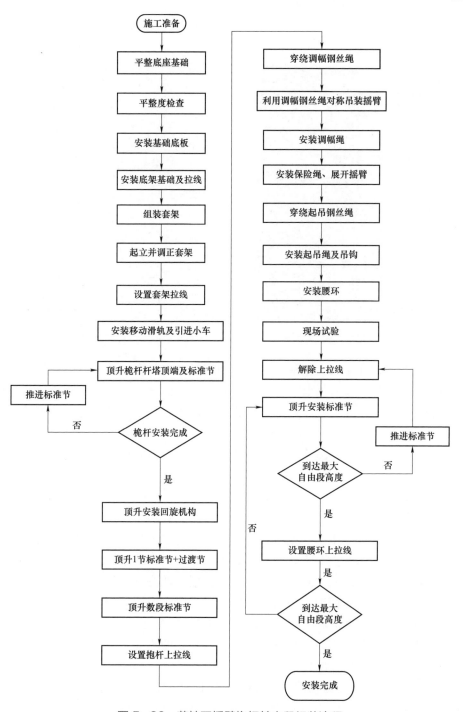

图 5-26 落地双摇臂抱杆基本段组装流程

图 5-27　腰环设置示意图

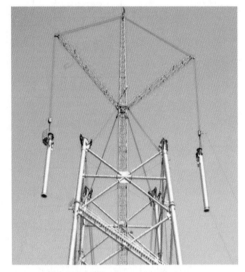
图 5-28　主材吊装示意图

（4）侧面构件吊装完毕后，应对称同步吊装内隔面构件。内隔面构件可采用整体或分解吊装方式吊装。分解吊装时，内隔面水平材应采取预拱措施，便于斜腹材就位。内隔面水平材就位过程中，应采用打设外拉线等方式调整就位尺寸。

（5）对结构尺寸、重量较小的塔腿段，地形条件允许时，可采用成片吊装方式吊装。

五、抱杆提升

（1）采用滑车组牵引法倒装提升方式时，可在塔身某一合适高度节点处或提升架顶部挂设四套提升滑车组，提升滑车组牵引绳从定滑车引出，再通过地面转向滑车引至地面后进行"四变二变一"或"四变一"组合，最终与地面牵引滑车组相连。采用四变一方式时，四套提升滑车组的尾绳应设置测力和调节装置，保证四根牵引钢丝绳受力均匀，如图 5-29 所示。

根据提升滑车组挂设点位置和抱杆杆身形式的不同，滑车组牵引法倒装提升方式可分为下列几种形式：

1）对利用提升架提升抱杆，且待安装杆身段为标准节或旋梯井架的，提升滑车组的定滑车应始终布置在提升架顶部，加装标准节或旋梯井架的操作应在地面进行。

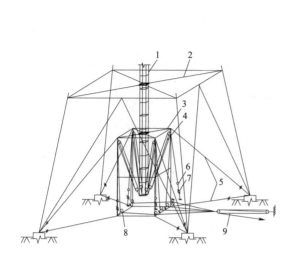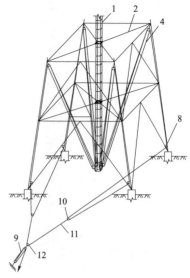

(a) 抱杆利用提升架提升的"四变一"组合　　(b) 抱杆利用塔体作为支撑架提升的"四变二变一"组合

图5-29　滑车组牵引法倒装提升抱杆示意图

1—抱杆；2—腰环；3—提升架；4—提升滑车组；5—提升架锚固绳；6—拉力传感器；7—调节装置；8—转向滑车；
9—牵引滑车组；10—一级平衡滑车；11—平衡钢丝绳；12—二级平衡滑车

2）对利用已组立好的塔体作为支撑架提升抱杆，且待安装杆身段为标准节或旋梯井架的，提升滑车组的定滑车应始终布置在跨越塔某一合适高度的塔身节点上，加装标准节或旋梯井架的操作应在地面进行。

3）对利用已组立好的塔体作为支撑架提升抱杆，且待安装杆身段为电梯井筒的，提升滑车组的定滑车应根据铁塔组立高度移至相应高度的塔身节点上，并应在抱杆底部设置辅助吊装系统，采用正装法加装电梯井筒。待抱杆提升高度满足要求后将抱杆回落至电梯井筒上。采用该方式提升抱杆时，应根据电梯井筒强度和稳定性要求，及时安装相应支撑构件或稳定拉线。

（2）采用地面液压提升套架倒装提升方式时，待安装杆身段为标准节或旋梯井架的，加装标准节或旋梯井架的操作应在地面进行，如图5-30所示。

（3）抱杆提升过程中，应根据其性能要求，合理设置附着数量及间距。采用地面液压提升套架进行抱杆首次提升时可设置一道附着，其余情况抱杆首次提升时其附着数量均不得少于两道。附着打设过程中，应保持杆身正直。

（4）抱杆提升完毕后，应及时打设内拉线。

（5）采用顶块和提升滚轮形式的附着，抱杆提升前应先调进滚轮、退出顶块，保证滚轮与杆身之间留有合适间隙，提升完毕后应至少保证最上部两道附着顶块顶紧杆身。

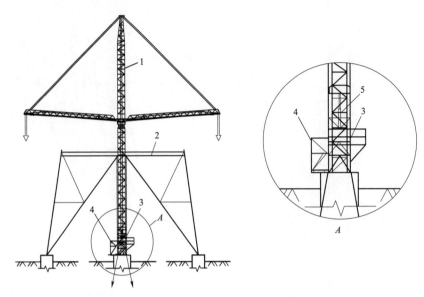

图 5-30　地面液压提升套架倒装提升抱杆示意图

1—抱杆；2—附着；3—地面液压提升套架；4—待加装标准节或井架；5—顶升油缸

六、铁塔上部吊装

塔身应按每个稳定结构分段吊装。应先对角对称同步吊装主材，后对称同步吊装侧面构件等。对塔身上部结构尺寸、重量较小的段别，可采用成片吊装方式吊装。

塔身吊装时，应根据实际情况，采取打设外拉线等防内倾措施和就位尺寸调整措施。

（1）曲臂吊装应按下列方法进行：

1）可采用分段、分片或相互结合的方式吊装曲臂。上曲臂吊装后应设置落地拉线及两上曲臂间的水平拉线，其中一侧上曲臂吊装后应先设置过渡落地拉线，待水平拉线安装后拆除。如图 5-31 所示。

2）曲臂吊装过程中，应根据抱杆稳定性要求，在上下曲臂间设置交叉形式等满足抱杆提升、吊装要求的附着。

（2）横担及顶架吊装应按下列方法进行：

1）对酒杯形塔，可采用分段、分片或相互结合的方式对称同步吊装。

a. 应先吊装中横担，后吊装边横担及顶架。中横担就位时，应通过落地拉线及两上曲臂间的水平拉线调整就位尺寸，满足就位要求。

b. 横担及顶架吊装过程中，抱杆应设置落地拉线，并应根据抱杆稳定性要求，在上下曲臂间设置落地形式等满足抱杆提升、吊装要求的附着，如图 5-32 所示。

图 5-31 曲臂吊装示意图　　图 5-32 酒杯型塔横担吊装示意图

2）对羊字形、干字形塔，可采用整体、分段、分片或相互结合的方式吊装，宜采取由下往上的吊装顺序，即先吊装下层横担，再吊装上层横担或顶架，如图 5-33 所示。

抱杆起吊幅度、起吊重量受限时，可采取由上往下的吊装顺序，即先吊装上层横担或顶架，后吊装下层横担。可采用抱杆吊装上层横担或顶架，可采用在上层横担或顶架布置起吊滑车组的方式吊装下层横担。

图 5-33 羊字形、干字形横担吊装示意图

七、抱杆拆除

（1）对杆身采用标准节的抱杆，应先将摇臂收拢并与桅杆绑扎固定，然后按提升逆程序将杆身从底部逐节拆除；待抱杆降到一定高度后，采用流动式起重机或在塔身挂设滑车组的方式将其剩余部分拆除。

（2）对杆身采用旋梯井架或电梯井筒的抱杆，应先将摇臂收拢并与桅杆绑扎固定，然后按提升逆程序拆除部分旋梯井架或电梯井筒；待抱杆降到满足拆除要求的高度后，采用在塔身顶部挂设滑车组的方式，按安装逆程序将抱杆头部拆除，并将其从塔身内的空隙处下放至地面。

落地式平臂抱杆分解组塔施工

落地式双平臂抱杆适用于运输条件较好的 500kV 及以上架空输电线路一般塔型组立，不宜用于塔窗高度超过抱杆自由高度的酒杯型、猫头型铁塔及不满足抱杆下降尺寸要求的铁塔。落地式摇臂抱杆分解组塔有下列特点：

（1）抱杆应设置于塔中心的基础上，抱杆基础地耐力应满足抱杆使用要求。

（2）抱杆吊装时不平衡力矩不得超过其设计允许值，宜采用双侧平衡吊装方式。

（3）抱杆杆身段宜采用标准节，腰环应设置于塔体节点位置，腰环间距应满足杆身稳定性要求，其结构形式还应满足抱杆防扭要求。

（4）在提升及构件吊装过程中，抱杆应保持正直，顶端偏移不应超过其设计允许值。

（5）抱杆安装后应按规定程序进行试验及验收，试验及验收合格后，方可投入使用。

一、工艺流程图

对于落地式平臂抱杆分解组塔施工，其塔腿及抱杆通常是采用大吨位汽车起重机（简称吊车）进行吊装，之后再利用抱杆吊装塔身及塔头各部构件。

落地式双摇臂内拉线抱杆分解组塔工艺流程如图 5-34 所示。

二、现场布置

落地双平臂抱杆分解组塔的现场布置如图 5-35 和图 5-36 所示，主要包括进场运输道路、作业场地、材料和机具场地、抱杆基础、施工辅助道路、起吊设备动力平台、指挥控制室、锚桩设置等。现场平面布置应符合下列要求：

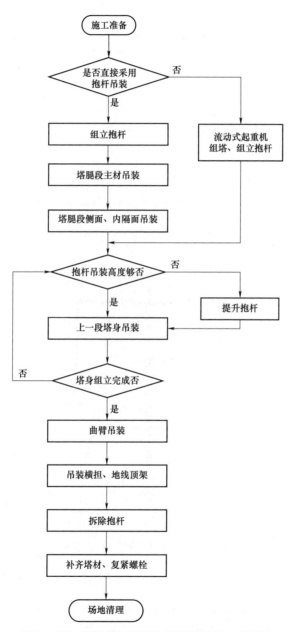

图 5-34 落地式双平臂抱杆分解组塔工艺流程

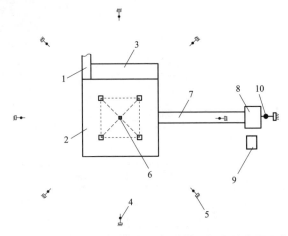

图 5-35　落地式双平臂抱杆分解组塔现场平面布置示意图

1—进场运输道路；2—作业场地；3—材料和机具场地；4—控制绳地锚；5—主材 45°拉线地锚；
6—抱杆基础；7—施工辅助道路；8—起吊设备动力平台；9—指挥控制室；10—动力地锚

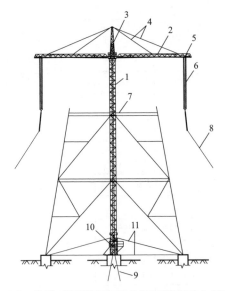

图 5-36　落地式双平臂抱杆分解组塔吊装布置示意图

1—标准节；2—起重臂；3—抱杆塔帽；4—拉杆或拉索；5—变幅小车；6—起吊滑车组；7—腰环；
8—控制绳；9—起吊牵引绳；10—地面液压提升套架；11—锚固线

（1）进场运输道路应满足塔材运输或搬运要求，采用流动式起重机配合组塔时，还应满足流动式起重机和运输车的行走、爬坡要求。

（2）作业场地应平整，大小应满足塔材地面组装等作业要求。

（3）动力平台、材料和机具场地应平整，满足施工作业要求。

（4）施工辅助道路应满足动力设备进场和起吊牵引绳布置等要求。

（5）动力地锚、控制绳锚桩等设置应满足施工作业要求。

三、抱杆组立

（1）现场道路及地形条件允许，宜采用流动式起重机组立抱杆。

（2）地形条件受限时可采用散装方式组立抱杆基本段，并应利用液压提升套架提升抱杆杆身标准节，液压提升套架应结合抱杆组立同步安装。

（3）抱杆组立前，应对抱杆采用的装配式基础铺平拼装，并应以标准节的引进方向选择基础底板安装方向，将抱杆底架装在拼好的基础底板上；抱杆底架与铁塔基础预埋件应通过锚固线固定，当通过塔腿固定时，抱杆安装前应预先安装塔腿。

（4）抱杆组立过程中，应根据其组装要求及时设置临时拉线，并应保持抱杆正直，如图 5-37 所示。

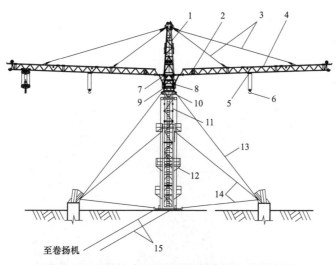

图 5-37 落地式双平臂抱杆基本段组装示意图

1—抱杆塔帽；2—变幅机构；3—拉索；4—吊臂；5—载重小车；6—吊钩；
7—回转杆身；8—上支座；9—回转支承；10—下支座；11—标准节；
12—套架；13—抱杆临时拉线；14—套架锚固线；15—起吊绳

（5）抱杆基本段及电气部分安装完成后，应对小车变幅限制器、回转限制器、起重量限制器、力矩限制器、力矩差控制器和变频器等装置进行调试和参数设置。

（6）对于抱杆设备，应在调试完成后使用前进行试吊，并应经验收合格后方可投入使用。

四、铁塔底部吊装

（1）现场道路及地形条件允许，宜采用流动式起重机组立塔腿段。

（2）采用抱杆吊装塔腿段，吊件摆放应满足抱杆垂直起吊要求，两侧吊件应按抱杆中心对称布置。

（3）组立塔腿时，抱杆应设置临时落地拉线。

（4）根据塔腿重量、根开、主材长度、场地条件等，可以采用单根或分片吊装安装塔腿。

（5）塔腿组立时应选择合理的吊点位置，当强度不满足时，应在吊点处采取补强措施。

（6）单根主材或塔片组立完成后，应随即安装并紧固好地脚螺栓或接头包角钢螺栓并应打好临时拉线。在铁塔四个面辅材未安装完毕之前，不得拆除临时拉线。

五、抱杆提升

（1）每吊完一段塔体后，应将四侧辅助材料全部补装齐全，并应紧固螺栓后再提升抱杆。

（2）利用液压提升套架提升安装抱杆时，加装标准节应在地面进行。如图 5-38 所示。

图 5-38 落地式双平臂抱杆提升布置示意图

（3）采用液压提升套架提升时，抱杆提升前应先调进腰环滚轮、退出顶块，并应保证滚轮与杆身间留有合适间隙，提升完毕后应至少保证最上部两道腰环顶块顶紧杆身。

（4）抱杆提升过程中，应根据其性能要求，合理布置腰环附着数量及间距。

（5）抱杆升高后，应用经纬仪在顺线路及横线路两个方向上监测抱杆的竖直状态，在抱杆调直后再收紧并固定各层附着。

六、铁塔上部吊装

塔身吊装根据抱杆承载能力和塔位场地条件，可以采用单侧吊装或双侧平衡吊装。单侧吊装时，对侧臂应吊适当配重，起到平衡作用。起吊过程中抱杆应保持竖直；双侧平衡吊装时，抱杆应调直，双侧塔片应对称布置且重量宜相等。起吊时应避免吊臂承受侧向力，保持起吊点与抱杆处于同一铅垂面。

两侧平衡吊装中，应使吊件同步离地、同步提升、同步就位，不平衡力矩不得超过其设计允许值。两侧塔片安装就位后，应将吊臂旋转到另两侧，起吊塔体另两侧面的斜材和水平材。塔体斜材及水平材安装完毕且螺栓紧固后方可松解起吊索具。对于较宽的塔片，在吊装时应采取必要的补强措施。

（1）曲臂吊装应符合下列规定：

1）根据抱杆的承载能力及场地条件确定采用上、下曲臂整体吊装或分体吊装，宜采用两侧曲臂平衡吊装方案。

2）曲臂吊装过程中，应根据抱杆强度、稳定性要求，在上、下曲臂间设置满足抱杆提升、吊装要求的腰环或落地形式固定腰环。

曲臂平衡吊装示意如图 5-39 所示。

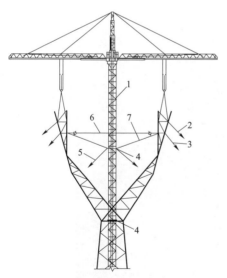 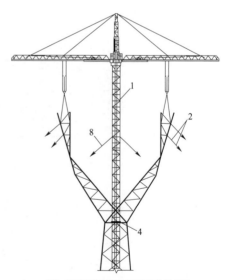

（a）曲臂吊装落地形式腰环布置　　　　　　（b）曲臂吊装抱杆辅助落地拉线布置

图 5-39　曲臂平衡吊装示意图

1—抱杆；2—控制绳；3—落地拉线；4—腰环；5—腰环落地拉线；6—水平拉线；

7—防坠拉线；8—抱杆辅助外拉线

3）曲臂吊点绳宜用倒"V"形，吊点绳应绑扎在曲臂的 K 节点处或构件重心上方 1～2m 处。

4）曲臂吊装完成后，应打好临时拉线。

5）两侧曲臂吊装完成且紧固螺栓后，应在曲臂上口前后侧加调节装置并调节收紧。

（2）横担及地线支架吊装应符合下列规定：

1）酒杯型、猫头型铁塔的吊装，应根据抱杆承载能力、横担重量、横担结构分段和塔位场地条件，采用横担整体吊装、分段、分片或相互组合的方式对称同步吊装。首先吊装中横担，当中横担接近就位高度时，应缓慢松出控制绳，使横担下平面缓慢进入上曲臂平口上方。当两端都进入上曲臂上口后，应先低后高和对孔就位。随后通过落地拉线及两曲臂间的水平拉线调整两侧曲臂间水平距离满足就位要求。最后利用抱杆先吊装边横担，再吊装地线支架。

2）对于羊字形、干字形铁塔的吊装，应根据抱杆承载能力、横担重量、横担结构分段和塔位场地条件，采用横担整体吊装、分段、分片或相互组合的方式对称同步吊装。

羊字形、干字形横担吊装如图 5－40 所示。

图 5－40 羊字形、干字形横担吊装

七、抱杆拆除

（1）杆身采用标准节的抱杆，应先将两吊臂收拢并与桅杆固定，然后按提升逆程序将标准节从底部逐节拆除。

抱杆拆除如图 5-41 所示。

（2）抱杆降到一定高度后，可采用流动式起重机或在塔身上挂滑车组的方式将剩余部分拆除。

图 5-41　抱杆拆除

单动臂抱杆分解组塔施工

单动臂抱杆分解组塔施工不需两侧平衡起吊，对塔材组装点及场地要求较低，适用于地形条件受限的组塔施工，但是单侧起吊较落地双平臂或摇臂抱杆而言工效一般。单动臂抱杆分解组塔有下列特点：

（1）抱杆应设置于塔中心的基础上，抱杆基础地耐力应满足抱杆使用要求。

（2）抱杆吊装时不平衡力矩不得超过其设计允许值。

（3）抱杆安装后应按规定程序进行试验及验收，试验及验收合格后，方可投入使用。

一、工艺流程图

单动臂抱杆分解组塔工艺流程如图 5-42 所示。

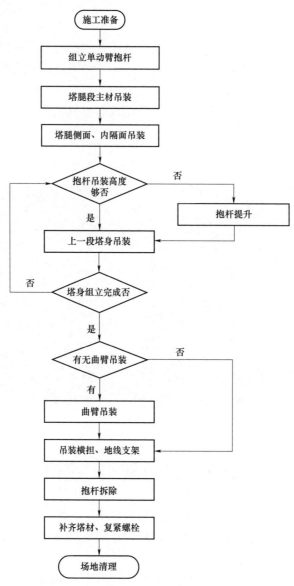

图 5-42 单动臂抱杆分解组塔工艺流程图

二、现场布置

单动臂抱杆分解组塔的现场布置如图 5-43 和图 5-44 所示，主要包括进场运输道路、作业场地、材料和机具场地、抱杆基础、施工辅助道路、起吊设备动力平台、指挥控制室、锚桩设置等。现场平面布置应符合下列要求：

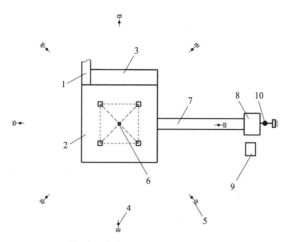

图 5-43 单动臂抱杆分解组塔现场平面布置示意图

1—进场运输道路；2—作业场地；3—材料和机具场地；4—控制绳地锚；5—主材 45°拉线地锚；
6—抱杆基础；7—施工辅助道路；8—起吊设备动力平台；9—指挥控制室；10—动力地锚

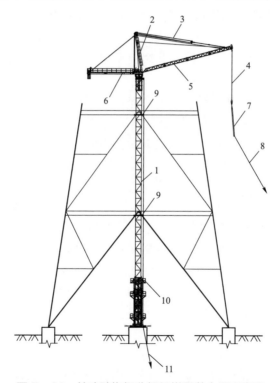

图 5-44 单动臂抱杆分解组塔吊装布置示意图

1—抱杆；2—塔顶；3—变幅绳；4—起吊滑车组；5—动臂；6—平衡臂；7—吊件；
8—控制绳；9—腰环；10—液压提升套架；11—起吊牵引绳

（1）进场运输道路应满足塔材运输或搬运要求，采用流动式起重机配合组塔时，还应满足流动式起重机和运输车的行走、爬坡要求。

（2）作业场地应平整，大小应满足塔材地面组装等作业要求。

（3）动力平台、材料和机具场地应平整，满足施工作业要求。

（4）施工辅助道路应满足动力设备进场和起吊牵引绳布置等要求。

（5）动力地锚、控制绳锚桩等设置应满足施工作业要求。

三、抱杆组立

（1）现场道路及地形条件允许，优先采用流动式起重机组立单动臂抱杆。

（2）地形条件受限时可采用散装方式组立单动臂抱杆基本段，利用液压提升套架或提升架提升单动臂抱杆杆身标准节，液压提升套架或提升架应结合塔机组立同步安装。

（3）抱杆组立前，对抱杆采用的装配式基础铺平拼装，并以标准节的引进方向确定基础底板安装方向，将抱杆底架装在拼好的基础底板上。抱杆底架与塔基础预埋件通过锚固线固定，如果通过塔腿固定，抱杆安装前预先安装塔腿。

（4）抱杆组装过程中，应根据其组装要求及时打设临时拉线，并保持抱杆正直，如图 5-45 所示。

（5）抱杆基本段及电气部分安装完成后，应对吊臂变幅限制器、回转限制器、起重量限制器、变频器等装置进行调试及参数设置。

（6）对于抱杆设备，应在调试完成后使用前进行试吊，并应经验收合格后方可投入使用。

四、铁塔底部吊装

（1）现场道路及地形条件允许，宜采用流动式起重机组立塔腿段。

（2）采用抱杆吊装塔腿段，吊件摆放及组装位置应满足垂直起吊要求。

（3）依次吊装四个塔腿的塔脚板、主材及侧面构件等。主材吊装时，采取打设外拉线等防内倾措施。吊装侧面和内隔面构件时，应采取打设外拉线等就位尺寸调整措施。如图 5-46 所示。

五、抱杆提升

（1）每吊完一段塔体后，应将四侧辅助材料全部补装齐全，并应紧固螺栓后再提升抱杆。

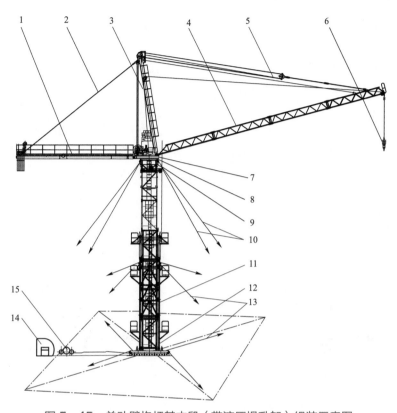

图 5-45 单动臂抱杆基本段（带液压提升架）组装示意图

1—平衡臂；2—平衡臂拉杆；3—塔顶；4—起重臂；5—调幅绳；6—起吊滑车组；7—上支座；8—回转杆身；
9—下支座；10—抱杆临时拉线；11—液压提升套架；12—底架及基础底块；13—套架锚固线；
14—控制室；15—动力设备

图 5-46 单动臂抱杆铁塔底部吊装示意图

（2）利用液压提升套架提升安装抱杆时，加装标准节应在地面进行。如图 5-49 所示。

（3）采用液压提升套架提升时，抱杆提升前应先调进腰环滚轮、退出顶块，并应保证滚轮与杆身间留有合适间隙，提升完毕后应至少保证最上部两道腰环顶块顶紧杆身。

（4）抱杆提升过程中，应根据其性能要求，合理布置腰环附着数量及间距。

（5）抱杆升高后，应用经纬仪在顺线路及横线路两个方向上监测抱杆的竖直状态，应在抱杆调直后再收紧并固定各层附着。

六、铁塔上部吊装

（1）曲臂可采用分段、分片或相互结合的方式吊装。上曲臂吊装后应打设落地拉线及两上曲臂间的水平拉线。如图 5-47 所示。

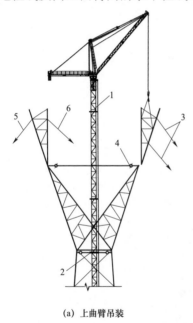

(a) 上曲臂吊装　　　　　　　　　　(b) 上曲臂水平拉线安装

图 5-47　曲臂吊装示意图

1—塔机；2—腰环；3—控制绳；4—交叉形式腰环；5—落地拉线；6—过渡落地拉线；7—水平拉线

（2）横担及顶架吊装应符合下列规定：

1）对酒杯形塔、猫头形塔根据抱杆承载能力、横担重量、横担结构分段和塔位场地条件，采用横担分段、分片或相互组合的方式吊装。

2）首先吊装中横担，中横担接近就位高度时，缓慢松出控制绳，使横担下平面缓慢进入上曲臂平口上方。当一端都进入上曲臂上口后，先低后高，对空就位。两侧曲臂间水平距离通过落地拉线及两曲臂间的水平拉线调整，满足就位要求。

3）抱杆最大吊装幅度不能满足边横担、横担地线支架吊装时，可采用辅助抱杆进行吊装。辅助抱杆吊装边横担时，地线支架横担部分辅材视吊装情况放到后续工序中安装。

4）对于羊字形、干字形铁塔的吊装，可采用分段、分片或相互结合的方式吊装，应按从下向上的顺序吊装。如图5-48所示。

七、抱杆拆除

（1）对单动臂抱杆，可利用在单动臂抱杆上设置的人字抱杆等辅助拆卸系统将起重臂、平衡臂配重块等先行分段拆除。

图5-48　羊字形、干字形塔横担吊装示意图

（2）按提升逆程序将单动臂抱杆降到一定高度后，采用流动式起重机或在塔身挂设滑车组的方式将其剩余部分拆除。

（3）拆除抱杆过程中，应采取打设抱杆临时外拉线等方式，防止抱杆在拆卸起重臂、平衡臂、配重块等部件的过程中倾覆。

起重机组塔施工

在特高压线路组塔施工中，由于常规内悬浮抱杆、落地抱杆等组塔工艺在安全性、组塔效率和质量控制等方面存在局限性，当现场运输道路及地形条件允许时，采用汽车起重机组塔已经成为首选。

流动式起重机主要有汽车式起重机和履带式起重机。汽车式起重机组塔具有方便、快捷、灵活性高，但对道路、场地要求较高。需要在施工中结合现场实际情况，在汽车吊选型、站位、铁塔组装、施工组织等方面进行优化。

一、工艺流程图

流动式起重机到达塔基旁，利用吊臂直接进行铁塔组立。利用流动式起重机的快速进出场、低高度大吊重、吊装起升快速、全方位回转等性能特点，与

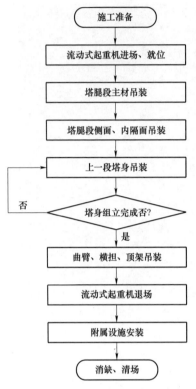

图 5-49 流动式起重机组塔流程

各类落地型式抱杆充分结合，采用混合组塔工艺。特别是高度较高的跨越塔，利用大型流动式起重机协助铁塔下部单件重量大、作业幅度大的构件吊装，有效降低高空作业量，并可用于协助抱杆的组立，有效提高铁塔组立整体工效。

流动式起重机组塔流程如图 5-49 所示。

二、现场布置

施工前，应熟悉铁塔的设计文件及其结构特点，并应进行现场调查；依据施工方案、作业指导书进行施工技术交底，交底应包括安全、质量、技术等内容；按作业指导书要求进行场地平整及基础检查；施工机具进入现场前，应对其进行检验或试验，合格后方可投入使用；计量器具应在检定有效期内；应根据安全文明施工的要求和铁塔结构，配备相应的安全设施和安全用具。

流动式起重机站位应选择铁塔正面外侧的中心位置，车体应布置在预留出的撤出通道方向。作业场地应平整，地耐力和坡度等均应满足流动式起重机行走、转弯和站位吊装等作业要求。材料和机具场地应平整，并应满足施工作业要求。

流动式起重机组塔现场布置示意如图 5-50 所示。

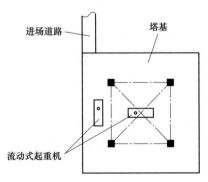

图 5-50 流动式起重机组塔现场布置示意图

三、起重机站位

（1）进场道路。

选择设计流动式起重机的进场路线，对不符合要求的进场道路应进行修补、加固。

（2）场地平整。

根据起重机组塔的平面布置设计，将构件组装场地及起重机就位场地进行平整，将影响铁塔吊装的障碍物逐一清除或移位。场地应满足起重机需要移位作业的需要。对于坚土地面应平整，对于泥沼或砂质土等松软地面，应采取铺垫碎石或铺设钢板等措施，以防起重机或塔料下陷。

（3）站位选择。

尽量减少起重机的移动，对于根开较小的铁塔，以站位不变即可吊装完成全部构件；根开较大时，应预先确定多个站位，并明确站位顺序。站位尽量靠近塔位，以减少吊臂工作幅度，发挥起重机能力。站位应由现场指挥人和起重机操作人共同选择确定。

四、铁塔吊装

流动式起重机工况应根据吊装高度、吊件重量、吊装位置等因素配置，并应保证各工况下吊件与起重臂、起重臂与塔身的安全距离。

（1）塔腿吊装。

先吊装塔腿的塔脚板，再吊装主材。主材吊装时，应采取打设外拉线等防内倾措施。三个侧面构件可采用整体或分解吊装方式吊装。分解吊装时，应先吊装水平材，后吊装斜材。水平材吊装过程中，应采用打设外拉线等方式调整就位尺寸。水平材就位后，应采取预拱措施，便于斜材就位。

主材吊装示意如图 5-51 所示。

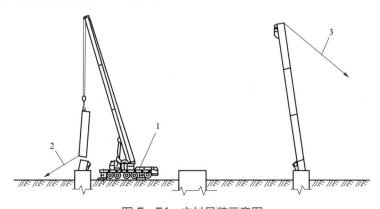

图 5-51 主材吊装示意图

1—流动式起重机；2—控制绳；3—外拉线

（2）塔身吊装。

流动式起重机应布置于塔身外侧，按每个稳定结构分段吊装。应先吊装其中一个面的主材及侧面构件，然后再吊装相邻面的主材及侧面构件，依次完成四个面的吊装。对塔身上部结构尺寸、重量较小的段别，可采用成片吊装方式吊装。塔身吊装时，应根据实际情况，采取打设外拉线等防内倾措施和就位尺寸调整措施。

（3）塔头吊装。

曲臂可采用分段、分片或相互结合的方式吊装。上曲臂吊装后应打设落地拉线及两上曲臂间的水平拉线，其中一侧上曲臂吊装后应先打设过渡落地拉线，待水平拉线安装后拆除。如图5-52所示。

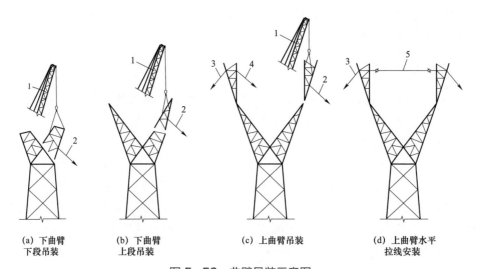

(a) 下曲臂　　　　(b) 下曲臂　　　　(c) 上曲臂吊装　　　　(d) 上曲臂水平
　下段吊装　　　　上段吊装　　　　　　　　　　　　　　拉线安装

图5-52　曲臂吊装示意图

1—流动式起重机起重臂；2—控制绳；3—落地拉线；
4—过渡落地拉线；5—水平拉线

横担吊装应先吊装中横担，后吊装边横担，最后吊装顶架。中横担中间部分可采用整体或前后分片吊装方式吊装。中横担就位时，应通过落地拉线及两上曲臂间的水平拉线调整就位尺寸，满足就位要求。

中横担吊装示意如图5-53所示。

（4）组塔应用。

流动式起重机组塔吊装如图5-54所示。

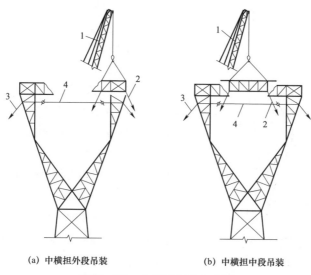

(a) 中横担外段吊装　　　　　(b) 中横担中段吊装

图5-53　中横担吊装示意图

1—流动式起重机起重臂；2—控制绳；3—落地拉线；4—水平拉线

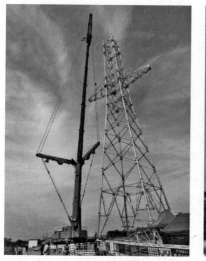

图5-54　流动式起重机组塔吊装

直升机组塔施工

使用直升机进行输电线路铁塔组立是一种先进的铁塔组立施工技术，可显著减少施工人员数量、降低人员劳动强度、提高施工安全性和施工效率、对环

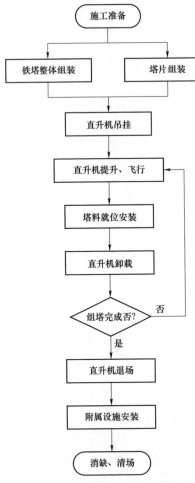

图 5-55 直升机组塔工艺流程

境破坏很小。直升机吊装组塔作业特点：

（1）受地形影响，飞行高度多变。

（2）受气流影响，易造成直升机颠簸、侧倾或侧滑，易引起吊挂物摆动。

（3）直升机在吊装时，功率消耗大，旋翼处于大扭矩工作状态。

（4）施工中受地形或场地影响，有时须临时着陆，飞行员要有灵活的驾驶技术。

（5）直升机悬停时稳定性差，而吊装组塔的整体就位与分段对接作业要求吊件稳定，飞行员必须与现场指挥密切配合。

（6）直升机作业效率与飞行高度、气温等有关，高海拔及高温度地带，直升机吊运能力将有所下降。

一、工艺流程图

直升机组塔工艺流程如图 5-55 所示。

二、现场布置

料场和停机坪应就近选择，如条件有限也可分开，但停机坪附近必须设有加油系统，停机坪面积一般为 50m^2，地质坚硬，起降场地应地势平坦，300m 内无 20m 以上建筑物，至少一个方向开阔，作为直升机作业进出场的通道。料场和停机坪应能"通电、通交通、通信息"，地势平坦并能存放施工所需器材，满足摆放塔材和组装铁塔的需要。

在制订施工作业计划前，应认真搜集和调查相关气象资料，作业尽量选在晴好天气进行。吊装前，停机坪及供油系统已准备好，备齐全部机具，包括索具、导轨、地脚螺栓保护帽等。

三、铁塔吊装

（1）起吊。

直升机在待吊铁塔（段）上方悬停，地面工作人员将铁塔通过吊索挂于直升机自带的工作钩上，然后直升机按地面指挥命令徐徐上升、移位，使塔体逐渐立起。塔位立直后直升机继续上升，当铁塔底部离地3～4m时悬停，待稳定后即可吊运至安装地点。

（2）运输。

运输飞行应均匀加速，保持速度在50～60km/h之间，当受气流影响铁塔可能出现摆动时，飞行员应设法加以抑制。

（3）就位组装。

1）铁塔底部段吊装就位。

直升机吊运铁塔至安装地点上空悬停，稳定后指挥直升机缓慢下降，至铁塔接近基础面时，由地面人员配合使塔脚板螺栓正好套过去时地脚螺栓，然后迅速安装螺母。一切正常后，即可令飞行员脱去工作钩飞离现场。

整体或铁塔底部段吊装如图5-56所示。

2）分段吊装就位。

当铁塔整体较重或现有直升机的承载能力不足

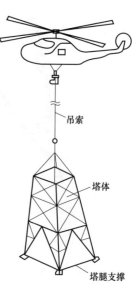

图5-56 整体或铁塔底部段吊装示意图

时，应采用分段吊装的方法。分段组塔法是指将铁塔分成若干塔段，在地面组装好各塔段后，使用直升机按由下至上的顺序分段吊起、空中依次对接、按序组立的一种施工方法，可用于大型、重型铁塔的组立。

使用直升机分段组塔对铁塔的分段质量、接头形式、接头位置等都有较高要求，而最大的难点在于如何保证塔段在空中可靠、准确、自动、快捷（避免直升机长时间悬停）对接，可采用对接辅助系统，避免人工干预，确保施工安全、高效。对接用辅助系统应具有以下功能：

自动导向功能为使用直升机吊装的塔段与下段塔段能够实现自动就位、对接，对接辅助系统应为被吊塔段准确进入安装位置提供导向；临时支撑功能为被吊塔段提供临时支撑，被吊塔段就位后，在施工人员登塔使用螺栓和连接角钢将被吊塔段与已就位塔段连接前，对接辅助系统应为被吊塔段提供临时支撑；准确定位功能应保证被吊塔段、已就位塔段和连接角钢上螺栓孔位的准确对齐，为施工人员进行塔段连接提供便利，因此，对接辅助系统应具有水平和垂直限位功能；辅助控制功能为防止被吊塔段在就位时出现过大幅度的扭晃，对接辅助系统应留有控制绳快速连接位置，方便地面人员使用控制绳协助被吊塔段就位。直升机组塔对接辅助系统，如图5-57所示。

直升机将被吊塔段调整好方位、缓慢落下至距地面一定高度，地面辅助人员迅速将已穿过垂直限位装置腰环的控制绳连接在水平限位装置的连接板上。由于铁塔四角处均有一根控制绳，因此应安排4名地面辅助人员同时连接。另外为缩短连接

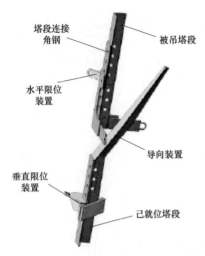

塔段连接角钢

被吊塔段

水平限位装置

导向装置

垂直限位装置

已就位塔段

图 5-57 直升机组塔对接辅助系统

时间，在连接板上开有连接孔、控制绳端头系有S形挂钩，地面辅助人员只需将挂钩钩入连接孔内即可。直升机吊起被吊塔段至已就位塔段上方，在对接辅助系统中水平限位装置的辅助作用下找准就位中心并悬停。上升过程应缓慢，防止控制绳与铁塔发生缠绕。

地面辅助人员收紧4根控制绳，使被吊塔段与已就位塔段在俯视平面内四边平行对齐，防止因被吊塔段出现绕吊挂垂直中心的扭转而无法准确就位。

直升机驾驶员逐渐降低悬停高度，使被吊塔段借助对接辅助系统中导向装置的导向作用顺畅滑入安装位置，实现被吊塔段与已就位塔段准确对接就位，最终被吊塔段落至垂直限位装置的平台上。

直升机松开与被吊塔段的连接后飞离，施工人员登塔，使用螺栓将已就位塔段和连接角钢连接，从而实现被吊塔段和已就位塔段的连接。拆除对接辅助系统各装置，从而完成被吊塔段的直升机组立。

后续塔段的组立参照上述步骤实施，从而完成整基铁塔的直升机组立施工。

3）实际吊装应用。

直升机组塔吊装如图5-58所示。

图 5-58 直升机组塔吊装

组塔质量工艺要求

铁塔组立过程中，施工质量工艺应符合设计图纸及验收规范的相关规定。

一、螺栓穿入方向

1. 对立体结构

（1）水平方向由内向外。

（2）垂直方向由下向上。

（3）斜向者宜由斜下向斜上穿。

2. 对平面结构

（1）顺线路方向，按顺线路方向穿入（由小号到大号）。

（2）横线路方向，两侧由内向外，中间由左向右（按线路方向）。

（3）垂直地面方向者由下向上。

（4）横线路方向呈倾斜平面时，按顺线路方向穿入（由小号到大号）或由下向上取统一方向；顺线路方向呈倾斜平面时，由下向上，或取统一方向。

（5）双角、四角钢主材螺栓穿向统一按俯视顺时针方向布置，与主材连接的连板上的所有螺栓与主材上螺栓穿向一致。

注：如按照正确的施工顺序，个别螺栓安装困难时，施工项目部需经设计确认后方可变更穿入方向。

具体穿向见图 5-59 所示。

二、螺栓及构件要求

（1）螺栓应垂直于连接构件的平面，螺杆和螺母与构件间不允许有空隙。

（2）螺栓的无扣部分应略短于被连接的所有构件厚度之和，紧固时，螺栓不得打滑，同时丝扣部分也不得进入剪切面；如果无扣部分过长，需要在螺母侧加垫片，但垫片数量不得超过 2 个。

（3）螺栓紧固后，螺杆应与构件面垂直，露出长度为：单帽者不应少于 2 个螺距，双帽者允许平扣。螺栓紧固并加上防松扣紧螺母后，螺栓露扣应不少于一扣。

（4）连接螺栓应逐个紧固，棱角磨损过大致使扳手打滑的螺栓必须更换。

（5）每段铁塔吊装后应及时将螺栓紧固，下一段螺栓未紧固时严禁吊装上一段塔材。

（6）螺栓应逐个紧固，螺杆与螺母的螺纹有滑牙或螺母的棱角磨损以致扳手打滑的螺栓必须更换。

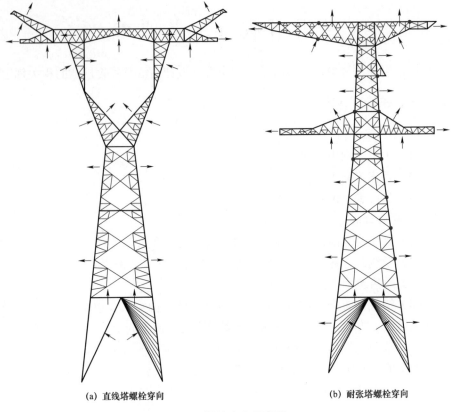

(a) 直线塔螺栓穿向   (b) 耐张塔螺栓穿向

图 5-59   螺栓穿向示意图

（7）组立过程中，应采取不导致部件变形或损坏的措施。

（8）铁塔组立好后，塔材不得有弯曲变形现象，各相邻节点间主材弯曲不得超过标准和规范要求值，并在组立过程中随时监测控制。

（9）高塔结构倾斜控制在 1.2‰以下。在组立工程中在整个塔身中段附近和平口附近用经纬仪在顺线路和横线路检查结构倾斜，防止结构倾斜超差。耐张塔的预偏应符合设计要求，保证架线后不向内角倾斜。

（10）铁塔各构件组装有困难时，应查明原因，严禁强行组装。

（11）施工时如发现塔材与施工图不符时，应及时通知项目部。

（12）铁塔组立后，塔脚板应与基础面接触良好。铁塔经检查合格后可随即浇筑混凝土保护帽，混凝土保护帽尺寸应符合规定。

三、螺栓紧固要求

（1）螺杆和螺母的螺纹有滑扣或螺母棱角磨损严重以致扳手打滑者应予以更换。

（2）铁塔螺栓的一次紧固率要达到 95%以上。铁塔螺栓在架线后还应复紧一遍，复紧并检查扭矩合格后，方准安装防卸螺母或扣紧螺母。直线塔组立完毕经监理验收合格后可随即浇筑保护帽。耐张塔应在架线复紧后经监理验收合格再浇筑保护帽。其紧固程度应符合螺栓紧固力矩标准。

四、其他要求

（1）塔材的连接应牢固。交叉处有空隙者，应装设相应厚度的垫圈或垫板；装设的垫板应符合设计图纸规定；装设的垫圈应采用标准垫圈并经热镀锌。

（2）防卸、防松螺栓的安装位置应符合设计要求。若无要求时，应在图纸会审时提出并给予确定。

（3）螺栓的级别应在螺栓头上明确标识，使用时，其级别应符合设计图纸规定，不同级别螺栓严禁混用。

（4）同直径不同长度螺杆的螺栓不应混用。

（5）螺杆应与构件平面垂直，螺栓头与构件的接触处不应有空隙。产生空隙的原因可能有：螺栓头加工不规则、残留锌渣、塔材表面不平整、对孔不准及螺栓未拧紧等，应注意查明原因并处理之。

（6）塔材组装有困难时应查明原因，严禁强行组装。构件组装困难可能原因有二：一是塔材的孔间距离误差超标；二是安装塔材规格有误或是安装方向有误。只有查明原因，才能使构件顺利安装。

（7）塔片组装后，应依据设计图纸进行核对和检查，发现问题要及时在地面进行处理，切忌留待高空作业处理。

（8）杆塔连接螺栓应逐个紧固，各级螺栓的扭紧力矩不应小于验收规范及设计要求。

（9）螺杆与螺母的螺纹有滑牙或螺母的棱角磨损以致扳手打滑的螺栓必须更换。

（10）构件的连接螺栓，凡不影响后续作业者均应在地面紧固。

（11）杆塔构件地面组装后应对其质量作一次全面检查，其内容包括：

1）构件是否齐全。缺少的构件是送料缺件还是加工构件尺寸错误应登记清楚。

2）组装尺寸是否正确。

3）组装后的构件是否有弯曲变形，空隙处是否已加垫圈或垫板。

4）防锈层剥落处是否已补涂灰漆或喷锌。

5）螺栓是否已紧固。

6 特高压输电工程架线施工

特高压输电工程架线施工主要采用张力架线方式，即用张力放线方法展放导线、地线及 OPGW，以及与其相配合的工艺方法进行紧线、挂线、附件安装等各项作业的整套架线施工方法。它具有避免架空线与地面摩擦损伤，施工作业机械化程度高、工效高，经济效益好，减少植被破坏，保护环境等优点。

架线分部工程包括导地线展放、紧线施工、导地线压接、附件安装、交叉跨越等分项工程。施工前应根据工程施工条件、施工资源和设计文件，确定施工方案，编写单段策划或者施工作业指导书。其基本流程如图6-1所示。

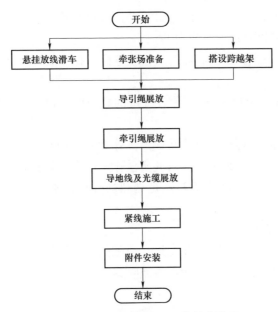

图6-1 张力架线施工工艺基本流程

特高压输电架线工程同相（极）子导线应一次或者同步展放、同步收紧。一次展放是指在同一张力放线施工区段内，采用一台（或多台）主牵引机经主张力机（一台或多台），用牵放多分裂导线的牵引板和放线滑车配合放线，所有导线同时到达牵引场。同步展放指在同一张力放线施工区段内，采用两套或两套以上牵张设备组合同时展放同相（极）多分裂导线，子导线到达牵引场的时间基本相同（不宜大于 0.5h）。根据牵引绳数量及每根牵引绳牵引子导线数量的不同，导线展放分为"一牵 1""一牵 2""一牵 3""一牵 4""一牵 8""二牵 3""二牵 8"等方式。特高压输电工程导线展放方式应根据工程施工条件、导线分裂数、导线与主张牵机等放线装备的匹配性综合选定。

张力放线前准备

张力放线前准备工作主要包括牵张场选择及布置、放线滑车悬挂、跨越架搭设、施工计算及布线、施工工器具选配等工序。本节将重点介绍各项工序作业内容、作业流程、关键管控要点等内容。

一、牵张场选择及布置

牵张场选择及布置主要根据架线施工环境条件、张力放线方式、重要跨越、架线区段等因素确定，且需综合考虑架线施工的合理性、安全性、经济性，同时还要保证导地线展放施工质量。放线区段数量及长度是选择及布置牵张场的重要依据，应在架线施工开始前综合考虑放线质量、线路条件、施工可行性、合理性及工效等因素进行计算明确。

牵张场地选择的位置应便于牵张设备和材料的运达及布置，放线段内与张牵机相邻的直线塔应允许锚线。牵张场地的布置应充分考虑张力放线方式，合理规划牵引机、张力机、流动式起重机、导线盘、压接装置、地锚等施工设备及工器具的摆放位置，减少各工序之间干扰，提高导地线展放工效。牵引场、张力场布置应注意如下各点：

牵引机、张力机一般布置在线路中心线上，根据机械说明书的要求确定牵引机、张力机出线所应对准的方向；牵引机、张力机进出口与邻塔悬点的高差角不宜超过 15°，水平角不宜超过 7°；牵引机卷扬轮、张力机导线轮、导线交货盘、导引绳及牵引绳卷筒的受力方向均应与其轴线垂直；绳索卷绕装置与牵引机的距离和方位、导线轴架与张力机的距离和方位应符合机械说明书要求，且必须使尾绳、尾线不磨线轴或牵引绳卷筒，张力机导向轮进线口与导线轴架间距离不宜小于 10m；牵引机、张力机、绳索卷绕装置、导线轴架等均应按机械说明书要求进行锚固；下一施工区段导线交货盘的堆放位置不应影响本段放线作业；小牵引机应布置在不影响牵放牵引绳和牵放导线同时作业的位置上；锚线地锚坑位置应尽可能接近弧垂最低点；牵引场、张力场应按施工设计要求设置接地系统；尽量减少青苗损失，有利于环境保护。

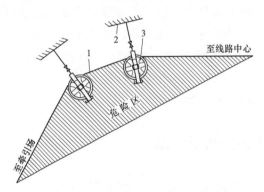

图 6-2　牵引场转向平面布置示意图
1—牵引绳；2—转向滑车地锚；3—转向滑车

张力架线施工中会受实际地形限制导致牵引场选场困难而无法解决时，可通过设置转向滑车进行转向布场，但张力场不宜转向布场。牵引场转向布场时转向滑车可设一个或几个，各转向滑车围成的区域内设置为危险区，其平面布场如图 6-2 所示。

针对特高压工程六分裂导线以及八分裂导线，常采用"3×（一牵 2）""2×一牵 4"等展放方式，其对应的牵引场、张力场平面布置示意如图 6-3～图 6-10 所示。

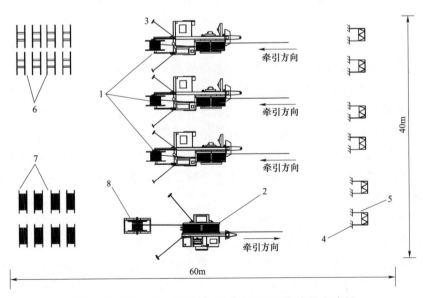

图 6-3　"3×（一牵 2）"方式牵引场平面布置示意图
1—大牵引机；2—小张力机；3—地锚；4—锚线地锚；5—锚线架；
6—牵引绳轴架；7—牵引绳；8—小张力机尾车

图6-4　"3×（一牵2）"方式牵引场布置示例图

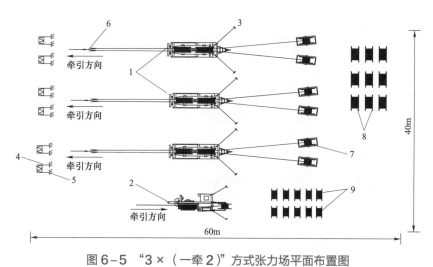

图6-5　"3×（一牵2）"方式张力场平面布置图

1—张力机；2—小牵引机；3—地锚；4—锚线架；5—锚线地锚；6—牵引板；
7—张力机尾车；8—导线；9—导引绳

图6-6 "3×（一牵2）"方式张力场布置示例图

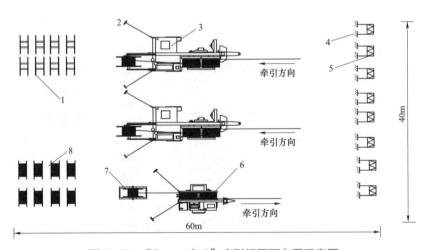

图6-7 "2×一牵4"牵引场平面布置示意图

1—牵引绳轴架；2—地锚；3—大牵引机；4—锚线地锚；5—锚线架；
6—小张力机；7—小张力机尾车；8—牵引绳

图6-8 "2×一牵4"牵引场布置示例图

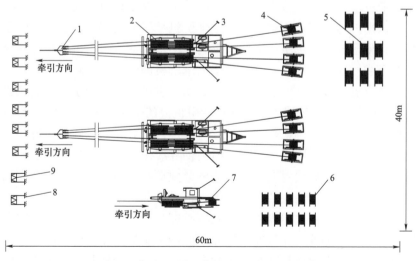

图6-9 "2×一牵4"张力场平面布置示意图

1—牵引板；2—大张力机；3—地锚；4—大张力机尾车；5—导线；

6—导引绳；7—小牵引机；8—锚线地锚；9—锚线架

图 6-10 "2×一牵 4"张力场布置示例图

"一牵 2+一牵 4""一牵 8""4×一牵 2"等导地线展放方式对应的牵张两场的牵引机、张力机、地锚、导线盘等机械设备和工器具位置布置与"3×（一牵 2）""2×一牵 4"基本一致。

工程现场完成牵引场、张力场布置之后，需在正式张力放线前对牵张两场分别做好以下检查及准备工作。

针对牵引场应做好：检查牵引机方向是否已对正牵引导线的方向。检查牵引机是否调平，是否固定。按要求调好牵引机牵引力的整定值。在大牵引机前用锚线索具将已放好的牵引绳锚线，反向转动牵引绳线盘，倒下足够的余线。把牵引绳余线按规定的旋向和圈数盘绕上牵引机的牵引轮。正向转动牵引绳线盘，收紧牵引机与线盘之间的牵引绳。启动牵引机，慢速牵引，使大牵引机前的锚线索具松弛。拆除锚线索具，并在牵引机前的牵引绳上安装钢质接地滑车。

针对张力场应做好：检查张力机方向，是否已对正导线展放的方向。检查张力机是否调平，是否固定。将第一组几轴导线吊上导线盘架，装上液压制动器。在张力机与各子导线对应的张力轮槽分别缠绕一根尼龙绳，缠绕方向与导线外层捻回方向一致，绳头的一端在张力机进线侧，另一端在出线侧。将第一组各子导线的线头分别拉出盘外，截除散股部分后，将端头套入单头网套连接器并收紧；在距连接器开口端 20～50mm 处用镀锌铁线绑扎不少于 10 匝；在网套连接器的外表套上白布袋，用胶布贴牢。将网套连接器与张力机进线侧的尼龙绳头连接。启动张力机，以人力拉紧张力机出线侧的尼龙绳头，慢速牵引，使导线随尼龙绳通过张力机的张力轮，并拉出张力机 4～5m 后停机。各子导线头拉出长度应一致。解下导线头的尼龙绳，将导线头的网套连接器与旋转连接器连接，再与牵引板连接。待子导线都与牵引板连接后，启动张力机，让其慢慢倒车。收紧张力机前的导线，牵引板前的牵引绳也同时收紧，同时用人力同步倒转线盘，使余线盘于线盘上。待张力机前的锚线索具松弛后，将其拆除。调整子导线的张力，将牵引板调平。在张力机出线口处的各子导线安装铝质接地滑车。

二、放线滑车悬挂

放线滑车根据其结构分为单轮、双轮和多轮（如三轮、五轮、七轮、九轮等），应根据导地线型号、张力放线方式、放线施工区段特点、工艺质量要求等因素，明确选配的放线滑车型号及悬挂方案。

1. 放线滑车选配原则

放线滑车选配应与导地线展放方式相匹配。钢丝绳轮应满足牵引板、旋转连接器等工器具的通过性；导线轮宜采用挂胶或其他韧性材料，防止导线损伤；应符合载荷要求，特殊情况下可结合工程实际特点单独设计。导线滑车轮槽底直径不宜小于 $20D$（D 为导线直径）。地线滑车轮槽底直径不宜小于 $15D$，光纤复合架空地线滑车轮槽底直径不应小于 $40D$，且不得小于 500mm。滑轮的摩阻系数不应大于 1.015。

2. 放线滑车悬挂技术方案

滑车悬挂施工前应确定放线施工区段内滑车悬挂方案，包括单双滑车使用情况、滑车悬挂方式、钢丝绳套长度、验算转角滑车与横担相碰条件判定及处理方法。

（1）双滑车应用要求。

一相（极）导线在一基铁塔上一般用一个（组）滑车支承，但存在下列情况之一时，必须挂双放线滑车，滑车间用支撑杆间隔：

1）垂直荷载超过滑车的最大额定工作荷载时。

2）接续管保护装置过滑车时的荷载超过其允许荷载（通过试验确定），可能造成接续管弯曲。

3）放线张力正常后，导线在放线滑车上的包络角超过 30° 时。

4）牵引机与邻塔出线夹角大于 15° 时宜悬挂双滑车。

5）重要跨越物的跨越档两侧杆塔应悬挂双滑车。

（2）放线滑车悬挂方式。

为便于现场放线滑车悬挂施工，杆塔上应设计悬挂放线滑车所需的构件和挂孔（统称为滑车悬挂点），具体要求包括：当同相（极）子导线采用同步牵放时，一相（极）需挂几组放线滑车，杆塔上应设计滑车相应的悬挂点；滑车悬挂点的横向位置要求与上述相同，其纵向位置既可设计在横担中心线上，也可设在横担下平面任一侧的主材上，但需在杆塔设计中确定；滑车悬挂点应能承受悬挂放线滑车传递的牵放荷载，且各滑车悬挂点同时承受荷载。

1）单滑车悬挂方式。

直线塔或直线转角塔可利用悬垂绝缘子串下挂一个放线滑车，其余放线滑车可用钢丝绳套、拉棒等挂具固定在横担具备挂滑车部位；也可在悬垂绝缘子串下方使用专用挂架挂设放线滑车。

耐张塔用钢丝绳等将放线滑车挂在横担的合适位置处，横担挂滑车的位置应能安全承受放线和紧线荷载，且紧线后导线距最终安装位置较近，并应作业方便，挂滑车钢丝绳的安全系数不应小于4。

2）双滑车悬挂方式。

直线塔双滑车宜采用三角梁悬挂，滑车间用支撑杆间隔；耐张塔双滑车宜将一组中的两个滑车各挂在横担一片桁架的下主材具备挂滑车条件处，前后滑车若相碰应用支撑杆间隔；滑车支撑杆有效长度宜接近两滑车挂点间距。

（3）放线滑车相关计算。

1）双滑车钢丝绳套长度计算。

验算挂双滑车时，无论何种塔型，均应计算导线在二滑轮顶处的高度差和挂具长度差。若直线塔高度差、耐张塔挂具长度差大于300mm时，应使用不等长挂具悬挂双滑车，长挂具要挂在导线悬垂角度大的一侧，短挂具要挂在导线悬垂角度小的一侧。

双滑车需高低悬挂时，应高低悬挂或改用不同长度挂具悬挂。不等长挂具等高悬挂如图6-11所示的铁塔正面视图，两者在横担上的悬挂位置沿横线路方向应有一定的差距（即长挂具在横担上的挂点比短挂具在横担上的挂点向线路转角外侧位移一段距离）。

2）转角塔放线滑车受力验算。

滑车悬挂方案应验算转角塔放线滑车受力后是否与横担下平面相碰。图6-12是放线滑车受力后不与横担下平面相碰的临界状态。

当验算明确悬挂滑车与横担下平面出现相碰时，应采取相应措施使其不碰横担，包括加长挂具长度；用压线滑车压线，即增加滑车的垂直荷载；减小放线张力；以临时挂架或能起临时挂架作用的其他方法悬挂滑车。

（4）放线滑车悬挂。

根据放线施工区段滑车悬挂技术方案，现场做好放线滑车、起重滑轮、地锚、绞磨、钢丝绳、U型环等施工设备及工器具准备工作后，即可开展放线施工区段内的放线滑车悬挂施工，主要包括起吊系统布置、吊装准备、滑车起吊以及拆除起吊系统等流程。

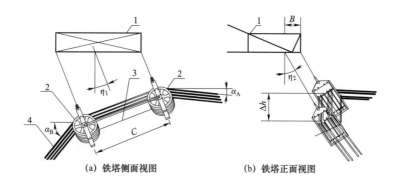

(a) 铁塔侧面视图　　　　　(b) 铁塔正面视图

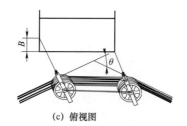

(c) 俯视图

图 6-11　耐张塔不等长挂具悬挂双滑车

1—横担；2—滑车；3—滑车支撑连杆；4—导线

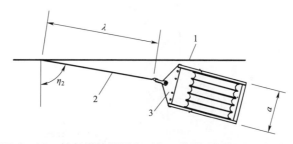

图 6-12　转角塔放线滑车受力后横线路倾斜的临界情况

1—横担；2—挂具；3—滑车

　　放线滑车悬挂起吊常采用机动绞磨吊装方式,其布置方式如图 6-13、图 6-14 所示。地线放线滑车是通过传递绳和定滑轮以人工起吊方式进行的起吊。

　　1) 悬垂绝缘子串及放线滑车吊装。

　　放线滑车吊装前对悬垂绝缘子串组件及放线滑车外观进行质量检查并组装,确保放线滑车应尺寸统一、转动灵活、插销齐全、无损伤。悬垂绝缘子串及放线滑车的吊装一次可吊一串或一次同时吊同相双串。耐张塔的每相导线横担端部按施工设计的规定,悬挂一只或两只放线滑车。滑车连梁应连接挂具。挂具长度及双滑车的两挂具长度差应经计算确定。双滑车之间用角钢或槽钢连成整体，连铁长度视横担宽度而定，允许略小于横担挂点间宽度，但不宜大于横担挂点间宽度。

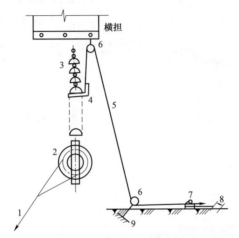

图6-13　吊装悬垂绝缘子串及放线滑车布置示意图

1—棕绳；2—放线滑车；3—绝缘子串；4—专用卡具；5—钢丝绳；
6—转向滑车；7—机动绞磨；8—角铁桩；9—地锚

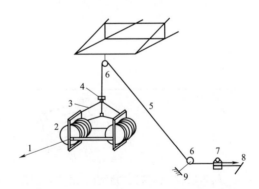

图6-14　耐张塔双滑车吊装布置示意图

1—棕绳；2—放线滑车；3—钢丝绳；4—起吊滑车；5—钢丝绳；
6—转向滑车；7—机动绞磨；8—角铁桩；9—地锚

放线滑车吊装过程中在绝缘子串将要离开地面时，应理顺绝缘子串，避免折弯碰撞。并且在提升过程中防止绝缘子串与塔身或横担相碰。

当直线塔的单相悬垂绝缘子串为双串悬挂方式，每串悬垂绝缘子串的下方悬吊一只放线滑车时，起吊布置图如图6-15（a）所示。两串同时吊装就位后，应用木撑或铁撑隔开固定，一般每隔7～8片设一撑杆，以防放线中两串绝缘子互相碰撞。吊装好的双串绝缘子串如图6-15（b）所示。

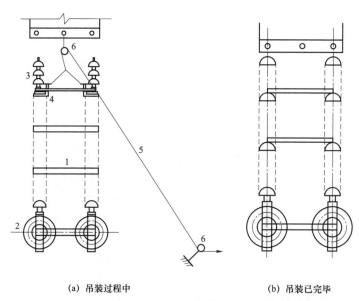

(a) 吊装过程中   (b) 吊装已完毕

图 6-15 吊装双串悬垂绝缘子串布置示意图

1—铁撑杆；2—放线滑车；3—绝缘子串；4—专用卡具；5—钢绳；6—起重滑车

2）耐张塔放线滑车的吊装。

用绞磨收紧起吊钢丝绳，钢丝绳通过转向滑车和起吊滑车将放线滑车吊起，当提升至横担处将悬吊挂具与铁塔横担连接。放线滑车的悬挂方式如图 6-16 所示。

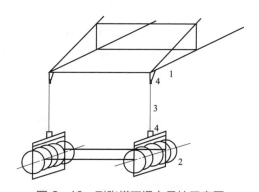

图 6-16 耐张塔双滑车悬挂示意图

1—导线横担；2—放线滑车；3—挂具；4—U 型挂环

转角塔的转角较大时，放线滑车受力后向内倾斜，滑车因自重造成滑车中心偏离受力方向，可能导致导线"跳槽"。放线滑车应采取预倾斜措施，并随时调整倾斜角度，使滑车的受力方向基本垂直于滑车轮轴。预倾斜的布置方式是在滑车尾端连接一条钢丝绳，该绳通过转向滑车引至地面与手扳葫芦相连接，收紧手扳葫芦使滑车尾端吊起一段高度,如图 6-17 所示。

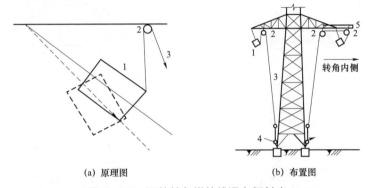

(a) 原理图   (b) 布置图

图 6-17 调整转角塔放线滑车倾斜度

1—放线滑车;2—起吊滑车;3—钢丝绳;4—手扳葫芦;5—圆木

三、施工计算及布线

张力放线前需进行导地线布线、张力机出口张力、牵引机牵引力、滑车轮槽内线绳上扬校核等施工计算。计算结果作为架线施工方案及作业指导书受力计算依据,保证张力放线施工安全、质量。

1. 架线计算

(1) 张力机出口张力和牵引机牵引力计算。

控制档计算与选择。根据放线区段的地形条件以及被跨越物条件选择控制档。通过计算控制档导线的水平张力,使导线对地高度满足与地面及被跨越距离要求。导线水平张力计算模型如图 6-18 所示。

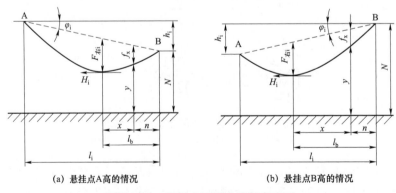

(a) 悬挂点A高的情况   (b) 悬挂点B高的情况

图 6-18 导线水平张力计算模型图

张力机出口张力和牵引机牵引力计算。通过各个控制档的水平张力计算结果，计算出对应的张力机出口张力以及牵引机牵引力，作为导线展放牵张机控制值。

在计算张力机出口张力以及牵引机牵引力时，需要考虑以下要求：

张力机出口张力与牵引机牵引力计算仅考虑每基铁塔挂一个放线滑车，如果某基铁塔挂两个放线滑车，应考虑双滑车对张力和牵引力的影响。任意档对应的张力机出口张力和牵引机牵引力均不相同，可通过多档计算比较后确定最大值作为张力机出口张力和牵引机牵引力。牵引绳按计算牵引力验算安全系数。导引绳、牵引绳的安全系数均不得小于3，重要跨越时其安全系数不小于3.5。

（2）实际线长计算。

根据明确的放线区段及各控制档后，需计算得出各档的实际线长，再确定放线区段布线计划及接续管位置，并且应符合以下规定：

检查时应注意相邻两施工区段之间各段尾线的实际位置和上一施工区段紧线余线总长度。布线时宜将接续管位置控制在靠近紧线锚端的半档距内。紧线前还应现场核对接续管的实际位置。

（3）滑车轮槽内线绳上扬校核。

张力放线牵放过程中应校核滑车轮槽内的线绳是否上扬。校核上扬时可将牵引力作为各档水平放线张力，不再考虑其他因素。校核可采用下述任一种方法。

第一种方法：在放线滑车垂直档距内为同一种线绳时，计算放线滑车的垂直档距，若垂直档距小于或等于零，则该放线滑车轮槽内的线绳上扬；

第二种方法：当放线滑车两侧线绳不一致时，应计算放线滑车的垂直荷载，校验线绳是否上扬；

第三种方法：移去被校核滑车，以与被校核滑车相邻的两放线滑车为悬点，将牵引力设定为线档水平放线张力作放线曲线，若所得曲线在被校核滑车上方通过，则该滑车轮槽内的线绳上扬，否则不上扬。

导引绳、牵引绳上扬用单轮压线滑车压绳消除。小转角及无转角耐张塔导线上扬，用倒挂放线滑车压线消除，见图6-19所示。倒挂滑车应拆掉滑车横梁板或采用开口式专用滑车，保证牵引板能直接通过，并且压线滑车轮槽宽度应能通过压接管保护套。垂直档距较小，以及当张力机侧放线曲线弧垂最低点接近滑车时，应作上扬滑车，设置压线滑车。

耐张转角塔上扬时，利用放线滑车进行压线，如图6-20所示。按常规方法悬挂放线滑车，但在放线滑车挂点增加一根拉线至地面锚固并能调节张力。在放线滑车底端绑扎一根控制绳，与横担连接并能调节放线滑车的倾斜角度，随着导线或牵引绳等上扬情况进行人工调整。放线滑车的挂具、控制绳及拉线的规格应根据放线张力、上扬力等计算结果选取。

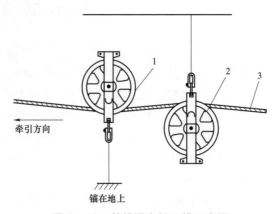

图 6-19　放线滑车组压线示意图

1—压线滑车（倒挂）；2—放线滑车；3—导线

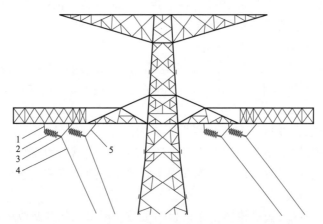

图 6-20　采用放线滑车解决导线或牵引绳上扬示意图

1—调整钢丝绳；2—放线滑车；3—三孔联板（分别与 2、4、5 相连）；
4—压线钢丝绳；5—悬吊滑车钢丝绳

2. 布线

张力放线前应确定放线区段内导线布线方法，一般包括逐相放空法和连续布线法两种。

逐相放空法。即选出整盘累计线长等于或接近于放线段所需的线长，做到每放完一相线时，线盘上无余线。此法导线需定长加工，常用于交叉跨越较多等复杂区段，其优点是压接管数量少、线盘转场量减少。

连续布线法。即放线段内各相导线均按展放顺序的累计线长使用导线线盘；第一相放完后，将导线切断，余线接着使用于第二相；依次类推，直到放完各相。此法是常用方式，其优点是能将各种长度的导线使用于不同长度的放线段，节约导线。

布线应满足如下基本原则：有效控制接续管位置，在设计不许压接档内，不得有接续管；将接续管数量减至最少；直线松锚升空后放线区段内导线不应落地；节约导线，使放线中产生的不能继续使用的短线头最少；转场时余线转运量较少。

四、施工机具选配

张力放线前根据受力计算结果以及施工技术要求配备放线施工机具，主要包括：主牵引机、主张力机、小牵引机、小张力机、放线滑车、压线滑车、接地滑车、导引绳、牵引绳、钢丝绳、牵引板、抗弯连接器、旋转连接器、网套连接器、钢丝绳卷车、牵引绳轴架、导线接续管保护套、手扳葫芦、卡线器等。张力放线机具应配套使用，成套放线机具各组成部分应相互匹配。

主要牵张设备型号应根据具体线路放线区段划分、牵张场布置、导线型号及分裂数等因素综合计算确定。

1. 主牵引机及配套钢丝绳卷车选配

通过计算确定主牵引机额定牵引力，并选配合适的主牵引机，同时主牵引机卷筒槽底直径不应小于牵引绳直径的25倍。与主牵引机配套的钢丝绳卷车选配应符合如下要求：

（1）驱动能源来自主牵引机，并由主牵引机司机集中操作和控制。

（2）输送动力油源的高压软管接头采用密封良好的快速接头。

（3）能与主牵引机同步运转，保证牵引绳不在主牵引机卷扬机构上打滑，即保持牵引绳尾部张力应大于2000N且小于5000N。

（4）具有良好的排绳机构，能使牵引绳整齐地排列在钢丝绳卷筒上。

（5）具有平滑可调且允许连续工作的制动装置，在展放牵引绳时能有效控制钢丝绳线轴的惯性。

2. 主张力机及配套导线线轴架选配

通过计算主张力机单根导线额定制动张力，选配合适的主张力机。同时，选配的主张力机导线轮槽底直径应满足要求。与主张力机配套的导线线轴架选配应符合如下要求：

（1）应具有制动装置，且制动张力即导线尾部张力应大于1000N且小于2000N。

（2）尾部张力不宜过大，以免导线在线轴上产生过大的层间挤压及在展放过程中产生剧烈振动；亦不宜过小，以免导线在主张力机导线轮上滑动及在线轴上松套。

3. 小牵引机、小张力机选配

通过牵引绳的综合破断力计算得出小牵引机的额定牵引力以及小张力机的额定制动张力，并选配合适的小牵引机及小张力机。选配的小牵引机一般随带可升降的导引绳回盘机构。钢丝绳卷车能起控制放绳张力作用时，也可不使用小张力机。地线张力放线一般采用小牵引机、小张力机作为张力放线机械，但应验算地线直径与小张力机张力轮的直径比。

4. 牵引绳及导引绳选配

通过被牵放导线的保证计算拉断力计算出牵引绳和导引绳的综合破断力，并选配合适的牵引绳和导引绳。用于张力放线的导引绳、牵引绳均应采用受拉后扭矩较小、不易产生金钩，且通过工艺性试验确认合格的少扭或无扭结构的钢丝绳。导引绳、牵引绳受力后的扭矩方向宜与被牵放体的扭矩方向一致，应与主机配套使用。

初级导引绳的规格按初导展放方法、设备能力等要求选配，不同的放线方式使用不同的初级导引绳。其余各中间级的规格按牵放程序、方法、设备能力优化组合确定。

张力架线其他特种受力工器具，如网套连接器、牵引板、平衡锤、抗弯连接器、旋转连接器、卡线器、手扳葫芦等，均按出厂允许承载能力选用，并注意与导线规格和主要机具相匹配。使用前应对所用工器具认真进行外观检查，并进行必要的试验。

张 力 放 线

张力放线应结合牵张场情况、导线型号及分裂数、牵引绳数量及牵引子导线数量等因素综合确定所采用的导线展放方式。本节主要从导引绳展放、牵引绳展放、导线及地线展放等方面介绍张力放线施工。

一、导引绳展放施工

架线施工中用于牵引牵引绳的绳索统称为导引绳。二级导引绳由从小到大的一组绳索组成导引绳系。其中，最小的（用于飞行器展放或人工铺放的）叫初级导引绳，最大的（直接牵放牵引绳的）即叫导引绳，其余中间级叫二级导引绳、三级导引绳等。

1. 导引绳基本规定

导引绳系一般以800～1200m分段，两端做成插接式端环，盘装在特制的导引绳卷筒上。导引绳卷筒与小牵引机的导引绳回盘机构和导引绳放绳支架相匹配。导引绳应使用受拉后扭矩较小、不易产生金钩且通过工艺性试验确认可以使用的少扭或无扭结构钢丝绳。受力后的扭矩方向宜与被牵放体的扭矩方向一致，应按与主机配套选购和使用。不同型号、不同规格的导引绳间，宜采用旋转连接器连接。

2. 导引绳展放方法

初级导引绳的规格按初导展放方法、设备能力等选择，不同的展放方法使用不同的初导。其余各中间级的规格按牵放程序、方法、设备能力优化组合确定。

（1）初级导引绳展放。初级导引绳展放一般应采用空中展放，即利用飞行器或其他设备（发射器等）展放初级导引绳。按飞行器或发射器能力将线路分成展放段展放，将初导逐基落到塔的顶部，人工将初级导引绳挪移并过渡到需用相（极）的放线滑车内，将各段相连接，使其在施工段内贯通相连。

（2）中间各级导引绳展放。

1）小规格导引绳牵放大规格导引绳。利用初导牵放二级导引绳、二级导引绳牵引三级导引绳，以此类推，逐级牵放，牵放方式为"一牵 1"，最终牵引出所需规格导引绳。如一根$\phi3.5$迪尼玛绳→一牵一$\phi8$迪尼玛绳→一牵一$\phi16$迪尼玛绳→一牵一$\phi15$导引绳→一牵一$\phi22$导引绳。

2）一根导引绳牵放多根导引绳。每相（极）悬挂多组放线滑车时，利用已放通的第一组放线滑车内的导引绳一次牵放多根导引绳，除留下一根导引绳外，其余导引绳经塔上施工操作均从第一组放线滑车中挪移到其他组放线滑车内。

3）绕牵法展放多根导引绳。在放线段的杆塔横担中部（或端部）安装多轮型朝天滑车，用牵放导线相似的方法牵放多根导引绳，再经塔上人工操作将施放的导引绳挪移到其他组放线滑车内。

3. 导引绳展放施工

放线施工区段内确定导引绳展放方法后，现场做好小牵引机、小张力机、导引绳及卷筒、空中飞行器等前期工作后，即可开展导引绳展放施工，其主要包括施工准备、张力展放、换盘、展放下一级等施工流程。小牵、张机展放导引绳，开始时应慢速牵引，待系统运转正常后，方可加速，其速度宜控制在40～70m/min。

二、牵引绳和地线展放

架空地线及牵引绳展放均应采用张力放线方式，通过小牵引机、小张力机配合带张力完成牵放。其展放顺序是：先展放地线，再展放各级牵引绳。由于地线展放张力较小，一般情况可用导引绳直接牵放，现场布置应与导线张力放线统一考虑。小牵张系统构成示意图如图6-21所示。

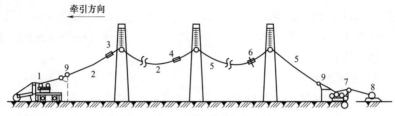

图 6-21 小牵张系统构成示意图
1—小牵引机；2—导引绳；3—抗弯连接器；4—旋转连接器；5—牵引绳；
6—抗弯连接器；7—小张力机；8—牵引绳盘架；9—接地滑车

架空地线及牵引绳展放的施工工艺基本流程主要包括施工准备、张力展放、换盘操作、锚线等工序。地线展放与牵引绳展放工艺基本一致，以牵引绳展放为例简单介绍各流程主要工序。

1. 施工准备

（1）张力场准备工作。将牵引绳轴架车上的牵引绳通过转向滑轮，由上方进入小张力机张力轮，在小张力机张力轮盘绕规定的圈数，从张力轮上方引出，用旋转连接器与导引绳连接。

（2）牵引场准备工作。将引导绳前端从小牵引机上方引入牵引轮，盘绕规定的圈数，由上方引至引导绳卷车。在靠近小牵、张机前的防扭钢丝绳上安装接地滑车，做好保安接地。

（3）护线准备。各塔位、各重要跨越、张力控制点护线人员带必要的护线工具和通信器具各就各位，检查各自位置状况并向现场指挥员报告。

2. 张力展放

张力场和牵引场准备工作完毕，各岗位工作人员应全面检查各部位情况并报告现场指挥员。指挥员确认各部位正常后，才可下达开始牵引的命令。开始时应慢速牵引，待系统运转正常后，方可加速，其速度宜控制在 40~70m/min。

3. 换盘

（1）小张力机后牵引绳换盘操作。

1）当小张力机后轴架上的牵引绳在盘中剩余 4~5 圈时，应通知小牵引机暂停牵引。在小张力机前将引导绳（或导引绳）锚线；倒出盘中余线，卸下空盘，换上新盘。换盘后将新旧引导绳（或导引绳）在张力轮后用抗弯连接器连接。

2）在小张力机前将牵引绳锚线；倒出盘中余线，卸下空盘，换上新盘。换盘后将新旧牵引绳在张力轮后用抗弯连接器连接。

3）使张力轮倒转，将张力轮后余线绕进新盘。小张力机前解除锚线。

（2）小牵引机后导引绳换轴操作。

1）导引绳接头的抗弯连接器被牵引至接近小牵机时，减速牵引，使接头缓慢通过小牵引机的牵引轮，进入导引绳盘 2~3 圈后，暂停牵引。小牵引机前锚线。

2）解开导引绳接头的抗弯连接器，卸下已缠满的导引绳盘，换上导引绳空盘。

3）将导引绳头缠绕于空盘并收紧，启动小牵引机，使其前面的锚线工具松弛时进行拆除，后继续牵引。

4. 完成展放

重复以上 2、3 步骤，直至完成牵引绳的展放。

5. 锚线

当放线段内牵引绳展放到位后，应停止牵引，用锚线索具将牵引绳前端锚固在大张力机前地锚上。拆开导引绳与牵引绳的连接，将该导引绳端部与下一相（极）的导引绳用防扭连接器相连，准备牵放下一相（极）导线的牵引绳。

三、导线展放

导线展放施工工艺基本流程主要包括施工准备、张力展放、导线锚固等工序。不同导线展放方式的牵张布置、放线滑车选配等放线前准备工作上会有所不同，具体张力展放过程基本一致。

1. 导线展放

（1）大张力机、大牵引机启动。

（2）调整各子导线张力，使牵引板调平。牵引机逐步增大牵引力和速度。牵引力增值一次不宜大于 5kN，避免增幅过大引发冲击力。牵引速度开始时宜控制在 50m/min。当牵引板通过第一基杆塔并向第二基杆塔爬坡时，将张力调整到规定值。

（3）护线人员随时向指挥员报告导线对地及对跨越物的距离，指挥员根据跨越要求下达调整放线张力的命令。

（4）当牵引板牵引至距放线滑车 10～20m 时，应减慢牵引速度，使牵引板平缓通过放线滑车，减少冲击力。

（5）当牵引板接近转角塔放线滑车时，应减缓牵引速度（应控制在 15m/min 之内），并应注意按转角滑车监视人员的要求调整子导线放线张力和牵引速度，使牵引板倾斜度与放线滑车倾斜度相同。牵引板通过滑车后，应检查牵引板是否翻转、平衡锤位置是否正确，如有异常情况，应及时将其回复至正确位置；如无异常，即可恢复正常牵引速度及正常放线张力。

2. 换盘操作

（1）更换牵引绳盘。当牵引绳头（抗弯连接器）进入牵引绳盘 3～4 圈后，停止牵引。在牵引机前用锚线索具锚固牵引绳；拆除牵引绳接头的抗弯连接器，卸下满盘，换上空盘。将牵引绳头缠固于新装的绳盘上，收紧牵引绳使锚线索具松弛，卸下锚线索具，报告指挥员准备继续牵引。

（2）更换导线盘。

1）当导线盘上导线剩下最后一层时，应减慢牵引速度；当盘上导线剩下 3～5 圈时，应停止牵引。用棕绳在张力机后打背扣临时锚固导线。

2）倒出盘上余线。卸下空盘，装上新盘导线。预先将一布袋穿过任意一端导线头后，将前后两条导线头对接套入双头网套连接器，用铁线绑扎连接器开口端，移动布袋使其包住网套连接器，用胶布缠牢布袋两端。倒转导线盘，将余线缠回线盘中。

3）装上线盘架气压制动器，拆除临锚装置。

4）开启张力机，通知牵引机慢速牵引。当双头网套连接器引出张力机 3～5m 时停机。在张力机前锚线架用锚线索具将导线锚固，卸下铝质接地滑车。启动张力机、使张力机前方导线缓慢落在铺垫的帆布上，拆下双头网套连接器及布袋，切除连接器接触过的导线尾段。

（3）导线压接。按工艺要求进行导线直线接续管压接，压接完成后，在直线管外装设保护钢套。导线压接详细内容见压接施工相关内容。

（4）继续牵引。启动张力机，令其倒车，收紧导线，将锚固点至导线盘间的余线收至在线盘上。拆除压接前在张力机的前方设置的锚固装置。在张力机出口的导线上，重新装上铝质接地滑车。完毕后报告指挥员，准备继续牵放导线。

3. 完成导线展放

反复重复以上所述步骤 2（更换导线盘）、步骤 3（导线压接），直至一相（极）导线放完。

4. 设置导线线端临锚

每相（极）导线展放完毕后，应进行线端临锚，即在放线段的两端导线临时收紧用锚线索具锚固在锚线架上。

线端临锚水平张力最大不得超过导线额定拉断力的 16%。锚线后导线距离地面不应小于 5m，并保证控制挡的弧垂要求。线端临锚的调节装置应在每条子导线单独线设置，但地锚可以共用。

四、安全管控措施

（1）张力放线施工前对各工序的受力关键部位需进行计算校核，根据计算结果确定所使用工器具的规格型号，其安全系数满足相关规定。

（2）张力放线前所有的受力工器具按要求进行检验。特别是钢丝绳网套、牵引板、各种连接器、导引绳和牵引绳的插接式绳套、地锚、拉线等张力放线受力体系中的薄弱环节，每次使用前均应严格检查，按规定方式安装和使用，并定期做荷载试验。

（3）"三跨"等重要跨越、大高差、大转角放线段，应减少放线段长度，不宜采用网套牵放导线，应采用压接式牵引管，且应加强对于牵引管过滑车时状态监测。重要交叉跨越的跨越架的搭设，应编写专项作业指导书，拉线、封顶网等关键点应进行受力计算，根据计算结果选择合适的规格型号。

（4）受场地限制，牵引场应转向布设时应遵守如下规定：使用专用的转向滑车，锚固应可靠；各转向滑车的荷载应均衡，不得超过允许承载力；牵引过程中，各转向滑车围成的区域内严禁有人。

（5）牵放过程中应在下列场地设置专人负责：

1）牵引场及张力场设置专人负责，并在张力场设置现场总指挥；

2）各放线滑车处，尤其是转角滑车处；

3）上扬处的压线滑车处；

4）所有跨越架处；

5）居民区以及未搭设跨越架但有通行行人的乡道处。其他特殊需要监护的地方。

（6）张力放线过程中应有可靠的通信联络体系包括以下几点：

1）选择可靠的通信工具；

2）各岗位工作人员应经过通信工具操作培训；

3）通信语言简短、明确、统一、清晰；

4）传递、接收、执行信息的程序合理；

5）通信不畅不得进行牵放作业。

（7）张力放线施工中若需开展导线交货盘、直线接续、临时锚线、临锚体系、松锚、收紧导线等更换时，应注意以下要求：

1）新承力机具的承载能力和受力方式除应符合原受力状态的要求外，应根据操作特点留有一定余度；

2）只有当新承力体系全部承受原体系荷载，并检查无误后，才能拆除原体系；

3）新旧承力体的受力方向应大体一致，尤其应注意卡线器一般只能沿受力方向使用，不得使卡线器改变力的作用方向而导致卡线器滑移；

4）操作人员应在安全位置作业。

（8）张力放线施工过程中应落实防止电害、山火的基本措施，包括以下几点：

1）对于雷电、邻近高电压线路的感应电，以及与带电体发生事故性接触的电害，应在施工全过程采取必要的安全防护措施。雷雨天停止放线作业。

2）保安接地线和工作接地线的截面、材质、护层应符合相关规定。

3）放线区段内杆塔在放线前应与接地装置连接，并确定接地装置符合设计要求；牵引设备和张力设备应可靠接地，操作人员应站在干燥绝缘垫上，不得与未站在绝缘垫上的人员接触；牵引机及张力机出线端牵引绳及导线上应安装接地滑车；跨越不停电线路时，跨越档两端应悬挂接地滑车，并可靠接地；应根据平行电力线路情况，采取专项接地措施。

4）作业人员在林区、草地等区域不得有吸烟以及一切可能引发山火的危险行为。

紧 线 施 工

紧线施工是指在张力放线之后，将某耐张段各档弧垂调整至设计值的作业过程。本节将阐述导线、地线及 OPGW 光缆的紧线施工工艺要求，包括基本规定、施工准备、紧线作业、弧垂观测及画印等内容。

一、基本规定

张力放线结束后应尽快进行紧线。放线施工区段跨多个耐张段时，宜对各耐张段分别紧线。紧线操作塔和锚固塔应遵循设计要求，允许过轮临锚。当紧线耐张段内有多个观测挡时，由紧线操作端最远的一个观测挡开始观测，逐次向紧线操作端推进。导地线在紧线过程中处于架空状态。耐张塔单侧紧线时，应按设计要求安装临时拉线平衡对侧导线的水平张力，双侧紧线采用平衡挂线的原则。同相（极）子导线应同时紧线，且收紧速度不宜过快。

紧线施工设计的施工孔、临时挂架等应满足施工荷载及结构受力要求，并便于操作。孔径应与施工工器具相匹配。耐张塔挂线施工时，耐张段长度小于1500m 时，导地线过牵引不宜超过 200mm，耐张段长度大于 1500m 时，导地线过牵引不宜超过 300mm。过牵引时，导地线的安全系数不得小于 2.5。

二、施工准备

紧线施工前，现场应做好导地线、接续管、放线滑车等检查、耐张塔临时拉线及直线塔临锚、弧垂观测挡及方法确定等施工准备。

1. 紧线前现场检查及处理

紧线施工前应检查导地线在放线滑车中的位置，消除跳槽现象；检查子导线是否相互缠绕，如缠绕，需打开后再收紧导线；检查接续管位置，如不合适，应处理后再紧线；导地线损伤应在紧线前按照技术要求处理完毕；现场核对弧垂观测挡位置，复测观测挡档距，设立观测标志；放线滑车在放线过程中设立的临时接地，紧线时仍应保留，并于紧线前检查是否仍接地良好；同步展放的导线紧线时，应将直线塔同相（极）两组或多组放线滑车调成等高，并采取消除滑车间"迈步"的措施；放线滑车采用高挂时，应向下移挂至正常悬挂高度；若放线过程安装分线器或压线轮，应予以拆除。成套紧线机具应进行试验及相互匹配性检查。

2. 耐张塔临时拉线

紧线耐张杆塔临时拉线是为增强杆塔的稳定性，抵消紧线时导、地线的一部分水平张力，以防杆塔发生倾斜。临时拉线的位置和数量，应符合以下要求：

（1）挂线时是否设临时拉线依据挂线方式及设计文件而定。如果其中一侧先挂，使横担承受不平衡张力时，则必须在另一侧装设临时拉线。凡是耐张塔一侧的导、地线已紧线，另一侧在挂线前不必再设临时拉线。紧线段中间的耐张杆塔，紧线时设临时拉线。

（2）临时拉线按设计条件的要求，在紧靠导地线挂线点的主材节点附近装设。每相（极）导线、每组地线应各布置至少一组拉线，下端应装有调节装置，对地夹角不得大于 45°，如图 6-22（a）所示。布置方向应沿着导地线的延长线方向，如图 6-22（b）所示；垂直于横担方向，如图 6-22（c）所示，或平行线路方向，如图 6-22（d）所示。具体平衡张力按照设计规定。

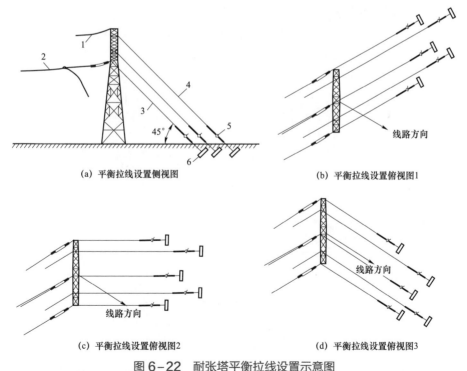

(a) 平衡拉线设置侧视图　　　　　　　　(b) 平衡拉线设置俯视图1

(c) 平衡拉线设置俯视图2　　　　　　　　(d) 平衡拉线设置俯视图3

图 6-22　耐张塔平衡拉线设置示意图

1—地线；2—导线；3—导线平衡拉线；4—地线平衡拉线；5—手扳葫芦；6—拉线地锚

3. 直线塔临锚和松锚升空

（1）紧线施工区段在紧线前需确定一端杆塔作为锚固端，并固定好锚固端的导线；另一端则为紧线操作端。

（2）直线塔作为紧线操作端时，应在紧线完成后设置导线临锚、过轮临锚。直线塔紧线的挂端如图6-23所示。

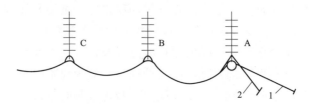

图6-23　直线塔紧线的挂端示意图

1—导线临锚；2—过轮临锚

1）导线临锚过程中应注意以下要点：紧线后，将各子导线或地线在地锚上进行导线临锚；导地线锚线后拆除紧线工具；导线临锚对地角度不超过20°。导线临锚和过轮临锚的临锚工器具额定荷载应不小于紧线张力；临锚对杆塔横担的载荷应满足杆塔的设计载荷要求；锚线布置应便于松锚作业；临锚作业应采取有效的导线保护措施。

2）在紧线操作塔上对子导线做过轮临锚。过轮临锚与导线临锚的锚线工具应相互独立，如图6-24所示。

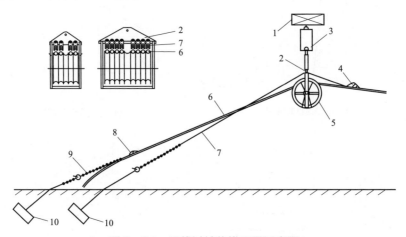

图6-24　导线过轮临锚设置示意图

1—导线横担；2—直角挂板；3—悬垂绝缘子串；4—卡线器；5—放线滑车；6—导线；

7—过轮临锚线绳；8—卡线器；9—手扳葫芦；10—地锚

（3）当直线塔作为锚固端时，在本紧线段紧线施工前，需要将本段端部直线塔与上段端部塔之间的导线压接连通，两塔的锚线松锚，使导线升空。

（4）无转角相邻放线区段导地线连接升空应满足以下条件：在升空挡耐张段上一放线区段部分挡已完成紧线操作时，锚线塔应设置导线过轮临锚装置；上一放线区段除锚线塔外，其他铁塔上的导线均应完成线夹安装；距锚线塔最近的两基塔之间应安装间隔棒。

（5）直线塔松锚升空具体操作步骤如下：

1）导地线松锚升空前，过轮临锚装置应处于锚线受力状态，应核对确认升空档两侧待压接的各子导线线号，松锚升空挡内尽量减少多余导线。

2）压接导线接续管。

3）在升空挡后放线侧导线临锚卡线器附近安装松锚卡线器及松锚滑车组。

4）收紧升空挡后放线侧松锚滑车组，直至导线临锚不再受力后，拆除导线临锚装置。

5）放松升空挡后放线侧松锚滑车组，在导线离开地面后，安装压线滑车组装置，如图6-25所示。

6）继续放松松锚滑车组，使导线上扬力从松锚装置逐渐过渡到压线装置上，待松锚滑车组不再受力时将其拆除。

7）收紧后放线侧导线，当先放线侧导线临锚绳不再受力时，拆除导线临锚装置。

8）松出压线装置滑轮组，直至不再受力，拆除压线滑车及滑轮组。

9）在导地线松锚升空操作过程中，后放线段应配合收紧导线，以满足导线松锚升空需要，并保证施工段内各档导线对地及被跨越物间不小于规定的安全距离。直线塔松锚升空如图6-25所示。

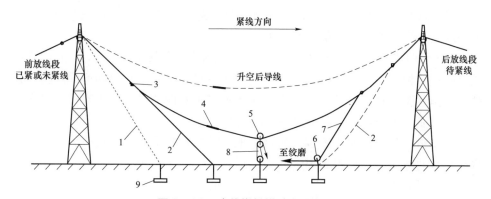

图6-25 直线塔松锚升空示意图

1—过轮临锚；2—导线临锚；3—卡线器；4—压接管；5—压线滑车；
6—转向滑车；7—松锚绳；8—压线滑车组；9—地锚

4. 紧线系统布置

直线塔或耐张塔紧线施工一般采用一套紧线装置（含一套动力装置）的布置方式，也可以采取一根子导线用一套紧线装置（含一套动力装置）的布置方式，即每相（极）导线同时布置与子导线数目相等套数的紧线装置。地线的紧线每根地线布置一套紧线装置。

（1）直线塔牵引系统布置。直线塔紧线牵引系统布置示意如图 6-26 所示。直线塔导、地线紧线牵引系统的构成相同，一般由卡线器、滑轮组、磨绳、压线滑车、绞磨（或其他牵引装置）、地锚组成，机具选用安全系数应满足相关规定。

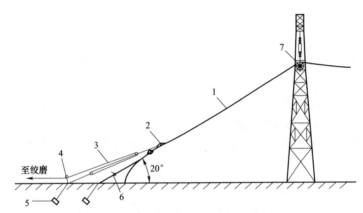

图 6-26 直线塔紧线牵引系统布置示意图

1—导线；2—卡线器；3—紧线滑轮组；4—转向滑车；

5—紧线地锚；6—手扳葫芦；7—导线滑车

牵引系统沿线路方向布置，与线路方向的夹角不应大于 7°，滑车组所用地锚与塔上放线滑车连线仰角不大于 20°。

（2）耐张塔牵引系统布置。耐张塔牵引系统布置如图 6-27 所示。在耐张组装串挂线连板工作孔和对应的子导线之间布置滑轮组，滑轮组的磨绳经由挂在铁塔横担耐张串挂点旁的起重滑车，再穿过横担对侧的另一起重滑车，与布置在铁塔后面的绞磨相连（绞磨前设置压线滑车）。

滑车组、起重滑车、磨绳，绞磨、地锚等机具规格均由紧线张力决定，其安全系数的选择应满足相关规定。

5. 弧垂观测准备

（1）紧线施工前，需在每个放线施工区段中选出一个或多个观测挡进行弧垂观测及计算。最优弧垂观测挡能全面、准确控制紧线段应力状态，其选取条件如下：

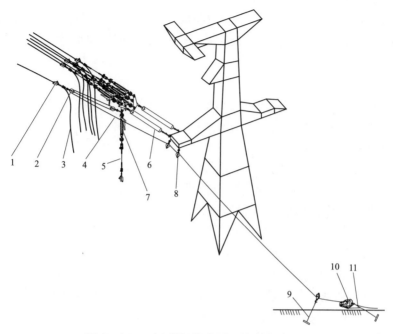

图 6-27 耐张塔紧线牵引系统布置示意图

1—卡线器；2—起重滑车；3—导线；4—磨绳；5—锚绳套；6—耐张绝缘子串；

7—手扳葫芦；8—起重滑车；9—地锚；10—机动绞磨；11—钢丝绳套

注：为在图中完整画出牵引系统，未画对侧的耐张串或临时拉线布置。

1）观测挡位置应分布均匀，相邻两观测挡相距不宜超过 4 个线挡。

2）观测挡具有代表性，如连续倾斜挡的高处和低处、较高悬挂点的前后两侧、相邻紧线段的接合处、重要跨越物附近应设观测挡。

3）宜选档距大、悬挂点高差较小的线挡作观测挡。

4）宜选对邻近线挡监测范围较大的塔号作测站。

5）不宜选邻近转角塔的线挡作观测挡。

6）当选择邻近耐张塔线档作为导线弧垂观测挡时，应考虑耐张绝缘串重量及线挡内外角侧不同相导线挂点间距与设计档距不一致因素，对导线弧垂所产生的影响。

7）选择与耐张段代表挡距相近的线挡作观测挡。

（2）弧垂值及弧垂观测方法确定。紧线施工弧垂观测前应确定每挡线弧垂值。不同气温条件下的导线观测弧垂值由设计图纸给定，或根据设计图纸给定的相关参数由施工单位间接计算。当设计给定弧垂或相关参数已考虑导线初伸长降温补偿时，紧线应按紧线实际气温查取导线观测弧垂值，否则应按降温后温度查取导线观测弧垂值。导地线初伸长补偿降温值由设计给定。

现场核对弛度观测挡位置，复测观测挡挡距，设立观测标志。弛度观测和检查一般使用平行四边形法（等长法）、异长法、角度法和平视法。

三、紧线作业

紧线操作是一个多工种协同配合的施工过程，需要紧线端紧线操作人员、观测挡弛度观测人员和护线人员的密切协作。

1. 导地线紧线顺序

（1）紧线顺序应先紧地线，后紧导线。

（2）若为单回路导线，应先紧中相线，后紧边相线；若为双回路导线，应先紧上相线，再紧中相线，最后紧下相线，双回交错进行。

（3）当紧线段内有多个观测挡时，应由离紧线操作端最远的一个观测挡开始观测，逐次向紧线操作端推进。

（4）分裂导线紧线时收紧子导线次序，应综合考虑如下因素：

1）应对称收紧，尽可能先收紧位于放线滑车最外边的两根子导线，使滑车保持平衡，避免滑车倾斜导致导线滚槽。

2）宜先收紧弧垂较小的子导线。

3）宜先收紧在线档中间搭在其他子导线之上的子导线。

4）考虑风向的作用，尽量避免在紧线过程中发生子导线驮线或绞线现象。

5）同相（极）子导线应保持相同的紧线过程，且收紧速度不宜过快。

2. 直线塔预紧线

根据以下步骤开展直线塔操作端预紧导、地线。

（1）检查确认牵引系统各组件连接无误，指挥、绞磨操作人员、观测挡观测人员及预紧线段内监护人员联络通畅，即可启动绞磨紧线。

（2）缓慢收紧子导线或地线，当紧线端的导线临锚不受力时，停止牵引，将导线临锚从导、地线上拆除。

（3）在观测挡测工指挥下，收紧（放松）子导线或地线，按弧垂余量要求调整导、地线各档弧垂，停止绞磨运转，恢复导线临锚。

（4）各子导线或地线逐根按照上述步骤完成预紧线并锚线。

3. 耐张塔直通紧线

耐张塔直通放线紧线又称耐张塔平衡紧线。

（1）在耐张塔紧线施工时，采用空中锚线方法进行锚线，其作业方法如下：

1）安装卡线器。当地面安装耐张线夹时锚线卡线器与杆塔的距离取 1.5 倍挂点高；当空中安装耐张线夹时锚线卡线器与杆塔的距离取耐张线夹预计安装位置外 3m 左右。

2）以横担挂线板上的施工孔为锚线孔，在卡线器与锚线孔间布置临锚工具。

3）耐张转角塔进行空中临锚时，应将操作塔紧线滑车，预先吊在横担上，使其在收紧临锚时保持原位置不变。

4）两侧同时收紧手扳葫芦，使临锚工具逐渐受力，导、地线逐渐松弛。收紧时应保持操作塔对称平衡受力。

（2）耐张塔作为放线段中间塔直通放线时，宜采用先联耐张串、高空压接、带串紧线的方式。其作业流程包括：将耐张绝缘子和金具利用动滑轮组吊装到横担挂孔上；在紧线前将耐张绝缘子串通过手扳葫芦、临锚绳和卡线器与导、地线在两侧平衡对接（锚接），如图 6-28 所示。再采用图 6-27 所示的耐张塔紧线牵引系统完成紧线操作。

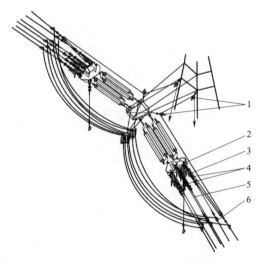

图 6-28　耐张绝缘子串与导线对接（锚接）示意图

1—转向滑车；2—耐张绝缘子串；3—钢丝绳；4—手扳葫芦；5—临锚绳；6—卡线器

（3）对接（锚接）紧线操作如下：

1）将耐张绝缘子串与导、地线对接（锚接）后，在两侧锚线卡线器之间靠近放线滑车位置处割断导、地线，割断导线前，在卡线器后侧 0.5～1.0m 处，用绳索将导、地线松绑在锚套上，防止松线时导、地线出现硬弯。割断后，用绳索将导、地线松下。

2）用绞磨进行紧线，用手扳葫芦锚线。导、地线弧垂先通过绞磨粗调，再用手扳葫芦细调。在对接（锚接）及紧线过程中，应充分考虑耐张绝缘子串的结构特点，采取可靠的平衡措施，避免造成金具和绝缘子的损伤。

4. 耐张塔临锚紧线

当耐张塔作为放线段起止塔时，可采用高空临锚紧线、地面临锚紧线两种方式。

（1）耐张塔高空临锚紧线。

导、地线采用高空临锚时，先完成导、地线在横担工作孔的临锚，再按照上述的现场对接（锚接）及紧线操作规定进行紧线，在空中压接导、地线耐张线夹，后吊装连接并安装耐张绝缘子串。

耐张塔处于高空临锚状态时，耐张绝缘子串与导线对接（锚接）具体操作如下：

1）地面组装耐张绝缘子串，并安装到横担挂线孔上。

2）锚线卡线器安装位置距离耐张线夹外 3m 左右，并在该锚线卡线器与耐张绝缘子串间布置空中对接滑轮组。空中对接滑轮组尾绳通过转向滑车下平面及塔身至地面牵引绞磨。

3）收紧空中对接滑轮组，将导线与耐张绝缘子串对接。

4）当本侧耐张塔设计为软挂时，直接进行导线耐张线夹高空压接，并连接至耐张绝缘子金具串；当本侧耐张塔设计为紧线塔时，则用挂有可调装置的锚线工具锚接耐张绝缘子金具串和导线。

5）耐张绝缘子串空中对接施工时，应同时操作至少两根子导线，保证耐张绝缘子和金具串平衡受力。

耐张塔高空锚线耐张绝缘子串与导线对接（锚接）如图 6-29 所示。

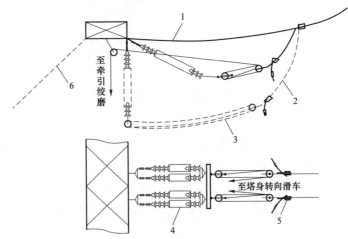

图 6-29 耐张塔高空锚线耐张绝缘子串与导线对接（锚接）示意图

1—锚线绳；2—导线；3—对接滑轮组；4—耐张绝缘子串；5—卡线器；6—平衡拉线

（2）耐张塔地面临锚紧线。

导、地线采用地面临锚时，在软挂端进行地面压接。导线升空及耐张绝缘子串空中对接操作如下：

1）当操作耐张塔另一侧还未挂线时，应首先设置耐张塔反向平衡拉线。

2）耐张塔悬挂耐张绝缘子串组装及悬挂。

3）在地面导线临锚导线尾端设置卡线器，在耐张绝缘子串前端金具与该卡线器间设置空中对接滑轮组。空中对接滑轮组尾绳通过转向滑车沿横担下平面及塔身至地面牵引绞磨，如图6-30所示。

4）收紧空中对接滑轮组，同时配合地面导线松锚，将导线升空并于耐张绝缘子串对接。

5）当本侧耐张塔设计为软挂时，应直接进行耐张线夹压接并连接至耐张绝缘子串；当本侧耐张塔施工设计为紧线塔时，则用锚线装置锚接耐张绝缘子串和导线。

6）卡线器安装位置不应小于铁塔挂点高度的1.5倍。

7）在紧线塔侧，按照本节（3）和（4）规定进行耐张塔高空紧线。

8）松开、拆除空中锚线工具，安装其他附件。

耐张塔地面锚线导线升空及耐张绝缘子串对接如图6-30所示。

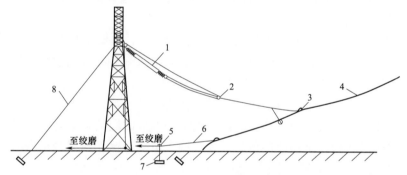

图6-30 耐张塔地面锚线导线升空及耐张绝缘子串对接示意图

1—耐张绝缘子串；2—对接滑轮组；3—卡线器；4—导线；5—转向滑车；
6—松锚绳；7—地锚；8—平衡拉线

四、弧垂观测

常见弧垂观测方法包括平行四边形法（等长法）、异长法、角度法和平视法。下面简单介绍每种方法计算公式和适用条件。

1. 平行四边形法（等长法）

两端悬点高 h_a 和 h_b 均大于观测挡弧垂且视线通畅，即同时满足以下公式时，均可使用平行四边形法观测和检查弧垂。

$$f_\varphi \leq h_a - \delta_a$$
$$f_\varphi \leq h_b - \delta_b$$

式中：f_φ——观测挡弧垂，m。

h_a、h_b——测站端和视点端导线悬挂挂点至踏脚的距离，m。

δ_a、δ_b——测站端和视点端能通视对面塔的最低视点至塔脚的距离。一般取2m；当观测温度与弧垂板所设温度的差不超过±10℃时，可保持视点端弧垂板位置不变，以2倍弧垂差调整测站端弧垂板位置，进行观测。

2. 异长观测法

视点端悬挂点高 h_b 大于异长法视点端导线悬挂点至弧垂板间的垂直距离且视线可通，即观测挡同时满足以下公式，可使用异长观测法。

$$b = (2\sqrt{f_\varphi} - \sqrt{a})^2 \leqslant h_b - 2$$

$$\frac{1}{4} \leqslant \frac{a}{f_\varphi} \leqslant \frac{9}{4}$$

式中：a——测站端导线悬挂点至异长法弧垂板间的垂直距离，m；

b——视点端导线悬挂点至异长法弧垂板间的垂直距离，m。

3. 角度观测法

当观测挡弧垂 f_φ 与测站端导线悬挂点至异长法弧垂板间的垂直距离 a 满足公式 $f_\varphi \leqslant h_b - \delta_b$ 时，也可使用角度法观测弧垂，主要包括挡端角度法、挡内角度法和挡外角度法。

当某一观测挡均不适用上述三种弧垂观测法时，可使用平视法或者档侧角度法观测弧垂。在紧线施工准备阶段，确定好本放线段的弧垂观测挡以及观测方法，并做好观测弧垂相应准备。弧垂观测人员接到操作端紧线指令后，进行驰度观测。弧垂观测及调整应注意以下事项：

以各观测挡和紧线场温度的平均值作为观测温度。收紧导、地线，调整距紧线场最远的观测挡的弧垂，使其满足或略小于要求的弧垂值；放松导线，调整距紧线场次远的观测挡的弧垂，使其满足或略大于要求的弧垂值；再收紧，使较近的观测挡满足要求，以此类推，直至全部观测挡调整完毕。同一观测挡同相（极）子导线应同为收紧调整或同为放松调整，否则可能造成非观测挡子导线弧垂不平。同相（极）子导线用经纬仪同一操平，并利用测站尽量多检查一些非观测挡的子导线弧垂情况。弧垂调整发生困难，各观测挡不能统一时，应检查观测数据；发生紊乱时，应放松导线，暂停一段时间后重新调整。

弧垂观测及调整具体操作流程如下：

（1）档内第一相（极）导线第一根子导线弛度的观测。

1）异长法、等长法。

测工登塔，用塔上弛度观测仪、望远镜观测，利用弛度板上缘确定相（极）导线第一根子导线弛度的弛度。

2）角度法、平视法。

测工在预定的测站用经纬仪控制观测角度，确定相（极）导线第一根子导线的弛度。

（2）第一相（极）导线第一根子导线以外各子导线弛度的观测。

测工在观测的相（极）导线下方用经纬仪将各子导线的弛度与第一根子导线操平，此时应注意经纬仪视线与架空线的切点不应距离两悬挂点太近，应在1/4～3/4线档以内，否则容易造成观测误差。

（3）第一相（极）导线以外各相（极）导线弛度的观测。

1）后观测相（极）第一根导线。

后观测相（极）导线与第一相（极）导线水平排列时，则按照已观测完毕的第一相（极）的弛度来操平，方法是将测站设置在两相（极）导线下方的正中间位置，用经纬仪将后观测相（极）的第一根子导线与第一相（极）导线操平。

非水平排列时，各相（极）导线各自按前述第一（极）导线观测的方法观测。

2）后观测相（极）第一根子导线以外各子导线。

采用与观测第一相（极）导线第一根子导线以外各子导线弛度的观测方法进行观测。

五、安全管控措施

（1）在紧线作业中，出现以另一套承力机具替换原承力机具，以另一种受力方式改变原受力方式的作业过程中，如临时锚线、临锚体系更换、松锚、收紧导线等，进行此种作业时应注意：

1）新承力机具的承载能力和受力方式除应符合原受力状态的要求外，尚应根据操作特点，留有一定余度。

2）只有当新承力体系全部承受原体系的荷载，并检查无误后，才能拆除原体系。

3）新、旧承力体的受力方向应大体一致，尤其应注意卡线器一般只能沿受力方向使用。若以卡线器过多改变力的作用方向，卡线器将在导线上滑移。

4）操作人员应在安全位置作业。

（2）在紧线施工中应注意导地线升空、紧线作业、耐张线夹安装过程的安全措施控制：

1）升空作业时应使用专用压线装置，严禁直接使用人力压线。

2）导地线升空作业，升空场应与紧线作业密切配合并逐根进行。

3）压线滑车等压线装置应设控制绳，压线钢丝绳应有足够长度，钢丝绳回松应缓慢。

4）紧线前应保证通讯顺畅，传递信号应及时、清晰。

5）导地线跳槽应处理完毕、导线不得相互扭绞，各处交叉跨越安全措施可靠。

6）升空及紧线过程中，不得站在悬空导线的下方。

7）紧线用卡线器的规格应与线材规格匹配，并应设置备用保护，防止跑线。

8）高空安装导地线耐张线夹时，应采取防止跑线的安全措施。

9）挂线时，当连接金具靠近挂线点时应停止牵引，然后作业人员方可从安全位置到挂线点操作，挂线后应缓慢回松牵引绳。

10）紧断线平移导线挂线，禁止不交替平移子导线。

（3）在紧线过程中预防电害的主要措施。

1）跨越电力线路时，两侧放线滑车均应可靠接地。

2）耐张塔挂线前，用导体将耐张绝缘子串短接。

3）耐张段距离较长时，选适当的中间直线塔接地。

4）按感应情况，慎重使用有线通信工具。

5）雷电时停止紧线作业。

6）在感应特别严重的地区紧线时，在操作点附件的导地线上装接地线，接地线要能随导地线运动而伸展。

（4）以下情况应设置护线员，并携带通信器材及必要的压线工具进行监护。

1）在紧线施工前对可能发生导、地线上扬的耐张塔进行验算，如存在紧线上扬的塔位。

2）在重要跨越处、耐张塔、大档距处。

压 接 施 工

一、施工准备

1. 机具准备

（1）根据工程导地线型号选用合适相应规格的液压机。

（2）在使用液压设备之前，应做全面检查确认其完好程度，以保证正常操作。油压表必须定期核验，确认示值准确可靠。检查钢模规格是否与设计要求相符，其上下模合口尺寸应确保符合规定值。

2. 材料检验

（1）对被接续的导线及避雷线，其结构及规格应认真进行检查，其规格应与工程设计和国家标准的各项规定相符。

（2）对所使用的各种接续管及耐张线夹，应用精度为0.02mm游标卡尺测量受压部分的内外径，外观、尺寸应符合相关规定。

（3）液压前在施工过程中使用过网套连接器的导线及避雷线应割断，一般不再使用，导线穿管部分不得有断股、缺股、锈蚀、凹痕等缺陷，如有上述情况，必须将其割掉，同时距管口15m以内也不应有必须要处理的缺陷。

（4）压接前还应检查线序号，确认线序无误后，方可摆好对接，进行下一工序作业。

3. 清洗涂脂

（1）对使用的各种规格的接续管及耐张线夹，应用洁净汽油清洗管内壁的油垢，并清除影响穿管的锌疤与焊渣。短期不使用时，清洗后应将管口临时封堵，并以塑料袋封装。

（2）镀锌钢绞线的液压部分穿管前应以棉纱擦去泥土。如有油垢应以汽油清洗。清洗长度不应短于穿管长度的1.5倍。

（3）钢芯铝绞线的液压部分，应以汽油清除其表面油垢，清除的长度对先套入铝管端应不短于铝管套入长度；对另一端不应短于半管长的1.5倍。

（4）对轻型防腐型钢芯铝绞线的清洗，应按下列规定进行：

1）对外层铝股应以棉纱蘸少量汽油（以用手攥不出油滴为适度），擦净表面油垢。

2）当将防腐型钢芯铝绞线割断铝股裸露钢芯后，用棉纱蘸汽油将钢芯上的防腐剂擦洗干净。

（5）液压连接导线时，导线连接部分外层铝股在清洗后应薄薄地涂上一层导电脂并清除钢芯铝绞线铝股表面氧化膜。导电脂必须具备下列性能：中性、流动温度不低于150℃、有一定黏滞性；接触电阻低。

（6）涂导电脂及清除钢芯铝绞线铝股表面氧化膜的操作程序如下：

1）涂导电脂及清除铝股氧化膜的范围为铝股进入铝管部分。

2）外层铝股用洁净汽油清洗并干燥后，在导电脂薄薄地均匀涂上一层，以将外层铝股覆盖住。

3）用铜刷沿钢芯铝绞线轴线方向对已涂导电脂部分进行擦刷，将液压后能与铝管接触的铝股表面全部刷到。

（7）用补修管补修导线前，其覆盖部分的导线表面应用干净棉纱将泥土脏物擦干净（如有断股，在断股两侧涂少量导电脂），再套上补修管进行液压。

二、剥线穿管

1. 镀锌钢绞线接续管的穿管（见图6–31）

（1）用钢尺测量接续管的实长 l_1。

（2）用钢尺在两镀锌钢绞线连接端头向内量 $OA = \dfrac{1}{2}l_1$ 处各画一印记 A。此 A 点命名为"定位印记"。

（3）印记画好后将镀锌钢绞线两端分别自管口穿入，穿时顺绞线绞制方向旋转推入，直至两端头在接续管内中点相抵。两线上的 A 印记与管口重合。

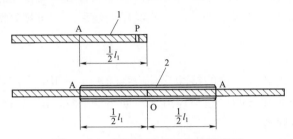

图 6－31　镀锌钢绞线接续管的穿管

1—镀锌钢绞线；2—对接钢接续管；O—镀锌钢绞线端头；P—绑线

2. 镀锌钢绞线耐张线夹的穿管（见图 6－32）

将镀锌钢绞线端头自管口穿入，穿时应顺绞线绞制方向旋转推入。直至线端头露出管底 5mm 为止。

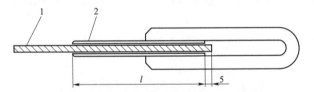

图 6－32　镀锌钢绞线耐张线夹的穿管

1—镀锌钢绞线；2—耐张线夹；l—钢管长度

3. 铝包钢绞线接续管的穿管（见图 6－33）

（1）画定位印记如图 6－33（a）所示。

1）用钢尺测量钢接续管的实长 L_1 及导电铝接续管的实长 L_2。

2）用钢尺在铝包钢绞线端头向线内量 $OA = \dfrac{1}{2}L_1$ 处画一印记 A，命名为"钢接续管定位印记"。

（2）穿管如图 6－33（b）所示。

1）套铝接续管：将铝接续管自铝包钢绞线一端先套入。

2）套铝衬管：打开端部绑线，将导电用铝衬管分别自铝包钢绞线两端套入。

3）穿钢接续管：将被连接的铝包钢绞线两端分别向钢接续管口穿入，穿时顺绞线绞制方向旋转推入，直至两端头在钢接续管内中点相抵，两线上的定位印记 A 与管口重合。

（3）穿铝接续管及铝衬管如图 6-33（c）所示。

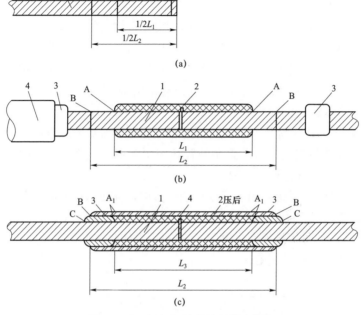

图 6-33　铝包钢绞线接续管穿管图
1—铝包钢绞线；2—钢接续管；3—铝衬管；4—铝接续管；P—绑线

1）当钢接续管压好后，在钢接续管的两个端口分别做定位印记 A_1，用钢尺测量 $A_1 A_1 = L_3$。

2）用钢尺在压好的钢管中心划一印记，按此印记向外量 $OB = \frac{1}{2} L_2$ 处画一印记 B，此 B 点命名为"铝接续管定位印记"。

3）将铝衬管顺铝包钢绞线绞制方向，分别自两侧向已压好的钢接续管方向旋转推入，直至其管口与钢接续管相抵（与定位印记 A_1 重合），同时在两端铝衬管口画定位印记 C。若铝衬管压住定位印记 B，将定位印记 B 移至铝衬管上。

4）将铝接续管顺铝包钢绞线绞制方向，向一侧旋转推入，直至两端管口与两端定位印记 B 重合为止。

5）分别用钢尺自铝接续管的两个端口向内侧量 $BA_1 = \frac{1}{2}(L_2 - L_3)$ 处画铝接续管压接定位印记 A_1。

4. 铝包钢绞线耐张线夹的穿管（见图 6-34）

（1）画定位印记如图 6-34（a）所示。

1）用钢尺测量耐张线夹钢锚的压接部位实长 L 及铝衬管的实长 L_1；

2）用钢尺在镀锌钢绞线端头向线内量 $OA=L$ 处画一印记 A。此 A 点命名为"钢锚定位印记"。

（2）穿管如图 6–34（b）所示。

1）套耐张线夹铝管：将耐张线夹铝管自铝包钢绞线端口先套入。

2）套铝衬管：打开端部绑线，将导电用铝衬管自铝包钢绞线端口套入。

3）穿耐张线夹钢锚：将镀锌钢绞线自管口向管内穿入，穿时顺绞线绞制方向旋转推入，直至线端头穿至管底，管口与定位印记 A 重合为止。

（3）穿耐张线夹铝管及铝衬管如图 6–34（c）所示。

1）当耐张线夹钢锚压好后，将铝衬管顺铝包钢绞线绞制方向，向已压接好的耐张线夹钢锚侧旋转推入，直至其管口与耐张线夹钢锚相抵，同时在铝包钢绞线侧铝衬管管口画定位印记 B。

2）将耐张线夹铝管顺铝包钢绞线绞制方向，向已压接好的耐张线夹钢锚侧旋转推入，直至其在铝包钢绞线侧的管口与定位印记 B 重合。

3）用钢尺从耐张线夹铝管出口（定位印记 B 处）向内量 $BC=L_1$ 处画一耐张线夹铝管压接定位印记 C。

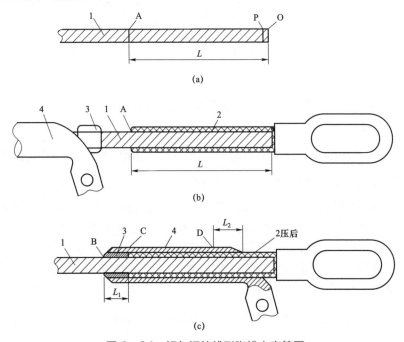

图 6–34　铝包钢绞线耐张线夹穿管图
1—铝包钢绞线；2—耐张线夹钢锚；3—铝衬管；4—耐张线夹铝管；P—绑线

4）用钢尺在图示处由管口向内量 L_2 约为 50mm（最终通过试验根据液压设备具体尺寸确定）处画一耐张线夹铝管压接定位印记 D。

（4）耐张线夹钢锚环与铝管引流板的相对方位确定。

1）液压操作人员根据该工程的施工手册，确定耐张线夹钢锚环与铝管引流板的方向，在耐张线夹钢锚与铝管穿位完成后，分别转动耐张线夹钢锚和铝管至合适的方向。

2）耐张线夹钢锚环定位：用标记笔自铝包钢绞线，过钢锚管口至钢锚压接部位画一直线，压接时保持绞线与钢锚压接部位的标记线在一条直线上。

3）耐张线夹铝管定位：用标记笔自铝包钢绞线，过铝管管口至铝管上画一直线，压接时保持绞线与铝管上的标记线在一条直线上。

5. 钢芯铝绞线钢芯对接式接续管的穿管（见图6-35）

（1）剥铝股：

1）如图6-35所示，自钢芯铝绞线端头 O 向内量 $\frac{1}{2}l_1 + \Delta l_1 + 20\text{mm}$ 处以绑线 P 扎牢一道（事先量出钢接续管的长度 l_1）。

2）自 O 点（钢芯端头）向内量 $ON = \frac{1}{2}l_1 + \Delta l_1$ 处画一割铝股印记 N。

3）松开原钢芯铝绞线端头的绑线 P。为了防止铝股剥开后钢芯散股，在松开绑线后先在端头打开一段铝股，将露出的钢芯端头用绑线扎牢。然后用切割器（或手锯）在印记 N 处切断外层及中层铝股。在切割内层铝股时，只割到每股直径的 3/4 处，然后将铝股逐股掰断。

注：Δl_1 为钢管液压时预留伸长值，它与钢管直径、壁厚、钢模对边距尺寸及模数都有关，其值应通过试压取得。在确定该值时，可比实测值大 3～5mm。

（2）套铝管：将铝管自钢芯铝绞线一端先套入。

（3）穿钢管：将已剥露的钢芯（如剥露的钢芯已不呈原绞制状态，应先恢复其原绞制状态）向钢管端穿入。穿入时应顺绞线绞制方向旋转推入，直至钢芯两端头在钢管内中点相抵，两边预留长度相等即可，如图6-35（b）所示。

（4）穿铝管如图6-35（c）所示。

1）当钢管压好后，找出钢管压后的中点 O_1，自 O_1 向两端铝线上各量铝管全长之半，即 $\frac{1}{2}l$（l 为铝管实际长度），在该处画印记 A。在铝线上量尺画印工序，必须按前述涂导电脂并清除氧化膜之后进行。

2）两端印记画好后，将铝管顺铝线绞制方向，向另一侧旋转推入，直至两端管口与铝线上两端定位印记 A 重合为止。

6. 钢芯铝绞线搭接式接续管的穿管（见图6-36）

（1）剥铝股：如图6-36（a）所示，铝股割线长度为 $ON = l_1 + \Delta l_1$。其他操作程序与上述剥铝股相同（但剥铝股时，钢芯端头不用扎牢）。

（2）套铝管：将铝管自钢芯铝绞线一端先套入。

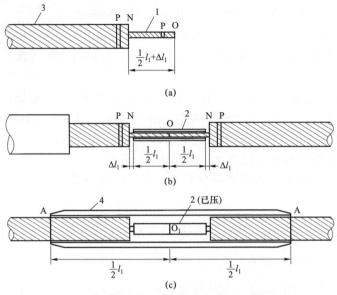

图 6-35　钢芯铝绞线钢芯对接式接续管的穿管
1—钢芯；2—钢管；3—铝线；4—铝管

（3）穿钢管：使钢芯呈散股扁圆形，一端先穿入钢管，置于钢管内的一侧；另一端钢芯也呈散股扁圆状，自钢管另一端与已穿入的钢芯相对搭接穿入（不是插接）。直穿到两端钢芯在钢管对面各露出 3～5mm 为止，如图 6-36（b）所示。

（4）穿铝管：如图 6-36（c）所示。

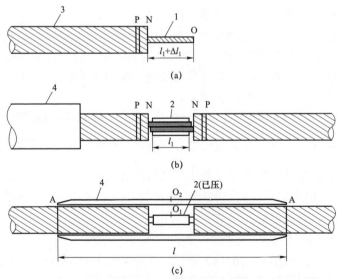

图 6-36　钢芯铝绞线钢芯搭接式接续管的穿管
1—钢芯；2—钢管；3—铝线；4—铝管

7. 钢芯铝绞线与耐张线夹的穿管

（1）剥铝股：如图6-37（a）所示，铝股割线长度为 $ON = l_2 + \Delta l$，其他操作程序与前述第5条第1）款相同。

（2）套铝管：将铝管自钢芯铝绞线一端先套入。

（3）穿钢锚：将已剥露的钢芯自钢锚口穿入钢锚。穿时顺钢芯绞制方向旋转推入，保持原节距，直至钢芯端头触到钢锚底部，管口与铝股预留 Δl 长度相等为止，如图6-37（b）所示。

（4）穿铝管：如图6-37（c）所示。

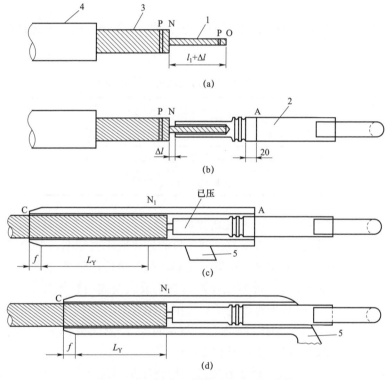

图 6-37 钢芯铝绞线耐张线夹的穿管

1—钢芯；2—钢锚；3—铝线；4—铝管；5—引流板

1）当钢锚压好后，自钢锚最后凹槽边向钢锚 U 型环端量 20mm 画一定位记 A，从 A 点向铝线侧铝管全长 l 处画一印记 C。在铝管上自管口量 $L_Y + f$，在管上画好起压印记 N_1。

2）对铝股表面（自印记 C 开始），进行涂导电脂及清除氧化膜。然后将铝管顺铝股绞制方向旋转推向钢锚侧，直至铝管底与钢锚印记 A 重合为止。

3）当采用如图6-37（d）所示铝管时，在钢锚压好后，先在铝管上自管口量 $L_Y + f$，在管上画好起压印记 N_1，同时在铝线上自端头向内量 $L_Y + f$ 画一定位印记 C（在铝线上画定位印记 C 应在涂导电脂及清除氧化膜之后）。然后将铝管顺铝股绞制方向旋转推向锚侧，直至铝管管口露出定位印记 C 为止。

4）耐张线夹钢锚环与铝管引流板相对方向确定请参考上文铝包钢绞线耐张线夹描述。

8. 铝包钢芯铝绞线的剥线穿管

铝包钢芯铝绞线的剥线穿管与钢芯铝绞线相同，不再赘述。

三、压接操作

1. 一般规定

导地线的压接可采用正压、倒压或顺压方式，其压接管压接方式宜按表 6-1 的规定选择。

表 6-1　　　　　　　导地线压接管压接方式选用的基本原则

压接方式	适用导地线与金具
正压	导地线钢芯、钢绞线、铝包钢绞线、钢芯铝绞线钢芯铝合金绞线接续管
倒压	标称截面 630mm² 及以上耐张线夹铝管、设备线夹、跳线线夹等
顺压	采用正压压接方式，导地线出现松股、起灯笼等

（1）压接所使用的钢模应与被压管相配套。凡上模与下模有固定方向时，则钢模上应有明显标记，不得错放。液压机的缸体应垂直地面，并放置平稳。

（2）被压管放入下钢模时，位置应正确，检查定位印记是否处于指定位置，双手把住管、线后合上模。此时应使两侧导线或避雷线与管保持水平状态，并与液压机轴心一致，以减少管子受压后可能产生弯曲。然后开动液压机。

（3）液压机的操作必须使每模都达到规定的压力，且维持 3s 左右的保压时间。

（4）施工时相邻两模至少应重叠 5mm。

（5）各种液压管在第一模压好后即应检查压后对边距尺寸（可用标准卡具检查），符合标准后再继续进行液压操作。

（6）对钢模应进行定期检查，如发现有变形现象，应停止或修复后使用。

（7）当管子压完后有飞边时，应将飞边锉掉，铝管应锉成圆弧状。若因飞边过大而使对边距尺寸大于规定值时，应将飞边锉掉后重新施压。

（8）钢管压后，不论是否裸露于外，皆需涂富锌漆以防生锈。

2. 操作工艺

（1）镀锌钢绞线接续管的液压部位及操作顺序如图 6-38 所示。第一模压模中心应与钢管中心 O 相重合，然后分别依次向管口端施压。

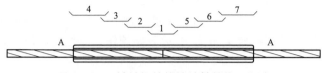

图 6-38　镀锌钢绞线接续管的施压顺序

（2）镀锌钢绞线耐张线夹的液压部位及操作顺序如图 6-39 所示。第一模自 U 型环侧开始，依次向管口端施压。

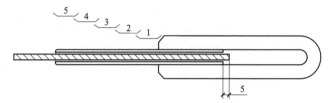

图 6-39　镀锌钢绞线耐张线夹的施压顺序

（3）铝包钢绞线接续管的液压部位及操作顺序。

1）铝包钢绞线钢接续管的液压部位及操作顺序如图 6-40 所示。

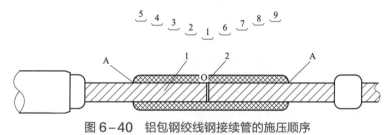

图 6-40　铝包钢绞线钢接续管的施压顺序

1—铝包钢绞线；2—钢接续管；（⌒）—施压序号

首先检查钢接续管与铝包钢绞线上的定位印记 A 是否重合。第一模压模中心应与钢接续管中心相重合，然后依次向管口端连续施压。

2）铝包钢绞线铝接续管及铝衬管的液压部位及操作顺序如图 6-41 所示。

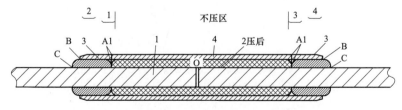

图 6-41　铝包钢绞线铝接续管及铝衬管的施压顺序

1—铝包钢绞线；2—钢接续管；3—铝衬管；4—铝接续管；（⌒）—施压序号

首先检查两个铝衬管与铝包钢绞线上的定位印记 C 是否重合。再检查铝接续管与定位印记 B 是否重合。内有钢接续管部分（A_1A_1 处）的铝接续管为不压区，自铝接续管上的压接定位印记 A_1 处开始施压，一侧连续压至管口后再压另一侧。

（4）铝包钢绞线耐张线夹的液压部位及操作顺序。

1）铝包钢绞线耐张线夹钢锚液压部位及操作顺序如图 6-42 所示。

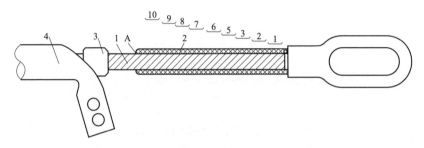

图 6-42　铝包钢绞线耐张线夹钢锚的施压顺序

1—铝包钢绞线；2—耐张线夹钢锚；3—铝衬管；4—铝管；（⌣）—施压序号

首先检查耐张线夹钢锚压接部位与铝包钢绞线上的定位印记 A 是否重合。检查耐张线夹钢锚环的方位确定线是否在一条直线上。第一模自耐张线夹钢锚长圆环侧开始，依次向管口端施压。

2）铝包钢绞线耐张线夹铝管及铝衬管的液压部位及操作顺序如图 6-43 所示。

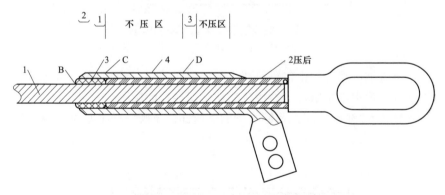

图 6-43　铝包钢绞线耐张线夹铝管及铝衬管的施压顺序

1—铝包钢绞线；2—耐张线夹钢锚；3—铝衬管；4—铝管；（⌣）—施压序号

首先检查耐张线夹铝管及铝衬管与铝包钢绞线上的定位印记 B 是否重合。检查耐张线夹铝管的方位确定线是否在一条直线上。自耐张线夹铝管上的压接定位印记 C 处开始，连续向铝管管口方向（绞线方向即定位印记 B 的方向）施压，一直连续压到铝管管口。最后在耐张线夹铝管尾端施压印记 D 处向钢锚长圆环方向压一模，使铝管与钢锚连接上。

（5）钢芯铝绞线钢芯对接式钢管的液压部位及操作顺序如图 6-44 所示。第一模压模中心与钢管中心 O 重合，然后分别向管口端部依次施压。

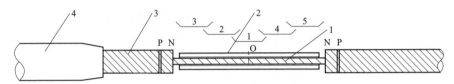

图 6-44　钢芯铝绞线钢芯对接式钢管的施压顺序
1—钢芯；2—钢管；3—铝线；4—铝管

（6）钢芯铝绞线钢芯对接式铝管的液压部位及操作顺序如图 6-45 所示。首先检查铝管两端管口与定位印记 A 是否重合。内有钢管部分的铝管不压。自铝管上有 N_1 印记处开始施压，一侧压至管口后再压另一侧。如铝管上无起压印记 N_1 时，在钢管压后测量其铝线两端头的距离，在铝管上先画好起压印记 N_1。

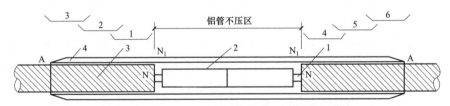

图 6-45　钢芯铝绞线钢芯对接式铝管的施压顺序
1—钢芯；2—已压钢管；3—铝线；4—铝管

（7）钢芯铝绞线钢芯搭接式钢管的液压部位及操作顺序如图 6-46 所示。第一模压模中心压在钢管中心，然后分别向管口端部施压。一侧压至管口后再压另一侧。如因凑整模数，允许第一模稍偏离钢管中心。

对清除钢芯上防腐剂的钢管，压后应将管口及裸露于铝线外的钢芯上都涂以富锌漆，以防生锈。

（8）钢芯铝绞线钢芯搭接式铝管的液压部位及操作顺序如图 6-47 所示。首先检查铝管两端管口与定位印记 A 是否重合。第一模压模中心压在铝管中心。然后分别向管口端部施压，一侧压至管口后再压另一侧。但也允许对有钢管部分铝管不压的方式。

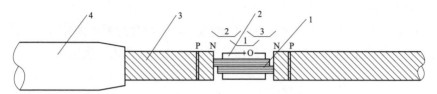

图6-46 钢芯铝绞线钢芯搭接式钢管的施压顺序

1—钢芯；2—钢管；3—铝线；4—铝管

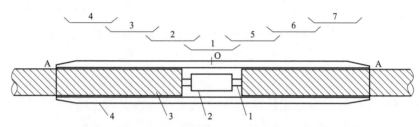

图6-47 钢芯铝绞线钢芯搭接式铝管的施压顺序

1—钢芯；2—已压钢管；3—铝线；4—铝管

（9）钢芯铝绞线耐张线夹的液压操作如图6-48所示。

1）钢锚液压部位及操作顺序如图6-48（a）所示，自凹槽前侧开始向管口端连续施压。

2）铝管分两种管型时，第一种液压部位及操作顺序如图6-48（b）所示，首先检查右侧管口与钢锚上定位印记 A 是否重合；第一模自铝管上有起压印记 N_1 处开始，连续向左侧管口施压，然后自钢锚凹槽处反向施压。

第二种铝管的液压部位及操作顺序如图 6-48（c）所示。自铝线端头处向管口施压，然后再返回在钢锚凹处施压。如铝管上设有起压印记 N1 时，则当钢锚压完后，用尺量各部尺寸，在铝管上画上起压印记。

注：铝管上未画起压印记时，可自管口向底端量 $L_Y + f$ 处画印记 N。L_Y 值如表6-2所示。

表6-2 　　　　　　　　　　L_Y 值 取 值 要 求 表

条件	$K \geqslant 14.5$	$K = 11.4 \sim 7.7$	$K = 6.15 \sim 4.3$
L_Y 值	$\geqslant 7.5d$	$\geqslant 7.0d$	$\geqslant 6.5d$

注　K—钢芯铝绞线铝、钢截面积比；

d—钢芯铝绞线外径，mm；

f—管口拔稍部分长度，mm。

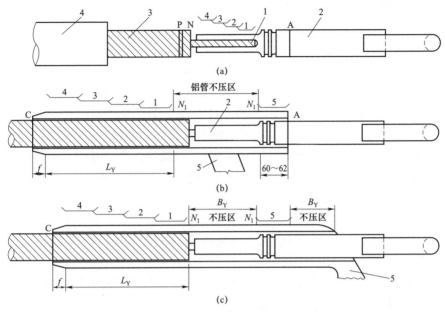

图6-48 型钢芯铝绞线耐张线夹的施压顺序

1—钢芯；2—钢锚；3—铝线；4—铝管；5—引流板

（10）铝包钢绞线、钢芯铝绞线耐张线夹铝管液压时，其引流连板与钢锚U型环的相对角度位置应符合该工程施工手册或技术措施上的有关规定。

（11）与各种钢芯铝绞线耐张线夹连接的引流管的液压部位及操作顺序如图6-49所示。其液压方向为自管底向管口连续施压。

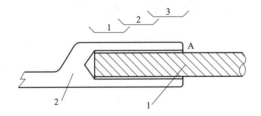

图6-49 钢芯铝绞线耐张线夹引流管的施压顺序

1—铝线；2—引流管

（12）铝包钢芯铝绞线的液压操作与钢芯铝绞线相同。

四、大截面导线压接质量控制要点

大截面导线指以多根镀锌钢线或铝合金绞线为芯，外部同心螺旋绞多层硬铝线，导体标称截面不小于800mm²。

（1）《大截面导线压接工艺导则》（Q/GDW 10571）仅对大截面导线的压接

施工进行规范，地线的压接仍按照《输变电工程架空导线及地线液压压接工艺规程》（DL/T 5285）中的相关规定执行。

（2）规定耐张线夹铝管的压接顺序采用"倒压"，接续管铝管的压接顺序采用"顺压"。

（3）导线直线管顺压、耐张管倒压，需在铝管压接前进行预偏，即在穿铝管时，为补偿因铝管压接而产生的伸长，将铝管向施压顺序的反方向移动。

（4）压接后对边距太大或太小都不能达到最大握着力，只有在某个合理区间才满足要求。应在施工前做相关压接试件，经试验合格使用。

（5）液压后铝管不应有明显弯曲，弯曲度超过 1% 应校正，无法校正（达到 1% 以内）应割断重新压接。

（6）钢管、铝管相邻两模重叠应不小于 5mm。压接管压接两模重叠长度主要是减少压接管弯曲发生，300t 压接机铝管压接两模重叠长度宜重叠 25～40mm 为宜。

（7）当压接管压完后有飞边时，应将飞边锉掉，铝管应锉为圆弧状，同时用细砂纸将锉过处磨光。压接完成后因飞边过大而使对边距尺寸超过规定值时，应将飞边锉掉后重新施压（允许复压）。

（8）压接后试件的握着力不应小于导线设计计算拉断力（设计使用拉断力）的 95%。

（9）搭接接续管（钢管）内径、铝压接管外径极限偏差、压接管（钢管）中心同轴度公差、铝压接管坡口长度等压接管外观尺寸偏差应满足《大截面导线压接工艺导则》（Q/GDW 10571）中要求。

附 件 安 装

附件安装系指架空导线、地线金具串安装、导线间隔棒、相间间隔棒安装、导线防振锤安装、跳线绝缘子串及跳线安装等。

一、施工准备

（1）紧线完毕后，一般情况下应在 5d 内进行耐张塔平衡挂线和直线线夹、防振金具及间隔棒安装，避免导线因在滑车中受振和在档距中相互鞭击而损伤。为此，应按放线和紧线施工速度确定附件安装工序的施工组织，保证及时完成附件安装工作。

（2）安装附件及间隔棒时，应对导线做全面检查，将导线上的所有遗留问题处理完毕，其重点是：

1）修复导线上未处理的局部轻微损伤，并特别注意线夹两侧及锚线点；

2）安装补修管；

3）拆除直线压接管保护套；

4）拆除导线上的各种标志物、保护物及其他异物（保护性接地除外）。

二、耐张塔挂线

耐张塔挂线部分内容见前文"紧线施工"内容，待耐张段紧线完成后，进行均压环安装。

三、直线塔附件安装

1. 一般技术规定

（1）金具附件安装操作前，应做好保护性工作接地，防止可能出现的电击伤害。

（2）下线前应在铁塔横担上，连接好速差器，并认真检查，保证其工作正常。

（3）在安装操作前，应先对导线加装由钢丝绳组成的二道防线。

（4）当绝缘子采用合成绝缘子串，作业时不应蹬踏，应使用作业软梯。

（5）首先进行各子导线弧垂检查，如两邻档个别子导线不平衡偏差超过50mm时，应站在软梯上，进行弧垂复调。弧垂复调指使相邻两档弧垂偏差控制到最小值之内。如果用此方法仍达不到要求时，应考虑用微调或细调方法。弧垂复调不得站在导线或滑车上，复调达到满意后应在放线滑车的导线上重新画印。

2. 直线塔附件安装

（1）复调，即在上线作业之前，首先应观测相邻两档的导线弧垂平衡的情况，如超过子导线允许弧垂偏差时，则可用人力适当撺动导线进行调整，复调完成后，尚应在导线上重新划印。

（2）安装提线器。直线塔悬垂线夹安装需使用提线器提线。当分裂子导线分为左右两束提线时，如果负荷较小，左右每束可各使用一个提线器，但两个提线器应分别悬挂在导线横担的前后侧。当负荷较大时，则每束需各使用两个提线器提线，这两个提线器应在导线横担前后对称悬挂。提线器的使用数量，应通过导线垂直负荷计算确定。提线安装时提线工器具取动荷系数为1.2。

子导线提线器均悬挂在子导线最终安装位置上方的导线横担主材上，左右提线器的安装间距应适当，使其在提线操作中互不干扰。

（3）放线滑车拆除。利用提线器将滑车中的导线提起后，拆除放线滑车，如图6-50所示。

（4）画印及线夹安装。

1）画印。直线塔画印采用垂球将横担挂孔中心投影到任一子导线上，将直角三角板的一个直角边贴紧导线，另一直角边对准投影点，在子导线上画印，使诸印记点连成的直线垂直于导线，如图6-51所示。

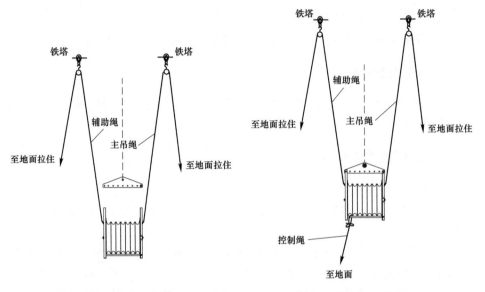

(a) 提梁两端连接均可拆开时   (b) 提梁只有一端连接能拆开时

图6-50　卸放滑车示意图

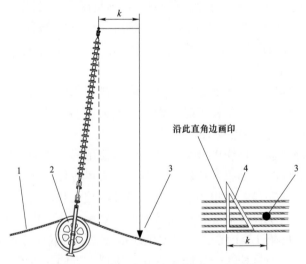

图6-51　直线塔和无转角耐张塔画印示意图

1—导线；2—导线放线滑车；3—垂球；4—三角板

　　直线转角塔画印采用挂点延伸法画印。内角侧相（极）在横担上将画印尺对准横担挂孔中心连线，用垂球将延伸线准确地投影到子导线上，以三角板一边对准垂球沿横线路方向在各子导线上画印。外角侧相（极）、中相则在横担中心线上用垂球准确地垂到子导线上，以三角板一边对准垂球沿横线路方向在各子导线上画印。如图6-52所示。

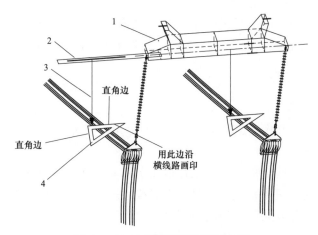

图 6-52　直线转角塔画印示意图

1—横担；2—画印尺；3—垂球；4—三角板

对于线路的平地段，按以上方法画出的印记即为直线线夹安装印记。对于连续上下山施工段，尚应根据以上画出的印记，按设计给出的线夹安装调整距离挪印，定出线夹安装印记。

2）线夹安装。调整提线器上的高位和低位手扳葫芦，先将子导线移动到适当位置，再把左右绝缘子串和导线联板组装到位，最后将导线装入线夹、拆除提线器。

直线线夹的安装位置，不需作调整时即为画印点，需作调整时应先按移印值移位以确定安装位置。

若采用铝包带，缠绕方法如图 6-53 所示。并要求铝包带缠绕方向与导线外层同向缠绕、缠绕紧密、露头不超 10mm。

（5）地线附件安装工艺参照导线附件安装。

四、防振锤的安装

（1）防振锤的安装数量、规格及位置应符合设计要求，其与导线及架空地线接触的夹槽内应按设计规定加衬垫，

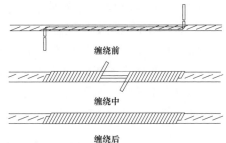

缠绕前

缠绕中

缠绕后

图 6-53　铝包带缠绕示意图

防振锤安装后应垂直地平面，不得扭斜；螺栓穿入方向，边线由内向外穿，中线由左向右穿（面向受电侧）；安装距离允许偏差±30mm。

（2）除特殊规定的外，防振锤安装一般应按下列程序和要求进行：

1）由线夹回转中心算起（按照设计要求或起点），根据设计尺寸沿导线或架空地线向外量测，找出安装位置并画好印记；

2）在安装位置处缠绕铝包带，其缠绕长度应外露夹板两端各 10～30mm；

3）将防振锤的夹板夹在导线或架空地线的衬垫上，紧固螺栓。

五、间隔棒安装

1. 工器具准备

安装前应准备好次档距测距仪、飞车及专用扳手等工器具。

2. 线上安装

导线间隔棒上线之前，首先应在地面上将零部件配齐装好，以便减少高空安装工作量，随后可用棕绳通过悬挂在导线（应加防护套）上的传递滑车，将导线间隔棒提升至安装处，驱动飞车进行线上安装，应保证导线间隔棒与导线垂直，各相安装位置应一致且在同一个断面内。

3. 注意事项

（1）导线间隔棒安装，在下线作业之前，应确认导线已经做好保护性接地，否则应用一根垂落式接地线（软铜线截面大于 $25mm^2$），一端先连接在横担上，使夹头一端垂落在导线上，确认接地线夹头与导线接触良好后方可下线工作。

（2）安装间隔棒采用专用飞车或人工走线方法，飞车支撑轮不得对导线造成磨损，人工走线时应穿软底鞋。

（3）间隔棒安装位置可用测绳高空测量定位、地面测量定位、计程器定位、次档距测距仪等方法测定。在跨越电力线路安装间隔棒时，应使用绝缘测绳或其他间接测量方法测量次档距。

（4）安装间隔棒人员必须绑扎安全带，安全带应绑在导线上。安装工具和材料，均应用小绳拴在导线上，防止失手掉落。

（5）间隔棒平面应垂直于导线，导线间隔棒的安装位置应符合设计要求。

（6）飞车或人工走线跨越电力线路时，必须验算对带电体的净空距离，该距离不得小于最小安全距离，如表 6－3 所示。验算荷载时取实际荷载的 1.2 倍，并计算相邻一基悬垂绝缘子串在不平衡张力下产生的偏移。

表 6－3 　　　　　　　　对被跨越电力线路的最小安全距离

被跨越线路电压等级（kV）	≤10	35	63～110	220	330	500	750	±800
最小安全距（m）	2.0	3.5	4.0	5.0	6.0	7.0	9.0	11.0

六、跳线安装

1. 刚性跳线安装

刚性跳线主要包括铝管式刚性跳线和笼式刚性跳线，应严格按照设计文件和安装说明书进行安装。铝管式刚性跳线如图6-54所示。

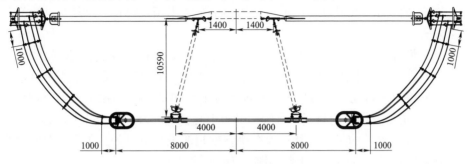

图6-54 铝管式跳线示意图

2. 铝管式刚性跳线安装

（1）铝管式刚性跳线安装施工分两步进行，先进行刚性部分，后安装柔性部分。

（2）铝管式刚性跳线地面组装，在跳线垂直投影下方处进行跳线组装，在铝管式刚性跳线下面适当的位置进行支撑，用仪器操平支撑物，使铝管式刚性跳线处于水平状态，确保整体对接后铝管式刚性跳线平直。将一端压接后的软跳线与多变二线夹连接。铝管式刚性跳线组装地面组装如图6-55所示。

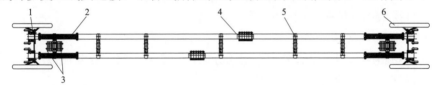

图6-55 铝管式刚性跳线地面组装示意图

1—多变二线夹；2—内置重锤片；3—重锤片；4—接头金具；5—间隔棒；6—屏蔽环

3. 笼式刚性跳线安装

（1）笼式刚性跳线安装施工，先进行刚性部分地面组装，再跳线吊装，后柔性部分安装。

（2）笼式刚性跳线地面组装，在跳线垂直投影下方处进行跳线组装，应用支撑物在适当位置进行支垫或悬挂，并用仪器进行操平，使笼型骨架处于水平状态，确保笼型骨架对接后整体平直；安装后法兰连接接头连接处应严密；安装间隔棒和导线。笼式刚性跳线地面组装见图6-56。

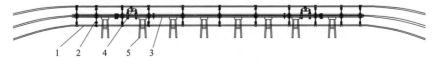

图6-56 笼式刚性跳线地面组装示意图

1—导线；2—间隔棒；3—笼型内架；4—跳线串连接金具；5—支撑橙

4. 跳线吊装

将组装好的跳线通过起吊工具整体起吊至空中预定位置。跳线吊装可采用以下方式:

(1) 将跳线绝缘子串与铝管式刚性跳线或笼式刚性跳线组装成整体吊装。

(2) 先分别吊装跳线绝缘子串,再吊装铝管式刚性跳线或笼式刚性跳线。

(3) 用单台机动绞磨分别吊装跳线绝缘子串和笼式刚性跳线的操作步骤。

1) 先用尼龙绳分别将两个跳线绝缘子串悬挂到跳线横担挂孔上,起吊跳线绝缘子串时,提升的吊点必须设置在跳线横担的主材节点处,不得在跳线横担的横材或斜材以及其他部件上起吊跳线绝缘子串。

2) 再用机动绞磨控制磨绳整体起吊跳线。在大、小号耐张串最内侧端头金具上悬挂起重滑车→磨绳→钢丝绳套做 V 型→两端分别接卸扣→吊带缠绕在跳线串金具上。

3) 使用机动绞磨提升跳线支撑;同时使用尼龙绳通过滑车与跳线两端头的子导线分别相连,人力提升两跳线端头导线,三点应同步提升,如图 6-57 所示。

(4) 施工人员沿预先安装好的软梯下至绝缘子底端连接刚性跳线。

(5) 刚性跳线部分安装完成后,柔性跳线部分采用比量法确定柔性跳线压接长度、画印、断线、安装引流线夹、对正线的角度等,高空安装成型,最后安装柔性跳线部分的跳线间隔棒。

5. 柔性跳线安装

跳线材料应选用未受过外力作用的导线,一般宜采用"导线模拟法"工艺,该方法简便、尺寸准确、造型美观。

(1) 下料。下料宜在安装塔位的地面进行,下料长度可按设计计算结构中心线长适当增加 1~1.5m。下料完成之后,即可将一端进行跳线联板压接,压接联板时要选择好联板结合面方向和线体自然弯曲方向。

(2) 悬挂。即将一端联板已压接的线体用棕绳吊至导线耐张线夹的联板处,将两个联板的光面上清理干净涂以导电脂,并连接固定好。依上述方法和要求,先后将一相子导线线体悬挂并连接好。

(3) 模拟。模拟是将悬挂着的跳线,一根一根地在空中进行模拟,确定该跳线线体的割线位置画好印记,并标明跳线联板的压接方向。如果需要通过跳线悬垂绝缘子串时,应分段模拟确定,并应考虑跳线悬垂绝缘子串在运行状态时自然倾斜的影响。

(4) 割线。将画好印记的线体线端,通过棕绳移至作业平台的适当位置,按印割线。

(5) 压接。跳线联板的液压连接在作业平台上进行,应特别注意跳线联板的方向,如跳线线体画印注明方位,必须按其所注的方位施工。

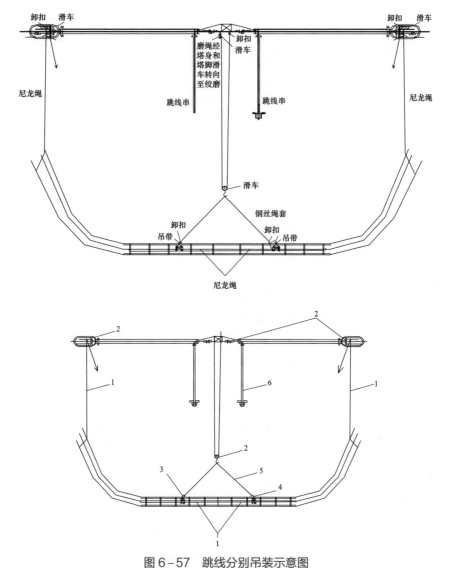

图 6-57 跳线分别吊装示意图

1—尼龙绳；2—滑车；3—卸扣；4—吊带；5—钢丝绳套；6—跳线绝缘子

（6）组装。安装连接跳线联板与耐张线夹联板，安装跳线悬垂绝缘子串联板上的悬垂线夹、重锤以及跳线间隔棒。在组装中应注意跳线联板光洁面与线夹联板的光洁面涂以导电脂以及压接方位。

（7）微调。微调是将组装后的跳线，进行最后的检查和修整。使其外形工艺整齐美观，再按规定逐一检查跳线弧垂实际值和电气间隙。

七、OPGW 附件安装

OPGW 附件安装工作内容，包括直线塔悬垂线夹的安装，直通式耐张线夹的安装，防振锤的安装，接地引流线安装，OPGW 引下线安装等。

1. 直线塔悬垂线夹的安装

（1）OPGW 紧线完毕应立即进行附件安装，OPGW 在滑轮上停留时间不得超过 48h。

（2）全耐张段两端耐张塔挂线完成，弛度调整完后，利用垂球逐基画好各基直线塔直线线夹中心印记。对于连续上下山的耐张段，尚应注意按照设计图给定的移印尺寸画好各基直线塔直线线夹中心印记。

（3）安装直线悬垂串，有"卡线器轴向收紧安装法"和"临时支架安装法"两种，可以按照厂家的要求选用。

2. 直通式耐张线夹的安装

（1）直通式（即 OPGW 不断引）的耐张线夹安装方法，与 OPGW 断引的安装方法相似，也用手扳葫芦和专用卡线器等索具进行安装；

（2）直通式耐张串的 OPGW 弧垂（即跳线）应符合设计值，并保证 OPGW 最小弯曲半径不得小于 0.5m，且需用特制接地线夹将 OPGW 固定在杆塔上；

（3）预绞线耐张线夹安装受力后，重复使用不得超过规定的次数。

3. 防振锤安装

（1）防振锤的型号，规格及安装距离应按设计规定。

（2）防振锤安装不得直接卡在 OPGW 上，应安装在缠绕好的护线条上。护线条及防振锤的安装，均应用工作平台（可用 ϕ60mm×3.5m 竹竿或铝合金梯子作工作平台）。

（3）防振锤卡紧螺栓的扭矩值应符合设计或产品说明书的规定。

4. 接地引流线的安装

（1）OPGW 均应与全线铁塔逐基接地。专用接地引流线一般由 OPGW 制造厂家提供，专用接地引流线一端连接在 OPGW 的并沟线夹内，另一端连接至塔身接地夹具内。具体的连接方式见设计图纸。

（2）接地线一般统一安装在避雷线支架的大号侧，并在 OPGW 的上方。接地线安装要松弛，保证悬垂线夹向塔身内、外摆动 60° 不受限。

5. OPGW 引下线安装

（1）分段塔或架构处 OPGW 引下时，一般用 OPGW 制造厂家提供的引下线固定夹具固定于塔材上，而无须在塔上打孔。固定夹具每隔 2m 安装一个，引下线自避雷线支架沿塔身主材引至铁塔下方接线盒，但多余的 OPGW 仍盘在接线盒上方的铁塔平面构件上，临时固定，不得切断。由熔接人员处理。

（2）在操作过程中，OPGW 的弯曲半径，均应保证大于 500mm，若 OPGW 到第一个夹子前，有可能与铁塔构件相摩擦时，应加缠护线条保护。

（3）为了一致美观，引下线应统一布置在铁塔的一个指定塔腿上。

6. 光纤熔接

（1）接线盒及余缆的安装。

1）接线盒应固定在塔身统一的主材上，其高度应距铁塔基础面不小于 6m（各个工程应在审图时确定）。安装接线盒时螺栓应紧固，橡胶封条必须安装到位。

2）OPGW 对接后的多余长度（即余缆）按 OPGW 的允许弯曲直径盘成一捆，置放在接线盒的上方，并用 8 号镀锌铁线或专用线夹固定在塔身水平材上。OPGW 绑扎的外层应垫以胶垫，且绑扎点不少于 3 处，确保余缆在风吹时不会晃动。

（2）OPGW 光纤的熔接与测试。

1）OPGW 架设后在接头塔通常是断开的，必须通过光纤熔接实现两段光纤芯的连通，熔接好光纤的 OPGW 置于接线盒内，并在塔上固定。

2）光纤熔接是通过两金属电极电弧放电实现熔接。光纤熔接操作步骤是：首先用砂轮锯锯开外层铝股及钢股，再用专用工具逐层剥开套管和光纤被覆，用无水酒精清洁光纤，用光纤专用刀切割光纤，然后将光纤放入熔接机的光纤固定座中，选择"寻找光纤"进行光纤端面检查，如光纤切口端面符合要求，则屏幕上显示端面与轴向相垂直且平整；如果端面品质不佳，则显示端面楔形或其他不规则形，应将光纤重新切割。

3）光纤熔接是由熔接机自动进行的。熔接完毕，应进行光纤传输衰减值测试。每接好一条纤芯，应立即进行测试，以便立即检查接头熔接质量。测试的光纤传输衰减值符合要求时，将光纤由熔接机移出固定。标准单模允许熔接传输损耗应小于 0.03dB/处。

4）光纤线路的传输损耗包括光纤损耗和接头损耗。其损耗的测试方法有剪断法、插入法、背向散射法，剪断法和插入法使用的是光功率计，背向散射法常用的是光时域反射仪（OTDR）。目前，使用后一种方法较广泛，因为它获得的技术数据较多，便于建立档案资料及运行维护。

5）光纤的熔接操作应符合下列要求：光纤的熔接应由专业人员操作；剥离光纤的外层铝套管、塑料套管、骨架时不得损伤光纤；雨天、大风、沙尘或空气湿度过大时不应进行熔接作业。

跨越设施安装与拆除

一、有跨越架施工

在输电线路建设施工中，经常跨越各式各样的障碍物，其搭设跨越架方式可分为不同类型，按跨越架的材料分为木质或毛竹跨越架、建筑用钢管跨越架、金属格构式跨越架、自立式跨越塔；按封顶方式分为不封顶式的跨越架、木质毛竹及钢管等刚性杆件封顶的跨越架，用绳索封顶的跨越架，用绝缘网封顶的跨越架，用配有撑网杆的绝缘网封顶的跨越架等。为确保输电线路架设施工的顺利进行和被跨越物的完好无损，必须在跨越施工前根据被跨越物种类、规模、重要性及施工条件，选择跨越施工方法，并进行施工技术设计。

1. 跨越架搭设的基本规定

（1）跨越架的型式应根据被跨越物的大小和重要性确定。跨越架的搭设应由施工技术部门提出搭设方案或施工作业指导书，并经审批后办理相关手续。

（2）跨越架的中心应在线路中心线上，宽度应超出新建线路两边线各 2.0m，且架顶两侧应装设外伸羊角。

（3）跨越架必须使用绝缘材料进行封顶，并有足够的强度。

（4）搭设的跨越架能满足跨越施工冲击和抗压能力的需要。

（5）跨越架线施工所用工具及临锚地锚，应根据其重要程度将安装系数提高 20%～40%。

（6）使用迪尼玛绳必须有足够的机械强度及安全系数应大于 6，绝缘固定控制绳、牵引绳的安全系数应大于 3.0，展放专用滑车的安全系数应大于 2.5。

（7）绝缘网的弛度不得大于 2.5，且满足架空线的最小距离的要求。

（8）跨越架搭设完毕后经验收合格方可使用，架体上应悬挂醒目的安全标志。

（9）搭设和拆除跨越架时应设安全监护人。

2. 毛竹及钢管跨越架法跨越架线方法的实施

采用毛竹、钢管跨越架是传统的架线跨越方式，一般可用于跨越各级公路、弱电线路，各类铁路和 220kV 及以下电力线路。毛竹跨越架适用范围：搭设高度不宜超过 25m，跨度不宜超过 60m。钢管跨越架适用范围：搭设高度不宜超过 30m，跨度不宜超过 70m。跨越架搭设处，应地耐力良好且满足拉线设置条件。

毛竹跨越架是由毛竹用铁丝绑扎而成，钢管跨越架由钢管通过扣件组成，根据被跨越物的不同要求、其基本构成型式，分为下列 5 种。

单侧单排，如图6-58（a）所示，使用于弱电线，380V电力线及乡间公路。

双侧单排，如图6-58（b）所示，与单侧单排的适用范围相同。

单侧双排，如图6-58（c）所示，适用于35kV及以下电力线，重要一级弱电线及公路、铁路，其高度宜控制在10m以下。

双侧双排，见图6-58（d），适用于各种被跨越物，其高度宜限制在15m以下。高度超过15m的毛竹跨越架宜为双排及更多排，应专门设计。

双侧多排，如图6-58（e）所示，根据需要由施工设计确定。

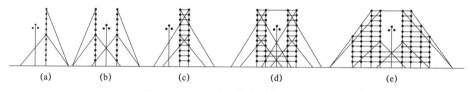

图6-58　毛竹、钢管跨越架的型式

（1）操作流程。毛竹及钢管跨越架施工流程如图6-59所示。

图6-59　毛竹及钢管跨越架施工流程

（2）操作步骤要点。

1）定位。根据施工线路导线、避雷线展放位置、跨越物的位置及所占空间确定跨越架高度、宽度、类型及双侧间的距离（通称跨距），并定出立杆和拉线地锚的具体位置。

2）跨越架搭设。

装设最下面一段立杆及支撑。毛竹跨越架在主杆位置挖0.5m深的坑，且将坑底夯实后，竖立主杆。钢管立杆搭设范围内的地基夯实处理和底座安装。根据毛竹及钢管杆供应情况选配合适的长度，力争各根主杆绑扎后高度一致。跨越电力线路在地面竖立主杆前，必须丈量毛竹及钢管杆长度。如果长度大于电力线对地距离，则必须顺电力线方向竖立。每1.2m高度绑扎一层与在建线路横线路的横杆（简称大横杆）。大横杆与主杆交点处相互绑扎，大横杆的装设操作由下至上进行。大横杆搭设至三步以上时，即应绑设支撑、斜撑或剪刀撑等。最下一步斜撑或剪刀撑的底脚应距立杆根部70cm。侧向支撑埋入地下不小于0.3m，对地夹角不宜大于60°；搭设示意图如图6-60所示。

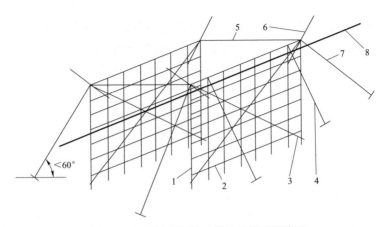

图 6-60 毛竹及钢管跨越架的搭设示意图

1—立杆；2—横杆；3—剪刀撑；4—临时拉线；5—封顶杆；6—羊角杆；7—侧拉线；8—被跨电力线

装设上段立杆及支撑。立杆第一段装完后，按施工设计的规定继续向上接续。在接升上一段立杆前，应确认下面一段立杆及横杆已绑扎牢固，立杆间已绑扎交叉支撑杆及侧向支撑杆以保持其稳定。支撑、斜撑或剪刀撑的高度等也应随立杆向上增高。如跨越架宽度在 6m 及以下时，一般设一副交叉支杆（即剪刀撑），大于 6m 而小于 12m 时设两副支撑杆，依此类推。到规定高度后，在立杆的适当位置（距电力线保持安全距离）打好前后侧拉线。

架体组成整体。对于双面单排毛竹及钢管跨越架，除立杆、大横杆、支撑、斜撑或剪刀撑之外，还应在两面架体之间连接与在建线路顺线路的横杆（简称小横杆）及交叉支撑杆。对于双面多排毛竹及钢管跨越架，除在两面架体之间连接与在建线路顺线路的横杆（简称小横杆）及交叉支撑杆外，每面的各排之间也应连接小横杆及交叉支撑杆，以保持架体稳定。跨越架高度应满足对跨越物安全距离的要求。

封顶。双面跨越架为保证架空线索不落入两面架体之间，需进行封顶。当跨越架跨距极小时可不封顶。跨越多排轨铁路，宽面公路等时，跨越架虽然跨距较大，有时由于条件限制也可不封顶。此时应适当加高跨越架架顶高度，以抵消张力展放的导引绳、导线、地线落在架上时在两侧架间产生的弧垂。当跨越架跨距较小时可用竹（木）杆封顶。

顶部设置羊角杆、架顶加固。封顶杆的两侧应各绑扎一根羊角状外伸支杆，外伸长度 4m，与大横杆夹角 45°。对于使用木杆封顶的跨越架，在封顶横杆上方绑一根梢径不小于 60mm 的木杆，其长度不小于 6m，以减小导引绳拖牵的摩阻力。对于由验算确定、牵引绳牵放时将被磨到的跨越架，在封顶横杆上方绑钢管防磨。

打拉线。毛竹及钢管跨越架拉线与地锚的用料、规格与数量由施工设计计算确定。所有拉线挂点应选择在架顶立杆与横杆绑扎点处。拉线绑点立杆视需要可增设数根，捆绑成束加强。拉线方向应与大横杆方向垂直，跨越架前后的拉线位置前后对应，并通过索具（绝缘索具）或顺封杆相连。当架体较高时，为保持稳定，应增打与大横杆方向一致的拉线。如需设置内侧拉线且被跨物为电力线时，其挂点高度应保证拉线对电力线的安全距离。拉线对地面夹角由施工设计计算确定，一般应不大于60°。

装警告标志。跨越架搭设后应在显著位置牢固悬挂警告标志。

拆除跨越架。按施工设计规定的时段拆除跨越架。跨越架原则上应由原搭设人员拆除。拆除操作按搭设跨越架的逆程序由上而下进行。若拆除工作更换人员时，必须经过技术及安全交底并了解原搭设情况及安全规定才能上岗。拆除工作与搭设工作具有相同的危险性，必须同样执行施工技术设计及相关规程的规定。

（3）施工安全控制要点。

毛竹、钢管跨越架施工的安全危险点与预控措施见表6-4。

表6-4　　　　　　毛竹、钢管跨越架施工的安全危险点与预控措施

序号	作业内容	危险点	防范类型	预防控制措施
1	现场布置	跨越架搭设位置未进行测量定位，架体偏移或与被跨越物水平距离不足，不满足安全防护距离要求	触电、物体打击	搭设前，按施工方案要求进行架体的测量定位，保证架体中心位置处于线路中心线上，且与被跨越物有足够的安全净距
2	跨越架搭设及拆除	邻近带电体搭设跨越架，施工人员在跨越架内侧攀登或作业	触电	邻近带电体搭设跨越架，施工人员不得在跨越架内侧攀登或作业
		邻近带电体搭设跨越架，上下传递物件使用钢丝绳或普通绳索	触电	邻近带电体搭设跨越架，上下传递物件必须使用绝缘绳索，作业全过程应设专人监护
		邻近带电体作业，人体与带电体安全距离不足	触电	邻近带电体作业，人体与带电体间的最小安全距离必须满足安全工作规程的规定
		跨越架与带电线路的安全距离不足	触电	跨越架架面与被跨电力线导线之间的最小安全距离在考虑施工期间的最大风偏后不得小于安全工作规程的规定
		架体拆除时整体推倒或抛扔	物体打击、坍塌、触电	跨越架拆除时自上而下逐根进行，拆下的材料应有人传递，不得抛扔。不得上下同时拆架或将跨越架整体推倒

3. 金属格构跨越架施工技术

金属格构跨越架按照型式分有Ⅱ型、门型和单柱带羊角横担式等型式。柱身靠拉线保持稳定，然后在两塔头部位之间布置两条高强度绝缘承载索（一般为迪尼玛绳），利用承载索在跨越物的上空布置绝缘网（绝缘杆）进行跨越施工保护。金属结构式拉线跨越架搭设高度不宜超过35m，跨度不宜超过100m，交

叉跨越角不宜小于 60°，一般适应于 220kV 及以下线路及高架路桥等跨越。金属格构跨越架示意如图 6-61 所示。

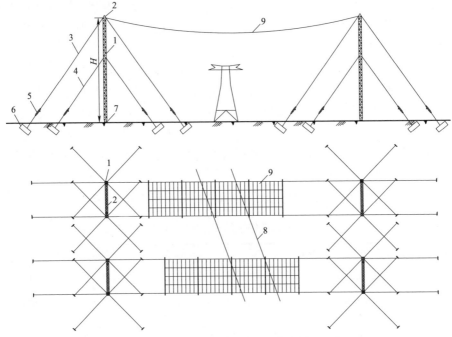

图 6-61　金属格构跨越架（门型）的搭设示意图

1—钢结构立柱；2—钢结构横梁；3—上层拉线；4—下层拉线；5—手扳葫芦；

6—地锚；7—立柱底座；8—被跨越物；9—绝缘网（绝缘杆）

（1）操作流程。

金属格构跨越架跨越施工操作流程如图 6-62 所示。

图 6-62　金属格构跨越架跨越施工操作流程

（2）操作步骤要点。

1）施工准备。跨越点进行实地勘察，内容包括：地形、交叉跨越角度，被跨越电力线导地线高度及间距等，并应调查了解被跨电力线路的电压等级、两侧铁塔的高度等，以便进行跨越施工方案设计。应绘制架体基础平面布置施工图，其中应有基础位置、型式、埋深及尺寸等。

2）定位。金属格构架（门型架）组立前必须对其位置进行测量、操平、钉桩，门型架各拉线地锚埋对地夹角不得大于 45°。

3）架体基础设置。根据施工设计，可布置混凝土基础或在夯实地面上设置面积大于 1.5m×1.5m 的枕木基础，防止架体受力下沉。

4）组立跨越架。钢构架立柱一般采用立塔抱杆件，可以分段组立。首先第一节格构架的起立以基础低座为支点，利用白棕绳人力牵拉的方式进行起立，然后施工方向布置临时拉线，如基础采用枕木，需在立柱的根部不止四个方向的制动拉线。组装上段构架立柱，宜分段起吊。

5）敷设绝缘保护网。为了预防导线、地线在展放过程和紧线施工中发生坠落施工，除在横梁顶部设置挂胶滚筒和羊角外，同时敷设绝缘网加以保护。带电架设高强度绝缘承载索。在跨越交叉点用抛绳器等抛过绝缘引绳，用该绳作导引绳，分别将承载索牵引过被跨物，牵引时不能接触带电导线，只能在架空地线上方牵引，一张网一般需要两根承载索。带电敷设绝缘网，事先在地面将网上所有挂钩在叠网时分段安置好，在架体横担安装滑车，提升绝缘网并逐个将挂钩挂在承载索上，然后用绝缘牵引绳牵引绝缘网过带电线路后调整固定。

6）跨越架验收。跨越架搭设完成后，有相关职能人员进行全面验收检查，检查的主要内容包括跨越架型式、方位、稳定性等。

7）跨越架线施工。按作业指导书的要求进行张力架线施工。在进行张力架线时候，应派专人对重要跨越处进行监护。

8）拆除跨越架，按施工设计规定的时段拆除跨越架。跨越架原则上应由原搭设人员拆除。拆除操作按搭设跨越架的逆程序由上而下进行。拆除工作和搭设工作必须同样执行施工技术设计及相关规程的规定。

（3）金属格构跨越架施工的安全危险点与预控措施如表 6-5 所示。

表 6-5　　　　金属格构跨越架施工的安全危险点与预控措施

序号	作业内容	危险点	防范类型	预防控制措施
1	现场布置	跨越架搭设位置未进行测量放样定位，架体偏移、架体或拉线与被跨越物水平距离不足，不满足安全防护距离要求	触电、物体打击	搭设前，按施工方案要求进行架体及拉线位置的测量放样定位，保证架体中心位置处于线路中心线上，且与被跨越物有足够的安全净距
2	工器具及材料选用	新型金属结构跨越架未经过静载荷试验	物体打击、坍塌	新型金属结构跨越架必须根据设计要求、技术参数进行静载荷试验，合格后方可使用
3	跨越架搭设及拆除	跨越架体采用倒装分段组立时，操作不规范	物体打击、坍塌	提升架必须用经纬仪双向观测调直；提升架必须用拉线稳定，拉线与地面夹角应控制在 30°~60° 范围内，倒装组立过程中，架体高度达到被跨带电线水平高度或超过 15m 时，必须采用临时拉线控制，拉线应随时监视并随时调整，提升速度应适当放慢；操作提升系统的工作人员严禁超速、超负荷工作

续表

序号	作业内容	危险点	防范类型	预防控制措施
3	跨越架搭设及拆除	跨越架体采用吊车整体组立时，操作不规范	物体打击、坍塌	根据架体重量和组立高度，按起重机的允许工作荷重起吊，不得超载；起吊时，吊臂应平行带电线路方向摆放；整体起吊时，严禁大幅度甩杆；架体宜在与带电线路垂直方向上进行地面组装
		用提升架拆除跨越架时，操作不规范	物体打击、坍塌、触电	提升架拉线打好后，方可松开被拆架体的拉线；提升架用经纬仪调直后，方可开始架体的拆除工作；被拆架体的上层拉线必须有保护措施；架体的浪风绳必须与拆架工作密切配合，保持架体稳定
		用吊车拆除跨越架时，操作不规范	物体打击、坍塌、触电	吊车的摆放位置应能避免大幅度转臂、甩杆；吊车吊钩吊实后，方可拆除架体拉线；架体、塔头、塔根必须设置浪风绳

二、无跨越架封网施工

1. 基本规定

（1）在架空送电线路架线施工中，应根据新建线路及被跨运行线路的电压等级、地形条件等合理选择跨越架线方式。跨越档内有运行电力线路时，应优先考虑选用停电跨越架线方式。

（2）不停电跨越架线时，对于重要跨越应优先选用无跨越架不停电跨越架线方法。

（3）无跨越架不停电架线方法是指在跨越档两端铁塔上设置临时横梁或软索作为支承体，在支承体间安装承载索及封网装置以保护被跨的运行电力线，在封网装置的上方进行张力展放导引绳、牵引绳及导、地线，架线完成后将跨越系统构件全部拆除。

（4）建设单位组织线路初步设计审查时，应考虑重要跨越的跨越架线施工方式。

（5）设计单位在线路设计中对跨越档参数及地形条件选择时，应为施工单位提供能满足不停电跨越架线需要的条件。

（6）运行单位应对施工单位实施不停电跨越架线进行配合，包括协助办理第二种工作票，运行电力线退出重合闸，派员现场监督等。

（7）监理单位应对不停电跨越架线方案进行审查并派员现场监督。

（8）施工单位在实施不停电跨越架线前，必须对新建线路跨越档参数进行实地勘测，核对设计文件。

（9）施工单位必须结合现场情况编写不停电跨越架线作业指导文件，并按规定履行审批手续后，报相关方审核批准。

（10）无跨越架不停电跨越架线的承载索中的纤维编织绳部分在事故状态下综合安全系数应不小于6，钢丝绳应不小于5。

（11）无跨越架不停电跨越架线的承载索，应使用具有高强度、低伸缩率、低吸水率，且绝缘性符合要求的纤维编织绳。承载索应具有产品试件的抗拉强度试验报告。

（12）跨越档档距应尽量缩小。

（13）不停电跨越架线的牵张设备额定荷载应有足够的安全裕度。

2. 组成无跨越架跨越系统的构件

（1）无跨越架跨越系统包括支承装置、承载索、封网装置。

（2）封网装置根据不同的被跨电力线情况有两种形式：第一种是跨越档内安装封网装置大于2/3档距的，称全封网形式，主要适用于跨越档内有多条运行电力线路或新建线路与运行电力线交叉角小于30°，布置示意如图6-63所示；第二种是跨越档内仅在被跨电力线上方一定范围内设置封网装置，称局部封网形式，布置示意如图6-64所示。

（3）封网装置形式选择。

根据跨越档的实测参数及现场条件选择全封网或局部封网形式。

全封网比局部封网所使用的绝缘网和撑杆数量较多，而且承载索受力状况也不相同，但两者的操作程序及操作方法相同。

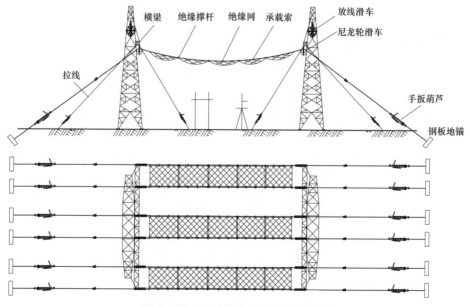

图6-63 跨越档全封网形式示意图

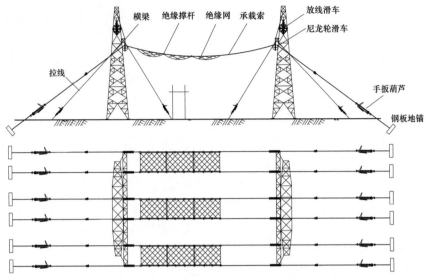

图 6-64 跨越档局部封网形式示意图

（4）跨越系统构件。

临时横梁选择。横梁有三种形式：通长横梁、分段式横梁及软索柔性横梁。可根据跨越杆塔结构进行选择。

横梁与铁塔的连接方式、挂滑车及挂临时拉线的挂点应进行专门设计，不宜采用钢丝绳与横梁直接捆绑的连接方式；横梁断面尺寸不应小于 500mm×500mm，对于边导线，横梁长度应满足封网宽度的需要；横梁宜采用钢结构。

横梁布置如图 6-65 所示。

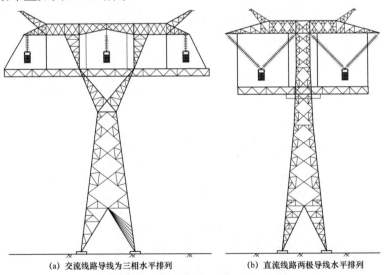

（a）交流线路导线为三相水平排列   （b）直流线路两极导线水平排列

图 6-65 横梁布置示意图

横梁临时拉线。横梁的顺线路方向宜布置前后侧钢丝绳临时拉线。如果靠被跨电力线路较近时,跨越档内侧的临时拉线宜采用迪尼玛绳。临时拉线布置示意如图 6-66。

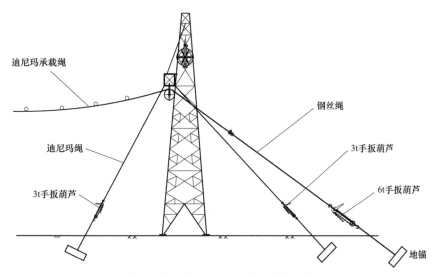

图 6-66　横梁临时拉线布置示意图

承载索选择。承载索若采用迪尼玛绳,规格应不小于 $\phi14$。承载索的迪尼玛绳部分单条长度应大于封网长度,并留有保障不碰带电线路的裕度。承载索两端通过配套的卸扣、钢丝绳、手扳葫芦与地锚连接。承载索若使用新的迪尼玛绳,使用前应经预拉伸,以消除编织绳的结构性伸长。

封网装置选择。封网装置由绝缘尼龙网、滑轮及撑杆组合而成。绝缘网宽度应满足导线风偏后的保护范围。绝缘网两侧每 2m 设一滑轮挂于承载索上。

每相(或极)导线需要配置的绝缘网长度依需要保护运行电力线的跨度而定。绝缘网长度应根据绝缘网与被跨电力线间的垂直距离确定,一般情况下,宜伸出被保护的电力线各 10~20m。

地锚选择。支承装置临时拉线及承载索的地锚应根据其受力大小及地质条件选择规格及确定埋深。

3. 横梁安装

(1)安装位置。

横梁应安装在靠近导线放线滑车处的下方,依具体条件经计算确定。

(2)横梁吊装布置。

横梁长度满足封网宽度。吊装布置示意如图 6-67 所示。

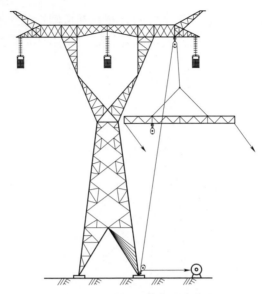

图 6-67 横梁吊装布置示意图

（3）横梁的吊装程序。

吊装前，检查横梁分段连接螺栓应齐全、完好。应在横梁规定位置挂上倒"V"字形吊点绳、悬吊绳、控制绳、临时拉线及承载索、循环绳的端滑车等。

横梁吊装至设计位置后，应将悬吊绳挂至规定位置。

松出牵引绳并拆除吊点绳和牵引绳、控制绳。

调整并收紧横梁临时拉线。

（4）承载索的安装。

承载索的选择。针对送电线路的导线规格选择符合安全要求的迪尼玛绳。迪尼玛绳规格应经计算确定，一般情况下，不宜小于 $\phi14$。

引绳、索道绳及循环绳的展放。根据展放一级引绳的机具选择引绳规格。引绳展放布置示意如图 6-68 所示。由一级引绳再牵引二级、三级等引绳，直至完成索道绳、循环绳的展放。索道绳应通过跨越档两端横梁的悬挂滑车后，一端与手扳葫芦连接后挂于地锚，另一端固定于地锚。循环绳经过的地面应用木杠或毛竹垫起，避免循环绳与地面摩擦。

承载索的展放。承载索为迪尼玛绳时，利用尼龙绳牵引迪尼玛绳，布置示意如图 6-69 所示。当循环绳与承载索接头接近跨越塔的横梁时，将承载索的悬空一端穿过滑车后与地面的钢丝绳相连接，同时将循环绳与承载索连接的抗弯连接器解开。然后将承载索端固定于地锚，另一端通过手扳葫芦收紧达到预定的安装弧垂。环绳进行反方向牵引，再连接另一根承载索进行牵引展放，直至完成全部的承载索架设。

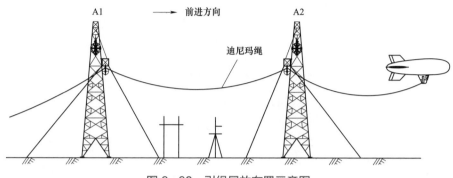

图 6-68 引绳展放布置示意图

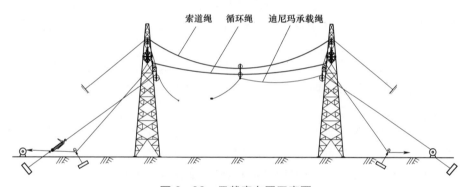

图 6-69 承载索布置示意图

封网绳的展放。封网拉绳强度应满足牵网的安全要求，用尼龙绳时，其规格不宜小于 ϕ12。封网拉绳利用循环绳牵引展放，展放方式与承载索相似，每相导线展放 2 根。当循环绳与拉网绳接头接近跨越塔的横梁时，将循环绳与拉网绳的接头抗弯连接器解开。然后将拉网绳适当收紧，离开被跨越物至安全距离后，固定在横梁上。

4. 封网装置的安装

（1）准备工作。

根据跨越档的封网设计方案，在地面的编织袋布上将封网装置进行组装，组装后的封网装置示意如图 6-70 所示。

根据跨越档内被跨电力线的位置及跨越长度组装满足长度要求的封顶绝缘网及网撑。在封网拉绳上每 2m 长度设置一个滑轮，以便挂于承载索上。

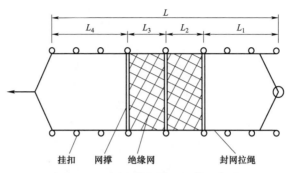

挂扣　网撑　绝缘网　　　　　封网拉绳

图6-70　封网装置地面组装示意图

（2）吊装封网装置。

封网装置地面组装后，利用横梁下方（靠近承载索滑车处）的起重滑车，穿入牵引钢丝绳，一端与封网装置拉绳相连接，另一端进入机动绞磨。启动绞磨，将封网装置吊至横梁下方，由横梁上作业人员将拉绳上的挂环按次序逐一挂到两根承载索上。封网装置拉绳前端与循环绳连接，封网装置拉绳后端挂于横梁上。

安装封网装置的同时，在每张网安装一定数量直径为$\phi 50$及以上且长度满足封网宽度要求的绝缘撑杆，防止封网装置出现"收腰"现象。

（3）展放封网装置。

收紧拉网绳，使封网装置在承载索上缓慢展放，直至达到设计规定的封网长度为止，将封网拉绳前端固定于前塔横梁上，后端连接$\phi 12$尼龙绳固定于后塔横梁上，防止其移动。封网装置铺设后示意如图6-71所示。

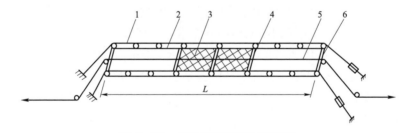

图6-71　封网装置铺设后示意图

1—承载索；2—封网拉绳；3—绝缘网；4—网撑；5—循环绳；6—横梁

封网装置展放完毕后，再次调整承载索的弧垂，使之满足设计要求。绝缘网最低点对被跨电力线的距离应在满足安全规程的要求。

5. 无跨越架式跨越装置施工的安全控制要点

无跨越架式跨越装置施工的安全危险点与预控措施如表6-6所示。

表6-6　　　　　　　无跨越架式跨越装置施工的危险点与预控措施

序号	作业内容	危险点	防范类型	预防控制措施
1	现场布置	临时横梁的布设位置未进行测量放样定位，横梁偏移，不满足安全防护要求	触电、物体打击	搭设前，按施工方案要求进行横梁位置的测量放样定位，保证横梁中心位置处于线路中心线上
2	工器具及材料选用	临时横梁未经过载荷试验	物体打击、坍塌	临时横梁必须根据技术参数进行静载荷试验，合格后方可使用
3	跨越装置安装及拆除	临时横梁连接螺栓未配齐或紧固	物体打击	临时横梁应在地面组装，连接螺栓应配齐并紧固
		临时横梁安装高度位置未经计算确定	物体打击、触电	根据被跨物的高度、位置、跨越档距，应事先计算确定横梁的布置高度，按计算数据进行横梁的布置，保证封顶网与被跨物的净距及放线过程中线绳与封顶网的净距
		临时横梁与塔身未可靠固定	物体打击、触电	临时横梁吊装至设计位置应与塔身连接牢固，且悬吊绳确定已挂设固可靠后方准拆除吊点绳及牵引绳
		跨越档内承载索采用钢丝绳等非绝缘绳索	触电	承载索的跨越档内段应采用绝缘纤维绳，跨越档档外宜用钢丝绳与地锚连接
		封顶网承力绳未可靠固定	触电	封顶网的承力绳收紧后，保证与被跨物足够的安全净距后，必须绑牢，与地锚进行可靠固定
		封顶网与被跨越物的安全净距不满足安全要求	触电	承载索安装后，应检查测量其弧垂，确认符合施工方案的规定
		封网装置前后端部未采取防磨措施	物体打击、触电	封网装置前后端部应选用强度较高的网撑或用包胶处理的钢绞线（或钢丝绳）进行加固处理
		封网装置各部分连接不可靠，封网装置与承载索连接方式不合理	物体打击、触电	封网装置各部分连接应牢固可靠，与承载索连接宜采用挂滑轮方式，便于牵拉
		封顶网未采用撑杆等其他防缩腰措施	触电	封顶网宜采用刚性撑杆，撑杆长度应大于封网宽度；或采用在跨越点地面设拉线的方式，将封顶网向四侧拉开，防止封顶网缩腰

架线施工阶段标准工艺

一、导地线展放

导地线及金具表面应清洁无污染，无断股、松散及损伤，扩径导线无凹陷、变形。同一档内每根导线或地线只允许各有一个接续管。在不允许接头档内，严禁接续。各类管与耐张线夹出口间的距离不应小于 15m，接续管出口与悬垂线夹中心的距离不应小于 5m，接续管出口与间隔棒中心距离不宜小于 0.5m；碳纤维复合材料芯导线等特殊导线按相关标准确定。导地线展放完毕后要及时进行紧线，附件安装时间不应超过 5 天，档距大于 800m 时应优先安装。因特殊原因致使附件安装 5 天内不能完成时，应采取临时防振措施。对于特高压线路"三跨"，跨越档内导地线不应有接头；对于其他电压等级"三跨"，耐张段内导、地线也不应有接头。应采取有效的保护措施，防止导地线放线、紧线、连接及安装附件时受到损伤。

二、导地线压接

1. 导线耐张管压接

耐张线夹、引流板的型号和引流板的角度应符合图纸要求。导地线的连接部分不得有线股绞制不良、断股、缺股等缺陷。压接后管口附近不得有明显的松股现象。铝件的电气接触面应平整、光洁，不允许有毛刺或超过板厚极限偏差的碰伤、划伤、凹坑及压痕等缺陷。热镀锌钢件，镀锌完好不得有掉锌皮现象。压接后耐张线夹其弯曲变形应小于耐张线夹长度的 2%（大截面导线为 1%），否则应校直，如无法校正或校正后有裂纹时应割断重新压接。钢管压后表面应进行防腐处理。握着强度不小于设计使用拉断力的 95%。导地线耐张线夹压接后在耐张线夹出口处喷涂红漆标识，便于观测耐张线夹运行状态。

2. 导线接续管压接

接续管的型号应符合图纸要求。在不允许接头档内，严禁接续。导地线的连接部分不得有线股绞制不良、断股、缺股等缺陷；压接后管口附近不得有明显的松股现象。铝件的电气接触面应平整、光洁，不允许有毛刺或超过板厚极限偏差的碰伤、划伤、凹坑及压痕等缺陷。热镀锌钢件，镀锌完好不得有掉锌皮现象。接续管压接后其弯曲变形应小于接续管长度的 2%（大截面导线为 1%），如无法校正或校正后有裂纹时应割断重新压接。钢管压后表面应进行防腐处理。握着强度不小于设计使用拉断力的 95%。接续管压接后在接续管两侧出口导、地线上喷涂红漆标识，便于观测接续管运行状态。

3. 导线补修施工

补修管或预绞丝型号应符合图纸要求。根据导线的损伤程度，按规程选用补修管或预绞丝。补修管压后应平直，光滑。补修管不允许有毛刺或硬伤等缺陷，其长度应能包裹导线损伤的面积。补修管中心应位于损伤最严重处，补修管的两端应超出损伤部位 20mm 以上。预绞丝的长度应能包裹导线损伤的面积，缠绕长度最短不应小于 3 个节距。在一个档距内，每根导线或架空地线上不应超过两个补修管，并应符合下列规定：补修管与耐张线夹出口间的距离不应小于 15m；补修管出口与悬垂线夹中心的距离不应小于 5m；补修管出口与间隔棒中心的距离不宜小于 0.5m。

三、导地线弧垂控制

（1）导地线紧线弧垂在挂线后应随即在该观测挡检查，其允许偏差应符合下列规定：一般情况下允许偏差不应超过±2.5%；跨越通航河流的大跨越档弧垂允许偏差不应大于±1%，其正偏差不应超过 1m。

（2）导线或架空地线各相（极）间的弧垂应力求一致，当满足弧垂允许偏差时，各相（极）间弧垂的相对偏差最大值不应超过下列规定：一般情况下相（极）间弧垂允许偏差为 300mm；大跨越档的相（极）间弧垂最大允许偏差为 500mm。

（3）同相（极）子导线的弧垂应力求一致，在满足相（极）间弧垂相对允许偏差标准时，分裂导线同相子导线的弧垂允许偏差为 50mm。

（4）挂线时对孤立档、较小耐张段及大跨越的过牵引长度应符合设计要求。

四、导线悬垂绝缘子串安装

绝缘子表面完好干净。瓷（玻璃）绝缘子在安装好弹簧销子的情况下，球头不得自碗头中脱出。复合绝缘子串与端部附件不应有明显的歪斜。缘子串上的各种螺栓、穿钉及弹簧销子，除有固定的穿向外，其余穿向应统一。金具上所用开口销和闭口销的直径必须与孔径相配合，且弹力适度，开口销和闭口销不应有折断和裂纹等现象。当采用开口销时应对称开口，开口角度不宜小于 60°，不得用线材和其他材料代替开口销和闭口销。缠绕的铝包带、预绞丝护线条的中心与印记重合，以保证线夹位置准确。铝包带顺外层线股绞制方向缠绕，缠绕紧密，露出线夹，并不超过 10mm，端头要压在线夹内，设计有要求时应按设计要求执行。预绞丝护线条对导线包裹应紧密。各种类型的铝质绞线，安装线夹时应按设计规定在铝股外缠绕铝包带或预绞丝护线条。绝缘子串与金具连接符合图纸要求，金具表面应无锈蚀、裂纹、气孔、砂眼、飞边等现象。悬垂线夹安装后，绝缘子串应垂直地平面，个别情况其顺线路方向与垂直位置最大偏移值一般不应超过 200mm（高山大岭 300mm）。连续上（下）山坡处铁塔上的悬垂线夹的安装位置应符合设计要求。根据设计要求安装均压屏蔽环。均压环宜选用对接型式。作业时应避免损坏复合绝缘子伞裙、护套及端部密封，不应脚踏复合绝缘子；安装时不应反装均压环或安装于护套上。

五、导线耐张绝缘子串安装

绝缘子表面完好干净。在安装好弹簧销子的情况下，球头不得自碗头中脱出。绝缘子串与端部附件不应有明显的歪斜。绝缘子串上的各种螺栓、穿钉及弹簧销子，除有固定的穿向外，其余穿向应统一。金具上所用开口销和闭口销的直径必须与孔径相配合，且弹力适度。开口销和闭口销不应有折断和裂纹等现象，当采用开口销时应对称开口，开口角度不宜小于 60°，不得用线材和其他材料代替开口销和闭口销。球头和碗头连接的绝缘子应有可靠的锁紧装置。绝缘子串与金具连接符合图纸要求，金具表面应无锈蚀、裂纹、气孔、砂眼、飞边等现象。耐张线夹管口上扬时，耐张线夹不压区采用填充电力脂防冻胀措施。

六、均压环、屏蔽环安装

均压环、屏蔽环的规格符合设计要求。均压环、屏蔽环不得变形，表面光洁，不得有凸凹等损伤。均压环、屏蔽环对各部位距离满足设计要求，绝缘间隙偏差为±10mm。均压环、屏蔽环的开口符合设计要求。

七、地线悬垂串安装

绝缘型地线悬垂串应使用双联绝缘子串。绝缘子串表面应完好干净，避免损伤。绝缘子串上的各种螺栓、穿钉及弹簧销子，除有固定的穿向外，其余穿向应统一。金具上所用开口销和闭口销的直径必须与孔径相配合，且弹力适度，开口销和闭口销不应有折断和裂纹等现象。当采用开口销时应对称开口，开口角度不宜小于 60°，不得用线材和其他材料代替开口销和闭口销。如需缠绕铝包带、预绞丝护线条时，缠绕的铝包带、预绞丝护线条的中心应与印记重合，以保证线夹位置准确。铝包带顺外层线股绞制方向缠绕，缠绕紧密，露出线夹≤10mm，端头应压在线夹内。预绞丝护线条应缠绕紧密。各种类型的铝质绞线，安装线夹时应按设计规定在铝股外缠绕铝包带或预绞丝护线条。悬垂线夹安装后，绝缘子串应垂直地平面。连续上、下山坡处杆塔上的悬垂线夹的安装位置应符合规定。绝缘子放电间隙的安装距离允许偏差±2mm。放电间隙安装方向，宜远离塔身。接地引线全线安装位置要统一，接地引线应顺畅、美观。

八、地线耐张串安装

绝缘子串表面完好干净。绝缘子串的各种金具上的螺栓、穿钉及弹簧销子，除有固定的穿向外，其余穿向应统一。金具上所用开口销和闭口销的直径必须与孔径相配合，且弹力适度，开口销和闭口销不应有折断和裂纹等现象。当采用开口销时应对称开口，开口角度不宜小于 60°，不得用线材和其他材料代替开口销和闭口销。放电间隙安装方向朝上，绝缘子放电间隙的安装距离允许偏差±2mm。接地引线全线安装位置要统一，接地引线应顺畅、美观。耐张绝缘子串倒挂时，耐张线夹应符合设计要求，考虑采取防冻胀措施。

九、引流线安装

1. 软引流线安装

使用压接引流线时，中间不得有接头。引流线的走向应自然、顺畅、美观，呈近似悬链状自然下垂。引流线不宜从均压环内穿过，并避免与其他部件相摩擦。铝制引流连板及并沟线夹的连接面应平整、光洁。引流线间隔棒（结构面）应垂直于引流线束。引流线引流板的朝向应满足使导线的盘曲方向与安装后的引流线弯曲方向一致。引流线安装后，检查引流线弧垂及引流线与塔身的最小间隙，应符合设计规定。如采用引流线专用的悬垂线夹，其结构面应垂直于引流线束。

2. "扁担式"硬引流线安装

两端的柔性引流线应呈近似悬链线状自然下垂。引流线的走向应自然、顺畅、美观。使用压接引流线时，中间不得有接头。铝制引流连板的连接面应平整、光洁，并沟线夹的接触面应光滑。引流线的刚性支撑尽量水平，与引流线连接要对称、整齐美观。刚性引流线安装应符合设计要求。引流线间隔棒结构面应与导线垂直，安装距离应符合设计要求。引流线对杆塔及拉线等的电气间隙应符合设计规定。

3. 笼式硬引流线安装

起吊、安装柔性引流线的走向应自然、顺畅、美观。引流线如有与均压环等金具可能发生摩擦碰撞时，应加装小间隔棒固定。两端的柔性引流线应呈近似悬链线状自然下垂，其对杆塔的电气间隙应符合规程规定。使用压接引流线时，中间不得有接头。引流线不宜从均压环内穿过，并避免与其他部件相摩擦。铝制引流连板连接面应平整、光洁。引流线间隔棒（结构面）应垂直于引流线束。引流线的刚性支撑尽量水平，要满足机械强度和电晕的要求。

4. 铝管式硬引流线安装

铝管要满足工作电流、机械强度和电晕的要求。使用压接引流线时，中间不得有接头。两端的柔性引流线应呈近似悬链线状自然下垂，走向应自然、顺畅、美观。其对杆塔的电气间隙必须应符合设计规定，引流线小弧垂要符合图纸要求。引流线不宜从均压环内穿过，并避免与其他部件相摩擦。铝制引流联板的连接面应平整、光洁。引流线间隔棒（结构面）应垂直于引流线束。铝管的安装应符合要求，其对杆塔的电气间隙必须符合规程规定。铝管与柔性引流线连接应对称、整齐美观，连接处应安装均压环。

十、防振锤安装

导线防振锤与被连接导线应在同一铅垂面内，设计有要求时按设计要求安装。防振锤应自然下垂，锤头与导线应平行。防振锤安装数量、距离应符合设计要求，其安装距离允许偏差±30mm。防振锤分大小头时，大小头及螺栓的穿向应符合设计图纸要求。固定夹具上的螺栓穿向应符合规范要求，紧固扭矩应符合该产品说明书要求。

十一、阻尼线安装

阻尼线的规格应符合设计要求，且使用未受过力的原状线，凡有扭曲、松股、磨伤、断股等现象的，均不得使用。阻尼线与被连接导线或架空地线应在同一铅垂面内，设计有要求时按设计要求安装。阻尼线安装要自然下垂，固定点距离和小弧垂要符合设计规定，弧垂要自然、顺畅。阻尼线安装距离应符合设计要求，安装距离允许偏差为±30mm。固定夹具上的螺栓穿向应符合规范要求，紧固扭矩应符合该产品说明书要求。

十二、间隔棒安装

1. 子导线间隔棒安装

安装距离应符合设计要求，杆塔两侧第一个间隔棒的安装距离允许偏差应为端次档距的±1.5%，其余应为次档距的±3%。分裂导线间隔棒的结构面应与导线垂直，各相（极）间的间隔棒安装位置宜处于同一竖直面。各种螺栓、销钉穿向应符合规范要求，螺栓紧固扭矩应符合该产品说明书要求。金具上所用开口销和闭口销的直径必须与孔径相配合，且弹力适度，开口销和闭口销不应有折断和裂纹等现象。当采用开口销时应对称开口，开口角度不宜小于60°，不得用线材和其他材料代替开口销和闭口销。

2. 相间间隔棒安装

相间间隔棒的绝缘子、连接金具和均压环等型号应符合设计要求。相间间隔棒应安装牢固，最大偏移不允许超过200mm。相间间隔棒绝缘子表面应完好干净，合成绝缘子不得有开裂、脱落、破损等现象，绝缘子串与连接金具不应有明显的歪斜。相间间隔棒上的各种螺栓、销钉穿向应符合规范规定，除有固定的穿向外，其余穿向应统一；螺栓紧固扭矩应符合该产品说明书要求。金具上所用开口销和闭口销的直径必须与孔径相配合，且弹力适度。开口销和闭口销不应有折断和裂纹等现象。当采用开口销时应对称开口，开口角度不宜小于60°，不得用线材和其他材料代替开口销和闭口销。

十三、OPGW 悬垂串安装

悬垂线夹安装后，应垂直地平面，顺线路方向偏移角度不得大于5°，且偏移量不得超过100mm。连续上、下山坡处杆塔上的悬垂线夹的安装位置应符合设计规定。各种螺栓、销钉穿向应符合规范规定，除有固定的穿向外，其余穿向应统一；螺栓紧固扭矩应符合该产品说明书要求。金具上所用开口销和闭口销的直径必须与孔径相配合，且弹力适度。开口销和闭口销不应有折断和裂纹等现象。当采用开口销时应对称开口，开口角度不宜小于60°，不得用线材和其他材料代替开口销和闭口销。杆塔及构架安装接地引线的孔应符合设计要求，接地引线全线安装位置要统一，接地引线应顺畅、美观。OPGW 接地引线应自然引出，引线自然顺畅。接地并沟线夹方向不得偏扭，或垂直或水平。

十四、OPGW 耐张串安装

各种螺栓、销钉穿向应符合规范规定，除有固定的穿向外，其余穿向应统一；螺栓紧固扭矩应符合该产品说明书要求。金具上所用开口销和闭口销的直径必须与孔径相配合，且弹力适度。开口销和闭口销不应有折断和裂纹等现象。当采用开口销时应对称开口，开口角度不宜小于60°，不得用线材和其他材料代替开口销和闭口销。绝缘子表面应完好干净，绝缘架空地线放电间隙安装方向应朝上，安装距离允许偏差±2mm。OPGW 直通型耐张串引流线应自然顺畅呈近似悬链状态，从地线支架下方通过时，弧垂应为300～500mm；从地线支架上方通过时，弧垂应为 150～200mm。OPGW 接头引下线应自然、顺畅、美观。接地并沟线夹方向不得偏扭，或垂直或水平。接地引线全线安装位置应统一，接地引线应自然、顺畅、美观。

十五、OPGW 引下线安装

铁塔引下线应从铁塔主材内侧引下，架构引下线应沿架构引下，OPGW 的弯曲半径应不小于20 倍光缆直径。分段绝缘的 OPGW，中间接续塔采用带放电间隙绝缘子时，引下线应沿铁塔主材外侧引下。引下线不与塔材相摩擦，其任意一点与塔材之间的距离不小于50mm，不发生风吹摆动现象。构架连接法兰等突出处，应加装固定卡具，防止引下线与架构发生摩擦，固定卡具宜采用镀锌抱箍紧固在构架上。引下线用夹具安装间距为 1.5～2m。引下线夹具的安装，应保证引下线顺直、圆滑，不得有硬弯、折角。引下线与架构间应采用绝缘橡胶或绝缘子方式进行绝缘，与构架构件间距不小于50mm。架构 OPGW 引下应三点接地，接地点分别在架构顶端、最下端固定点（余缆前）和光缆末端，并通过匹配的专用接地线可靠接地。特殊情况下，如电铁牵引站等要求不接地的，可采用绝缘方式，OPGW 应在站外终端杆塔处接地，在站内 OPGW 采用带放电间隙绝缘子与构架绝缘。各种螺栓、销钉穿向应符合规范规定，除有固定的穿向外，其余穿向应统一；螺栓紧固扭矩应符合该产品说明书要求。

十六、OPGW 接头盒安装

光缆接续一般指标为光纤单点双向平均熔接衰耗应小于 0.05dB，最大不应超过 0.1dB，全程大于 0.05dB 接头比例应小于 10%，窗口波长为 1550mm。盘纤盘内余纤盘绕应整齐有序，且每圈大小基本一致，弯曲半径不应小于 40mm。余纤盘绕后应呈自然弯曲状态，不应有扭绞受压现象。接续盒安装高度应符合设计要求，安装在塔身内侧；帽式接续盒安装应垂直于地面，卧式接续盒安装应平行于地面。接头盒安装应可靠固定、无松动，宜安装在余缆架上方 1.5～3m处。接头盒安装固定可靠、无松动、防水密封措施良好。接头盒进出线要顺畅、圆滑，弯曲半径应不小于 40 倍光缆直径。

十七、OPGW 余缆安装

余缆紧密缠绕在余缆架上，余缆盘绕应整齐有序，一般盘绕 4～5 圈，不得交叉和扭曲受力，应不少于 4 处捆绑。余缆架用专用夹具固定在铁塔内侧的适当位置。使用引下线保证光缆固定点之间的距离小于 2m。光缆拐弯处应平顺自然，光缆最小弯曲半径符合要求。

7 特高压输电工程接地及 附属设施施工

接 地 施 工

接地施工是特高压输电工程施工中的一个重要工序，必须确保施工质量。埋入地中并直接与大地接触的金属导体称为接地体，包括水平接地体和垂直接地体。接地体的材料主要有镀锌圆钢（扁钢）、铜覆钢圆线、石墨接地模块、石墨基柔性接地体、不锈钢包钢复合接地材料、电解离子接地极泄流装置、锌基合金接地线、石墨烯复合接地装置等。

一、工艺流程

接地施工的工艺流程如图7-1所示。

二、施工方法简述

1. 关键工序控制

（1）接地体连接前应做好连接位置的清理工作，清除连接部位的浮锈。

（2）接地体应采用搭接施焊方式，圆钢的搭接长度不应少于其直径的6倍并应双面施焊；扁钢的搭接长度不应少于其宽度的2倍并应四面施焊。圆钢与扁钢搭接长度应不少于圆钢直径的6倍，并双面施焊，焊缝应平滑饱满。

（3）现场焊接点应进行防腐处理，防腐范围不应少于连接部位两端各100mm。

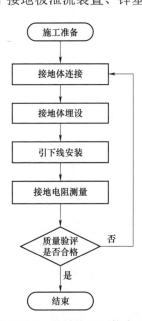

图7-1 接地施工工艺流程

2. 工艺标准

（1）按设计图纸将接地沟开挖的尺寸现场放样、标记，包括接地模块的安装位置。接地沟宜选择在等高线上开挖。

（2）接地体埋设深度应符合设计要求。当无规定时，不宜小于 0.6m。埋深应以接地模块顶面算起，基坑开挖深度应考虑坑底垫腐蚀土和接地模块厚度要求，接地体敷设应平直。

（3）接地模块与接地射线的连接可采用焊接、熔粉放热连接、螺栓连接、并沟线夹连接和套管压接等多种方式连接，接地焊接部分应进行防腐处理。

（4）为了减少模块之间的屏蔽效应，模块定位必须准确，相邻接地模块之间的间距不小于 5m。

（5）对于接地引下线与接地体焊接成整体的情况，按图纸要求预留接地引下线出土长度并调整露出基础立柱的方向，便于后期与铁塔连接。

（6）回填土应全部使用细碎的表层土，填紧并夯实，不得有块石及淤泥。回填土应分层夯实，每层厚度 300mm。

（7）接地沟回填后，应留有 300mm 高的防沉层。

3. 注意事项

（1）加设降阻剂的接地体应严格按照其生产厂家提供的使用说明书及设计要求进行施工。填装降阻剂的沟槽应规整，接地装置应置于降阻剂沟槽中间。灌注完降阻剂后，应首先填入细土轻轻覆盖降阻剂，再填入回填土，保证降阻剂胶体的完整。

（2）测量接地电阻可采用接地摇表测量，测量前应与杆塔断开连接。现场测的工频接地电阻值乘以季节系数后不应大于设计规定值。避免在雨雪天气测量。

（3）现场施工完成后，应将施工现场垃圾、杂石及时清理，平整场地。

4. 工艺示范

接地体焊接及接地开挖工艺示范如图 7-2 所示。

图 7-2　接地体焊接及接地开挖工艺示范

基础护坡、挡土墙施工

一、工艺流程

基础护坡、挡土墙施工工艺流程如图 7-3 所示。

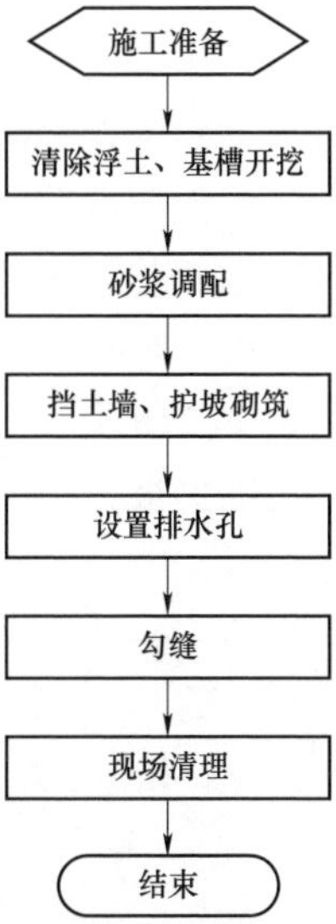

二、施工方法简述

1. 关键工序控制

（1）护坡、挡土墙砌筑。

根据设计图纸要求确定护坡、挡土墙砌筑的位置，设置相应的辅助桩；根据现场实际地形确定排水沟走向和长度，排水沟应设置在迎水侧，距基础边缘不小于 5m。

挡土墙或护坡砌筑前，底部浮土必须清除，施工前将砌石上的泥垢冲洗干净，砌筑时保持砌石表面湿润。

采用座浆法分层砌筑，铺浆厚度宜为 30~50mm，用砂浆填满砌缝，不得无浆直接贴靠。砌缝内砂浆应采用扁铁插捣密实。

（2）勾缝。

上下层砌石应错缝砌筑，砌体外露面应平整美观，外露面上的砌缝应预留约 40mm 深的空隙，以备勾缝处理。

勾缝前必须清缝，用水冲净并保持槽内湿润，砂浆应分次向缝内填塞密实。勾缝砂浆标号应高于砌体砂浆，应按实有砌缝勾平缝隙。砌筑完毕后应保持砌体表面湿润并做好养护。

2. 工艺标准

（1）水泥宜采用通用硅酸盐水泥，强度等级不小于 42.5。

（2）细骨料宜采用中砂，选用的天然砂、人工砂或混合砂相关参数应符合《普通混凝土用砂、石质量及检验方法标准（JGJ 52）》。

（3）砌筑用块石立方体边长应大于 300mm，石料应坚硬，不易风化。

（4）宜采用饮用水或经检测合格的地表水、地下水、再生水拌和及养护，不得使用海水。

（5）上下层砌石应错缝砌筑，砌体外露面应平整美观。

（6）排水孔、伸缩缝数量、位置及疏水层的设置应满足规范、设计要求。

图 7-3　基础护坡、挡土墙施工工艺流程

施工准备

清除浮土、基槽开挖

砂浆调配

挡土墙、护坡砌筑

设置排水孔

勾缝

现场清理

结束

3. 注意事项

（1）护坡基座当处于风化岩层上时，应先清除表面风化层，当处于土层上时应放在原状土上。

（2）护坡基础埋置深度。土质地基：0.5～0.8m；岩质地基：不小于 0.3m。

（3）在反滤层顶面和底部用黏土夯实厚 0.3m。

（4）待砌体中砂浆强度不低于设计强度的 70%后方可回填，墙后填土分层夯实。

（5）排水孔边长或者直径不宜小于 100mm，外倾坡度不应小于 5%；排水孔横向水平间距为 2m，纵向垂直间距为 1m，并宜按梅花形布置。

（6）护坡每间隔 20～25m 应设置一道变形缝（或伸缩缝），墙身高度不一、墙后荷载变化较大或者地质条件较差时，采用较小变形缝间隔。在地基岩性变化处应设沉降缝。

4. 工艺示范

基础护坡、挡土墙工艺示范如图 7-4 所示。

图 7-4　基础护坡、挡土墙工艺示范图

排 水 沟 施 工

一、工艺流程

排水沟施工工艺流程如图 7-5 所示。

二、施工方法简述

1. 关键工序控制

（1）排水沟开挖成型后应清除浮土，底部夯实，排水沟断面应满足设计要求。

（2）排水沟沟底、沟壁要采用座浆法分层用砌石砌筑，铺浆厚度宜为 30～50mm。不得先堆石料后用砂浆灌缝，砌石间不应相互接触，严禁无砂浆直接贴靠。

（3）上下层砌石应错缝砌筑，砌体外露面应平整美观，缝隙用砂浆抹平。外露面采用 M10 水泥砂浆抹面，厚 20mm。

2. 工艺标准

（1）水泥宜采用通用硅酸盐水泥，强度符合设计要求。

（2）细骨料宜采用中砂，选用的天然砂、人工砂或混合砂相关参数应符合《普通混凝土用砂、石质量及检验方法标准（附条文说明）》（JGJ 52）。

（3）砌筑用块石立方体边长应大于 300mm，石料应坚硬，不易风化。

（4）宜采用饮用水或经检测合格的地表水、地下水、再生水拌和及养护，不得使用海水。

（5）排水沟应设置在迎水侧，距离基础边缘一般不小于 5m。

（6）排水沟应保证内壁平整，迎水侧沟沿应略低于原状土并结合紧密，坡度保证排水顺畅。

3. 注意事项

（1）砌体砌筑时均采用挤浆法分层、分段进行砌筑，严禁采用灌浆法施工。

（2）排水沟存在超挖情况时，超挖部分采用浆砌片石砌筑，严禁使用回填土。

（3）排水沟在完工后应覆盖、洒水，保持砌体湿润，养护时间不少于 14 天。

（4）施工时，边施工、边检查，不符合要求的及时返工处理。

4. 工艺示范

图 7-6 给出了排水沟施工工艺示范。

施工准备

↓

清除浮土、基槽开挖

↓

砂浆调配

↓

排水沟砌筑

↓

设置排水孔

↓

勾缝

↓

现场清理

↓

结束

图 7-5 排水沟施工工艺流程

图 7-6 排水沟施工工艺示范图

保 护 帽 施 工

一、工艺流程

保护帽施工工艺流程如图 7-7 所示。

二、施工方法简述

1. 关键工序控制

（1）保护帽浇筑。

架线前、后应对地脚螺栓紧固情况进行检查，严禁在地脚螺母紧固不到位时进行保护帽施工。

保护帽浇筑应在铁塔组立检查合格后制作。保护帽宜采用专用模板现场浇筑，严禁采用砂浆或其他方式制作。

混凝土应一次浇筑成型，杜绝两次抹面、喷涂等修饰。

（2）振捣、收光。

保护帽顶面应适度放坡，混凝土初凝前进行压实收光，确保顶面平整光洁。

（3）拆模。

保护帽拆模时应保证其表面及棱角不损坏，塔腿及基础顶面的混凝土浆要及时清理干净。

保护帽应根据季节和气候要求进行养护。

2. 工艺标准

（1）水泥宜采用通用硅酸盐水泥，强度等级不小于 42.5。

（2）细骨料宜采用中砂，选用的天然砂、人工砂或混合砂相关参数应符合《普通混凝土用砂、石质量及检验方法标准（附条文说明）》（JGJ 52）。

（3）粗骨料采用碎石或卵石，相关参数应符合 JGJ 52。

（4）宜采用饮用水或经检测合格的地表水、地下水、再生水拌和及养护，不得使用海水。

（5）保护帽混凝土抗压强度满足设计要求。

（6）保护帽宽度和高度应按照设计图纸施工，保护帽与塔脚结合应严密，不得有裂缝。主材与靴板之间的缝隙应采取密封（防水）措施。

（7）保护帽顶面应留有排水坡度，顶面不得积水。

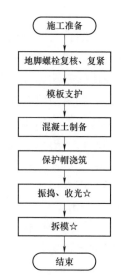

图 7-7　保护帽施工工艺流程

3．注意事项

（1）应注意气候、气温对保护帽工艺质量的影响。

（2）保护帽形状、尺寸应严格按照工程工艺质量要求进行砌筑。

（3）应注意提前校核铁塔塔脚加劲板是否对保护帽模板的支护有影响。

4．工艺示范

保护帽施工工艺示范如图7-8所示。

图7-8　保护帽施工工艺示范图

高塔航空标识施工

一、工艺流程

高塔航空标识安装工艺流程如图7-9所示。

二、施工方法简述

1．关键工序控制

（1）高塔上的航空标识按照位置和型式应符合有关规定。

（2）涉及多条电线、电缆等场合，高塔航空标识应设在不低于所标识的最高的架空线高度处。

（3）挂点保护应符合设计要求，配备护线条对导线加以保护，并根据地线及护线条外径选择合适的标识球铝合金线夹尺寸。

2．工艺标准

高塔航空标识安装工艺标准应严格执行业主、运行单位、供应厂家的相关安装要求。

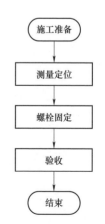

图7-9　高塔航空标识
安装工艺流程

277

3. 注意事项

（1）安装前，应注意校核航空标识安装的位置、数量、安装形式。

（2）安装前，应与供应厂家沟通，明确安装注意事项。

（3）高空作业注意防高坠及相关个人与物品的安全保护措施。

4. 工艺示范

高塔航空灯、航空球等高塔航空标识安装成品如图 7－10 所示。

（a）航空灯　　　　　　　　　　　　　　　　（b）航空球

图 7－10　高塔航空标识安装示范图

线路"三牌"施工

输电线路"三牌"是指塔位牌、相位标识牌和警示牌。

一、工艺流程

输电线路"三牌"安装工艺流程如图 7－11 所示。

二、施工方法简述

1. 关键工序控制

（1）线路防护标志安装的样式与规格，应符合有关的规定。

（2）塔位牌安装在线路铁塔小号侧的醒目位

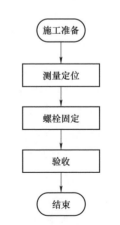

施工准备

↓

测量定位

↓

螺栓固定

↓

验收

↓

结束

图 7－11　输电线路"三牌"
安装工艺流程

置，安装位置尽量避开脚钉；对于同一工程距地面的高度应统一。

（3）相位标识牌安装在导线挂点附近的醒目位置。

（4）同一工程警示牌距地面的高度应统一，并符合设计及运行单位要求。

2. 工艺标准

（1）线路防护标志安装工艺标准应严格执行业主、运行单位、供应厂家的相关安装要求。

（2）线路防护标志安装应注意采用专用安装设备，安装的标准应统一，且固定牢固。

3. 注意事项

（1）安装前，应注意校核线路防护标志安装的位置、数量、安装形式。

（2）安装前，应与供应厂家沟通，明确安装注意事项。

（3）高空作业注意防高坠及相关个人与物品的安全保护措施。

4. 工艺示范

线路防护标志安装工艺示范如图 7-12 所示。

图 7-12 线路防护标志安装工艺示范图

参 考 文 献

[1] 刘振亚. 特高压电网 [M]. 北京：中国经济出版社，2005.

[2] 刘振亚. 特高压交直流电网 [M]. 北京：中国电力出版社，2013.

[3] 国家电网公司交流建设分公司. 架空输电线路施工工艺通用技术手册 [M]. 北京：中国电力出版社，2012.

[4] 国家电网公司基建部. 输电线路全过程机械化施工技术（装备分册）[M]. 北京：中国电力出版社，2015.

[5] 国家电网公司交流建设分公司. 特高压交流工程关键施工技术管理 [M]. 北京：中国电力出版社，2017.

[6] Q/GDW 10860—2021，架空输电线路铁塔分解组立工艺导则 [S]. 北京：国家电网有限公司，2022.

[7] Q/GDW 10154—2021，架空输电线路张力架线施工工艺导则 [S]. 北京：国家电网有限公司，2022.

[8] 韩先才. 中国特高压交流输电工程（2006～2021）[M]. 北京：中国电力出版社，2022.

[9] 国家电网有限公司基建部. 国家电网有限公司输变电工程标准工艺（架空线路工程分册）[M]. 北京：中国电力出版社，2022.